ELETROFISIOLOGIA
CELULAR

Wamberto Antonio Varanda

ELETROFISIOLOGIA CELULAR
Wamberto Antonio Varanda

Sarvier, 1ª edição, 2024

Revisão
Maria Ofélia da Costa

Capa
Luciana Mouro Varanda de Mattos

Impressão e Acabamento
Digitop Gráfica Editora

Direitos Reservados
Nenhuma parte pode ser duplicada ou
reproduzida sem expressa autorização do Editor.

sarvier

Sarvier Editora de Livros Médicos Ltda.
Avenida Moaci, nº 1543 – Planalto Paulista
CEP 04083-004 – São Paulo – Brasil
Telefone (11) 5093-6966
sarvier@sarvier.com.br
www.sarvier.com.br

Dados Internacionais de Catalogação na Publicação (CIP)
(Câmara Brasileira do Livro, SP, Brasil)

Varanda, Wamberto Antonio
  Eletrofisiologia celular / Wamberto Antonio Varanda ;
colaborador Carlos Alberto Zanutto Basseto Jr. --
São Paulo : Sarvier Editora, 2024.

  Bibliografia.
  ISBN 978-65-5686-051-0

  1. Células – Fisiologia 2. Eletrofisiologia 3. Fisiologia
humana I. Basseto Jr., Carlos Alberto Zanutto. II. Título.

	CDD-612
24-229806	NLM-QT-104

Índices para catálogo sistemático:

1. Fisiologia humana : Ciências médicas   612
Eliane de Freitas Leite – Bibliotecária – CRB 8/8415

ELETROFISIOLOGIA
CELULAR

Wamberto Antonio Varanda

Professor Titular Aposentado
Departamento de Fisiologia
Faculdade de Medicina de Ribeirão Preto
Universidade de São Paulo

COLABORADOR

Carlos Alberto Zanutto Basseto Jr.

Assistant Professor
Department of Physics and Astronomy
University of Texas/USA

sarvier

Prefácio

O estudo do transporte de substâncias através de membranas requer conhecimentos de química, física e biologia, sendo verdadeiramente multidisciplinar. Wamberto Antonio Varanda cursou biologia e fez sua formação pós-graduada, mestrado e doutorado com um dos grandes nomes no transporte de solutos através de membranas, o Professor Francisco Lacaz de Moraes Vieira, no Departamento de Biofísica e Fisiologia do Instituto de Ciências Biomédicas da Universidade de São Paulo. Lá conviveu com outro grande e saudoso mestre, o Professor Gerhard Malnic, e com colegas que, como ele, fizeram história no estudo dos fenômenos elétricos através de membranas biológicas, Joaquim Procópio e Antonio Carlos Cassola. Após se doutorar, Wamberto fez seu primeiro estágio pós-doutoral com Alan Filkenstein, um dos mais respeitados fisiologistas de membranas biológicas no mundo, no Albert Eisntein College of Medicine, em Nova York. Essa sua formação acadêmica preciosa lhe deu todas as ferramentas para desenvolver uma sólida carreira científica no Departamento de Fisiologia da Faculdade de Medicina na Universidade de São Paulo em Ribeirão Preto, onde galgou a titularidade. Tive o privilégio de conviver com todos esses próceres da eletrofisiologia no Brasil, e em especial com Wamberto, com quem tive a honra de publicar alguns trabalhos. Estivemos juntos na Sociedade Brasileira de Biofísica e organizamos alguns cursos de pós-graduação para difundir a eletrofisiologia em nosso país. Um dos melhores foi um curso internacional realizado ao longo de duas semanas no Instituto de Biologia Marinha da USP em São Sebastião.

O livro que Wamberto agora publica, com a colaboração de um ex-aluno em um dos Capítulos, é de enorme utilidade para o entendimento das bases físico-químicas e biológicas dos fenômenos que regem o transporte de solutos através de membranas. O livro cobre os conceitos básicos sobre as forças que atuam sobre esses sistemas. O tratamento é bastante detalhado, de modo a permitir ao leitor a compreensão das leis naturais que determinam o fluxo de solutos em solução e através de membranas biológicas. Uma vez estabelecidos os conceitos básicos, Wamberto contextualiza os potenciais elétricos que existem através da membrana das células, tanto no repouso quanto durante a excitação. Introduz os trabalhos seminais que durante as décadas de 1940-1960 permitiram modelar matematicamente as variações de potencial elétrico através da membrana de células excitáveis e sua propagação. Aborda então a comunicação entre células, quer por meio de sinalização química quer elétrica. Finaliza com o detalhamento do funcionamento dos canais iônicos em escala molecular, algo que as metodologias de *patch-clamp* e de clonagem molecular permitiram. O livro apresenta de forma organizada conceitos e dados experimentais, desenvolvidos e adquiridos em três séculos de trabalho por cientistas brilhantes, dando ao leitor as bases biofísicas e fisiológicas para o entendimento dos fenômenos elétricos que ocorrem nas células em dimensões macro e microscópicas. Esta obra é leitura obrigatória para todos os interessados na eletrofisiologia celular e molecular. Devemos agradecer ao Professor Wamberto Antonio Varanda este legado precioso para as futuras gerações de eletrofisiologistas.

Antonio Carlos Campos de Carvalho
Emérito
Instituto de Biofísica Carlos Chagas Filho
Universidade Federal do Rio de Janeiro

Apresentação

Quando se fala em eletrofisiologia, o estudante desavisado tende a confundir o termo com aspectos puramente técnicos envolvidos em um dado trabalho científico. Desse modo, é importante ressaltar que, muito além de técnicas, a eletrofisiologia engloba toda uma área de conhecimentos que se preocupa em entender um sem-número de processos vitais que acontecem nas membranas celulares e são responsáveis pela gênese, transmissão e processamento de sinais bioelétricos.

Assim sendo, este livro foi gestado a partir de minha experiência em pesquisa e ensino sobre temas relacionados à eletrofisiologia a pós-graduandos, particularmente aqueles do Programa de Pós-Graduação em Fisiologia da Faculdade de Medicina de Ribeirão Preto/USP. Ali pude perceber a necessidade de um texto que normatizasse alguns aspectos relacionados à eletrofisiologia celular, com o propósito de proporcionar um entendimento dos mecanismos básicos que regem a gênese e a propagação de eventos elétricos em sistemas biológicos. Essa premissa baseia-se no fato de que os futuros fisiologistas, sejam eles de sistemas ou celulares, irão se deparar, obrigatoriamente, com eventos cujos mecanismos fisiológicos se explicam, parcial ou totalmente, pela ocorrência dos fenômenos elétricos presentes nos seres vivos. Seguramente, alguns deles irão debruçar-se mais a fundo sobre o tema, particularmente se interessados não somente em alguns aspectos da neurofisiologia. Outros estarão interessados em desvendar os mecanismos biofísicos que operam na membrana celular e que tornam possível a vida como a conhecemos. Mais esporadicamente, os temas aqui tratados foram ministrados a alunos de outras universidades: Instituto de Biofísica Carlos Chagas Filho da UFRJ; Departamento de Biofísica e Radiobiologia da UFPE; Departamento de Fisiologia e Biofísica da UFMG; Pós-Graduação em Ciências Fisiológicas – UFSCar/UNESP, entre outros. Embora centrado em experiência de ensino pós-graduado, o livro também pode ser utilizado em qualquer disciplina que se preocupe em ensinar os conceitos aqui abordados, tanto em cursos de pós-graduação como de graduação. Por isso mesmo, o texto é por vezes detalhista, principalmente quando se trata da descrição de equações.

O enfoque é essencialmente biofísico e visa dar ao estudante base sólida para o entendimento dos processos que ocorrem na membrana celular e responsáveis por suas características eletrofisiológicas. O texto preocupa-se em mostrar resultados experimentais, com um viés clássico, que suportam os principais conceitos de importância para o entendimento da fisiologia celular e de onde se tiram as conclusões. Esse enfoque difere bastante de outros, onde um texto conclusivo e uma ilustração, geralmente do tipo fantasia, são apresentados de início, sem grandes perguntas a respeito da origem do fenômeno em estudo.

Sempre que possível, as figuras refletem dados experimentais, reais ou simulados, que levaram os cientistas a pensar sobre conceitos e suportar mecanismos. Desde esse ponto de vista, o livro tem um viés claramente mecanicista e reducionista. Não me disponho aqui a discutir vantagens ou desvantagens desse tipo de análise nem a confrontar com análise holística, pois imagino que ambas podem contribuir para o avanço das ciências fisiológicas, desde que não façamos pré-julgamentos. Assim sendo, o texto apresenta inúmeras equações, cujo desenvolvimento procurei discutir passo a passo, com o intuito de fazer o estudante perceber a importância de modelos na formulação de hipóteses e de protocolos experimentais consistentes para sua confirmação, ou não. Esse tipo de apresentação tem como fonte inspiradora alguns livros de fisiologia que utilizei na minha pós-graduação e que marcaram sobremaneira meu modo de aprender e ensinar fisiologia. Entre outros, gostaria de citar o *Medical Physiology* editado por Verner B. Mountcastle (*The CV Mosby Company*). Para os interessados no passado sugiro como primeira leitura o artigo de Bob Maynard: *Great textbooks of physiology*; publicado em *Physiology News* (2014 97:37). Dessa forma, o livro não se presta como revisão de literatura, mas tem um caráter essencialmente didático, procurando servir antes ao aprendizado que a simples informação. Por vezes, esse enfoque leva a algumas repetições de conceitos, tidas como importantes para o processo de aprendizagem.

A escolha dos tópicos aqui abordados reflete simplesmente as preferências do autor e, certamente, não tem a intenção de esgotar o assunto. Assim sendo, no Capítulo 1 são apresentados os formalismos e conceitos básicos que suportam os fenômenos de natureza físico-química, responsáveis pela movimentação de íons em solução com ênfase em eletrodifusão, baseado na equação de Nernst-Planck. O Apêndice 1-I detalha a integração da equação de Goldman. No Capítulo 2, analisam-se as consequências da movimentação iônica em solução, levando à separação de cargas e gênese de potenciais elétricos em interfaces e através da membrana celular. É dada ênfase ao potencial de repouso, originado de desequilíbrios iônicos existentes através da membrana celular e de suas permeabilidades relativas. O Apêndice 2-I detalha a derivação da Equação de Goldman-Hodgkin e Katz e o Apêndice 2-II é uma introdução básica a circuitos equivalentes.

No Capítulo 3 descrevem-se os fenômenos resultantes das alterações de permeabilidade sincronizadas no tempo e que determinam as variações transientes do potencial de membrana e a excitabilidade elétrica celular, ou seja, o potencial de ação. De início, tratam-se os fenômenos de condução eletrotônica para em seguida analisar os mecanismos e os íons envolvidos no potencial de ação. Ao final são descritos os potenciais de ação registrados extracelularmente. No Capítulo 4 são analisados os fenômenos subjacentes à transmissão de informação entre células, sejam eles químicos ou elétricos. Por razões históricas e de facilidades experimentais é dada ênfase na descrição dos mecanismos operantes na junção neuromuscular e extrapolados para outros tipos de sinapses. Este capítulo termina com a descrição de sinapses elétricas (*gap junctions*). O Capítulo 5 descreve com certo detalhamento as estruturas moleculares responsáveis por permitir a passagem seletiva de íons através da membrana celular, os canais iônicos. Analisam-se os aspectos da estruturação dessas proteínas multiméricas na membrana plasmática, bem como a técnica de *patch-clamp*, que permite a detecção elétrica de correntes carreadas pelos íons através dessas estruturas. Ao fim deste capítulo são apresentadas, no Apêndice 5-I, as noções básicas sobre o funcionamento de amplificadores operacionais. Dado que os processos de abertura e fechamento dos canais iônicos podem ser controlados pelas células, alterando, dessa forma, condutâncias específicas e temporalmente definidas em sua membrana, o Capítulo 6 descreve os tipos principais de canais iônicos com seus mecanismos particulares de ativação.

Dedicatória e Agradecimento

A vida teria sido um pouco mais dura não fossem as presenças de algumas pessoas que vieram para me encantar: Luiza, Francisco, Beatriz e Eduardo. Netas e netos que levam uma mistura de Mouro Varanda (Guilherme, Luciana e Leandro), Varanda de Mattos (Enlinson) e Monteiro Varanda (Patrícia) em uma recombinação gênica da qual me orgulho de ser parte. Obviamente nada disso existiria sem a Elenice (Mouro), com quem tenho dividido a experiência de viver.

Aos muitos alunos, tanto de graduação como de pós-graduação, que se submeteram às minhas aulas em disciplinas obrigatórias e que sempre encontraram palavras elogiosas para se referir ao curso, embora o professor parecesse um pouco "duro demais". Outros deles confiaram suas carreiras a este orientador, um tanto quanto rígido e crítico, mas sempre disposto a uma boa discussão científica e uma cerveja para jogar conversa fora. Interessante como cada um, a seu modo, levou-me a rever atitudes e teorias, pelo que sou eternamente grato.

Agradeço à Maria Ofélia da Costa pela revisão, que sei ter sido dura, e por ter me obrigado a consultar a gramática do Napoleão; ao Pedro de Matos Vaz pela paciência em editar as equações, se algum sinal ficou trocado a culpa é minha. À Lu, por ter colocado sua arte na capa.

Conteúdo

1 Conceitos Básicos e Formalismos: Forças e Fluxos 1

Wamberto Antonio Varanda

Introdução 1

Movimentação de Íons e Não Eletrólitos em Solução 3

Partículas em Movimento: Conceito de Fluxo 12

Primeira Lei de Fick e Migração Iônica... 15

Transformando Fluxo de Íons em Corrente Elétrica......................... 19

Apêndice 1-I

Integração da Equação de Nernst-Planck:
Equação de Goldman ou do Campo Constante 21

2 Consequências da Movimentação Iônica: Separação de Cargas e Diferença de Potencial Elétrico 26

Wamberto Antonio Varanda

Mobilidade Iônica e Potencial de Junção 26

Quando a Membrana Importa.. 32

Movimentação Iônica Através da Membrana Celular........................ 40

Diferença de Potencial (DP) de Repouso das Células: Um Caso de Desequilíbrio Iônico! 42

Poucos Íons são Separados Através da Membrana para Gerar o Potencial de Repouso........... 62

Circuito Elétrico Equivalente da Membrana Celular 65

Apêndice 2-I

Equação de Goldman-Hodgkin e Katz........... 68

Apêndice 2-II

Introdução Básica a Circuitos Elétricos Equivalentes 72

3 Excitabilidade Elétrica Celular: Variando Condutâncias no Tempo 84

Wamberto Antonio Varanda

Introdução 84

Potenciais Elétricos se Propagam nos Dois Sentidos ao Longo do Axônio: Propriedades de Cabo 85

Transmitindo Informação Sem Perda de Amplitude do Sinal: O Potencial de Ação 91

Que Mecanismos são Responsáveis por Gerar o Potencial de Ação? .. 100

Canais para Sódio (Mas não só Eles) Inativam-se: Períodos Refratários 107

Potenciais de Superfície, Íons Cálcio e Excitabilidade Elétrica das Células........... 111

Mais Sobre Condução 115

4 Comunicação Entre Células.................................. 124

Wamberto Antonio Varanda

Introdução.. 124

Transmissão Química.. 126

Eletrofisiologia da Placa Motora..................................... 130

PEPS Resultam do Somatório de Eventos em Miniatura.......... 140

Sinapses Inibitórias: O PIPS.. 150

Sinapses Centrais.. 153

Integração Sináptica Básica... 161

Implicações Fisiopatológicas.. 162

Sinapses Elétricas... 164

5 Canais Iônicos.. 172

Wamberto Antonio Varanda

Introdução.. 172

Canais Iônicos são Formados por Proteínas Multiméricas......... 175

Interlúdio: Clonagem Genética.. 177

Estruturação da Proteína na Membrana Celular.................... 180

Estrutura Tridimensional dos Canais Iônicos na Membrana Celular.. 186

Detecção Elétrica de Canais Iônicos: A Técnica de *Patch-Clamp*..... 189

Registros de Canais Unitários... 197

Cinética dos Canais Iônicos: Um Modelo Simples.................. 201

A Membrana Plasmática Possui Muitos Canais Iônicos:
Correntes Macroscópicas 207

Apêndice 5-1

Introdução a Amplificadores Operacionais 218

6 Diversidade de Canais Iônicos........................... 228

Carlos Alberto Zanutto Basseto Jr
Wamberto Antonio Varanda

Introdução 228

Canais Dependentes de Voltagem 229

Canais para Cloreto 260

Interação entre Canais Iônicos 263

Canalopatias 264

Referências 266

Índice Remissivo 276

1 Conceitos Básicos e Formalismos: Forças e Fluxos

Wamberto Antonio Varanda

INTRODUÇÃO

A passagem de substâncias através de membranas pode ser experimentalmente analisada utilizando-se vários métodos, cuja escolha é dependente do objeto particular de estudo e de preferências do pesquisador. Medidas de fluorescência, transferência de radioisótopos, detecção de variações em concentrações, medidas de parâmetros elétricos e reações de oxido-redução são alguns exemplos de métodos utilizados na tentativa de responder questões pertinentes ao transporte através de membranas. Qualquer que seja o método, no entanto, o que interessa é a possibilidade de se testar previsões e de conhecer a distribuição de partículas entre dois pontos quaisquer de um sistema. Por outro lado, dada a distribuição de partículas, torna-se possível analisarmos suas consequências em termos de funcionamento celular.

A movimentação resultante de partículas entre dois pontos de um meio qualquer requer a ação de **forças** sobre elas. Se considerarmos partículas em solução, a força aplicada deverá resultar em aceleração, que será contraposta pelo aparecimento de uma força de atrito entre soluto e solvente, quando então a partícula passará a mover-se com velocidade constante e aceleração zero. A descrição desse movimento poderia ser feita utilizando-se a segunda lei de Newton, desde que fossem conhecidas todas as interações da partícula com o meio que a circunda. Obviamente, isso se torna impossível na prática quando nos defrontamos com uma população muito grande delas, como é o caso de sistemas biológicos. Neste caso, a distribuição das partículas deve obedecer às leis probabilísticas e sua descrição passa a ser dada pela mecânica estatística. Esse mesmo sistema pode, também, ser descrito por meio de uma análise termodinâmica em termos das energias dos estados inicial e final do sistema. Nesse tipo de descrição não há preocupação com a evolução temporal do sistema nem com a distribuição espacial dos elementos em análise.

Se olharmos agora para uma célula, chama a atenção o fato de estar contida por uma membrana que separa meios aquosos de composições distintas, porém com propriedades físico-químicas semelhantes: tanto o **intra** como o **extracelular** podem ser tratados como soluções eletrolíticas. O trânsito de partículas e energia entre essas duas soluções processa-se por meio da membrana celular e é por ela controlado. Apesar dessa aparente "barreira", os seres vivos são sistemas termodinamicamente abertos, já que trocam matéria e energia com o meio que os envolve. Dentro desse contexto, o objetivo maior é entender como se processam essas trocas através da membrana e quais as consequências advindas desse fenômeno em termos de função celular.

Neste capítulo, em particular, iremos analisar os fenômenos básicos que levam uma coleção de partículas a assumir determinada distribuição no espaço (leia-se soluções) e entender quais os fatores que determinam sua movimentação em um meio isotrópico. Em secções posteriores a movimentação de moléculas e/ou íons através da membrana plasmática será analisada de maneira mais específica.

MOVIMENTAÇÃO DE ÍONS E NÃO ELETRÓLITOS EM SOLUÇÃO

São fatos bastante conhecidos que soluções iônicas conduzem corrente elétrica, e que corantes hidrofílicos tendem a se distribuir homogeneamente em uma solução aquosa. Essas observações mostram, de maneira bastante direta e intuitiva, que partículas em solução devem possuir **mobilidade**. Como consequência, a aplicação de "forças" sobre elas pode determinar a direção e o sentido de seu movimento. Parece razoável supor também que conhecendo-se as características do movimento pode-se fazer inferências a respeito das forças que atuam sobre uma coleção de moléculas e/ou íons presentes em qualquer meio.

A título de simplificar o problema e como analogia ao que ocorre em uma solução, analisemos a distribuição de partículas de um gás expostas a um campo gravitacional. Fixemos a atenção em certo volume (**V**) que contenha **1 mol** de partículas a uma altura **h** do nível do solo, como esquematizado na figura 1.1.

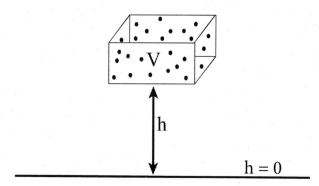

FIGURA 1.1 – Coleção de partículas em um volume (**V**) a uma distância **h** do solo.

Assumindo-se que o sistema esteja em **equilíbrio**, é fácil verificar que o somatório de todas as forças que atuam sobre cada partícula (F^{total}) é zero. Ou seja:

$$F_{partícula}^{total} = 0$$

Consequentemente, a força resultante que age sobre o mol de partículas também será zero, já que:

$$F_{mol}^{total} = N.F_{partícula}^{total}$$

Onde N é o número de Avogadro ($6,02 \times 10^{23}$ partículas).

Por sua vez, a força total que age sobre uma partícula pode ser desdobrada naquelas que a compõem e mantém o estado de equilíbrio. No presente caso, as partículas devem estar sujeitas a duas forças de naturezas distintas: uma de origem gravitacional (**de campo**) e outra de origem cinética (**térmica**), ou seja:

$$F_{partícula}^{total} = F^{campo} + F^{térmica}$$

Onde: F^{campo} é uma força externa às partículas e atua sobre cada uma delas impondo um sentido e uma direção ao seu movimento, no caso identificada diretamente com a força gravitacional. $F^{térmica}$, por sua vez, é uma "força" que se expressa por meio da energia cinética média das moléculas e/ou íons e cuja definição só faz sentido em termos estatísticos, isto é, quando analisamos um número muito grande de partículas. Por essa razão a chamaremos de **força fenomenológica** (F^{fen}) e analisaremos seu significado a seguir. Perceba que em termos de movimentação dessas partículas interessa-nos saber qual a concentração delas em um dado ponto do espaço, por exemplo, na altura **h** a partir do solo. Ou seja, qual a distribuição que essas partículas assumirão, como consequência da atuação das forças acima mencionadas, quando o sistema estiver num estado de equilíbrio? De maneira bastante direta é fácil intuirmos que, havendo uma única força atuando sobre o sistema, a distribuição dessas partículas só admitirá duas possibilidades: a) uniformemente distribuídas, caso em que somente $F^{térmica}$ estaria atuando. Nesse caso, a distribuição será função apenas da agitação térmica das partículas; e b) todas as partículas concentradas em **h = 0** (solo), caso em que somente a força gravitacional estaria atuando.

Por outro lado, se ambas as forças estiverem atuantes é lícito supor que a distribuição final das partículas dependerá de um balanço entre elas. Na verdade, se medíssemos a concentração de partículas em função da altura **h**, a partir do solo, verificaríamos que a relação entre essas variáveis seria do tipo exponencial, como mostrado na figura 1.2.

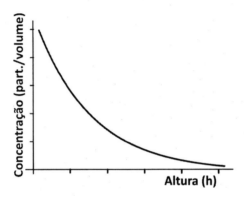

FIGURA 1.2 – Relação entre concentração das partículas de um gás qualquer e altura a partir do solo.

Matematicamente, a curva acima pode ser descrita por uma função do tipo:

$$C = C_0 \cdot e^x \qquad (1.1)$$

Onde: C é a concentração em um ponto qualquer; C_0 é a concentração em h = 0 e x é um termo energético que determinará a distribuição final das partículas. O fator x na equação (1.1) deve ser função da força resultante atuando sobre as partículas. Esta, por sua vez, deve depender da energia cinética média das moléculas e do campo gravitacional e pode ser descrita por uma equação conhecida como lei de distribuição de Boltzmann (derivação explícita dessa equação não será apresentada aqui), ou seja:

$$x = -\frac{U}{kT} \quad \text{e} \quad C = C_0 \cdot e^{\frac{-U}{kT}} \tag{1.2}$$

Onde: k = constante de Boltzmann; T = temperatura absoluta (tida como constante em todo sistema) e $U = mgh$ (m = massa da partícula; g = aceleração da gravidade e h é a altura). Em outras palavras, U expressa a **energia potencial gravitacional** por partícula.

Portanto, a equação (1.2) pode ser escrita explicitamente como:

$$C_h = C_0 \cdot e^{\frac{-mgh}{kT}} \tag{1.3}$$

Vamos, agora, utilizar a expressão (1.3) para descrever as forças atuantes no sistema. Para tanto, começaremos derivando-a em relação à altura (**h**). Ou seja:

$$\frac{dC}{dh} = \frac{d(C_0 \cdot e^{\frac{-mgh}{kT}})}{dh} \tag{1.4}$$

Rearranjando a equação acima ficamos com:

$$\frac{dC}{dh} = \left[C_0 \cdot e^{\frac{-mgh}{kT}} \right] \cdot \frac{d(\frac{-mgh}{kT})}{dh} \tag{1.5}$$

Nota: a transformação da equação (1.4) na (1.5) é consequência matemática de que: $\dfrac{de^u}{dx} = e^u \cdot \dfrac{du}{dx}$

Comparando-se as equações (1.5) e (1.3) podemos notar que o termo entre colchetes em (1.5) é igual a C_h definido em (1.3). Portanto, podemos escrever:

$$\frac{dC}{dh} = C_h \cdot \frac{d(\frac{-mgh}{kT})}{dh} \tag{1.6}$$

Ou,

$$\frac{1}{C_h} \cdot \frac{dC}{dh} = \frac{1}{kT} \cdot \frac{d(-mgh)}{dh} \tag{1.7}$$

Rearranjando a equação (1.7) e multiplicando-se ambos os lados por −1, ficamos com:

$$-kT \cdot \frac{1}{C}\frac{dC}{dh} = -\frac{[-d(mgh)]}{dh} \tag{1.8}$$

Por definição, o termo $\frac{1}{C}dC$ pode ser escrito como $d\,(ln\ C)$ e a equação (1.8) transforma-se em:

$$-\frac{d(kT\ ln\ C)}{dh} = -\frac{-[d(mgh)]}{dh} \tag{1.9}$$

Análise dos componentes da equação (1.9) mostra que:

O termo à direita $\{-\frac{-[d(mgh)]}{dh}\}$ representa o gradiente negativo de **energia potencial gravitacional**, por partícula de massa **m**, ou seja, a **força** devido ao campo gravitacional no ponto **h** (F_{gravit}^{campo}).

Portanto podemos escrever:

$$F_{gravit}^{campo} = -\frac{d(mgh)}{dh} \tag{1.10}$$

Essa força tem como unidade energia/partícula (Joul/partícula).

De forma semelhante, o termo à esquerda pode ser visto como um gradiente de **energia química** e tomado como uma "**força**", só que do ponto de vista fenomenológico, já que não se pode associá-la diretamente à direção e sentido do movimento de cada partícula:

$$F_{fen} = -\frac{d(kTInC)}{dh} \tag{1.11}$$

Obviamente, essa força também tem unidades de Joul/partícula.

Portanto, a **força fenomenológica** é determinada pela **concentração** de partículas em um dado ponto e pela **temperatura**, não atuando diretamente em cada uma das partículas, mas manifestando-se sobre a coleção delas todas. Daí seu caráter probabilístico.

A equação (1.9) pode ser aplicada diretamente a um experimento onde se busque a sedimentação de partículas, como na centrifugação, por exemplo. Perceba que fazendo-se **g** muito grande na equação (1.9), a **força de campo** (gravitacional no caso) torna-se muito maior que a **força fenomenológica** (térmica) e as partículas tenderão a se concentrar no nível de referência (fundo do tubo), já que C_h tende a zero, como predito pela equação (1.3). Por outro lado, se a força de campo for muito menor que a fenomenológica as partículas tenderão a distribuir-se uniformemente com a altura, isto é, $C_0 = C_h$.

Suponha agora uma situação em que partículas (íons ou moléculas) **carregadas eletricamente** estejam em solução aquosa e submetidas a um **campo elétrico** constante, mantido por uma bateria E, cuja origem não interessa no momento. A figura 1.3 mostra um esquema do arranjo.

Nesse caso, consideraremos o campo gravitacional uma constante em qualquer parte do sistema, já que as partículas possuem dimensões bastante reduzidas e, para todos os efeitos, a altura do reservatório é relativamente pequena. Portanto, a força gravitacional não deverá ter efeito significativo no processo. De modo análogo ao tratamento anterior, também aqui deve-se atingir uma situação de equilíbrio onde a distribuição de partículas (concentração) entre os dois eletrodos, isto é, ao longo de

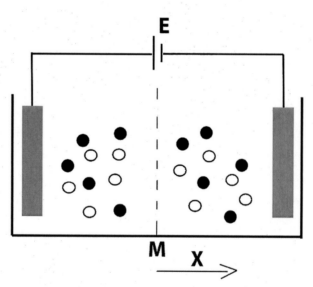

FIGURA 1.3 – Esquema representando uma solução aquosa onde íons positivos (●) e negativos (○) estão submetidos a um campo elétrico. **E** = bateria, **M** representa simplesmente um plano equidistante dos eletrodos representados como barras cinzas. **X** representa a distância do plano M.

X, dependerá da energia cinética média delas (F_{fen}) e da magnitude do campo elétrico aplicado (F_{campo}). Analogamente ao que fizemos no caso anterior e tomando-se o plano **M** como referência, podemos escrever:

$$C_x = C_0 \cdot e^{\frac{-U}{kT}} \qquad (1.12)$$

Nesse caso, estamos tratando de **energia elétrica** e não gravitacional. Portanto, utilizaremos sua definição dada pelo produto da carga pelo potencial elétrico:

$$U = zq\Psi_{(x)} \qquad (1.13)$$

Onde z é a valência do íon em consideração; q é a carga do elétron e $\Psi_{(x)}$ é o valor do potencial elétrico no ponto x. Assim sendo, a equação (1.12) pode ser escrita explicitamente como:

$$C_x = C_0 \cdot e^{\frac{-zq\Psi_{(x)}}{kT}} \qquad (1.14)$$

Derivando-se a equação (1.14) em relação a x teremos, outra vez, a expressão das forças que atuam sobre a partícula, ou seja:

$$-kT \cdot \frac{1}{C} \cdot \frac{dC}{dx} = -(-zq\frac{d\Psi}{dx}) \qquad (1.15)$$

A equação (1.15) descreve a condição necessária para que uma partícula esteja em equilíbrio nessas condições, ou seja, que as forças atuando sobre ela devem apresentar módulos iguais e possuírem sentidos opostos, isto é:

$$- F_{fen} = F_{elétrica}$$

Vale ressaltar que tanto a equação (1.9) como a (1.15) mostram claramente que existe uma equivalência entre a **força fenomenológica**, oriunda do conjunto de partículas e dependente da concentração e temperatura do sistema, e a **força de campo**, de origem elétrica no caso, que é externa à partícula e atua sobre cada uma delas. Quando ambas forem numericamente idênticas e atuarem em sentidos opostos, o sistema encontrar-se-á em um **estado de equilíbrio**.

Pode-se chegar a resultados semelhantes aos acima descritos se, em vez de usarmos a distribuição de Boltzmann, fizermos uma análise puramente termodinâmica utilizando o conceito de potencial químico e/ou eletroquímico. A grande diferença seria que esse segundo tratamento só informa a respeito das situações inicial e final do processo, não permitindo inferir a respeito da distribuição espacial das partículas. Neste caso, a equação fundamental é a que define **potencial químico** (μ), ou **eletroquímico** ($\tilde{\mu}$), como variação da **energia livre de Gibbs** (**G**), por variação no número de moles (n) do sistema (para derivação explícita da função energia livre e potenciais químico/eletroquímico, ver Lacaz-Vieira e Malnic, 1981). Ou seja:

$$\mu_i = \frac{dG}{dn}$$

Utilizando-se a definição de energia livre derivada da combinação das primeira e segunda leis da termodinâmica e considerando-se soluções diluídas é possível mostrar que:

$$\tilde{\mu}_i = \tilde{\mu}_i^0 + RTlnC_i + z_iF\Psi \tag{1.16}$$

Onde: $\tilde{\mu}_i$ = potencial eletroquímico; $\tilde{\mu}_i^0$ = potencial eletroquímico padrão; C = concentração da espécie i; F = número de Faraday; R = constante dos gases; T = temperatura absoluta; z = valência do íon; e Ψ = potencial elétrico.

Percebe-se claramente que o potencial eletroquímico é composto pela soma de um termo dependente de concentração e temperatura ($RTlnC$) e um termo elétrico dependente do potencial elétrico ($zF\Psi$).

Se tomarmos dois pontos quaisquer, 1 e 2 dentro de uma solução, podemos calcular a **diferença de potencial eletroquímico** da espécie i entre eles. Para tanto, basta escrever a equação (1.16) para cada ponto e fazermos a subtração, ou seja:

$$\tilde{\mu}_i^1 = \tilde{\mu}_i^0 + RT\ln C_i^1 + z_i F\Psi_1 \tag{1.17}$$

$$\tilde{\mu}_i^2 = \tilde{\mu}_i^0 + RT\ln C_i^2 + z_i F\Psi_2 \tag{1.18}$$

A diferença será:

$$\Delta\tilde{\mu}_i = \tilde{\mu}_i^1 - \tilde{\mu}_i^2 = RT\ln\frac{C_i^1}{C_i^2} + z_i F(\Psi_1 - \Psi_2) \tag{1.19}$$

A equação (1.19) pode ser utilizada para verificar o estado relativo de uma dada espécie química no sistema que se esteja considerando. Assim, se $\Delta\tilde{\mu}_i \neq 0$ (e, portanto, $\Delta G_i \neq 0$) teremos claramente uma situação de **desequilíbrio**, já que existe uma diferença de energia livre entre os dois pontos considerados. O sistema evoluirá com o tempo e tanto as concentrações de i nos pontos 1 e 2 como o potencial elétrico podem estar se modificando. Por outro lado, se $\Delta\tilde{\mu}_i = 0$ (e, portanto, $\Delta G_i = 0$) teremos uma situação de **equilíbrio termodinâmico**. Neste último caso, a equação (1.19) torna-se:

$$0 = \tilde{\mu}_i^1 - \tilde{\mu}_i^2 = RT\ln\frac{C_i^1}{C_i^2} + z_i F(\Psi_1 - \Psi_2) \tag{1.20}$$

e,
$$RT\ln\frac{C_i^1}{C_i^2} = -z_i F(\Psi_1 - \Psi_2) \tag{1.21}$$

que corresponde à equação (1.15) na sua forma integrada. Essas duas equações mostram, de modo bastante claro, que uma diferença de concentrações pode ser equilibrada por uma diferença de potencial elétrico e vice-versa. Em outras palavras, uma espécie química qualquer estará em equilíbrio termodinâmico quando o somatório das forças que agem sobre ela for nulo, não importando a origem dessas forças. Nesse caso em particular, uma **diferença de potencial químico** é balanceada por uma **diferença de potencial elétrico** e ambos possuem unidades de energia/mol (Joules/mol).

PARTÍCULAS EM MOVIMENTO: CONCEITO DE FLUXO

Vamos considerar, agora, a movimentação de partículas num meio isotrópico quando submetidas às forças discutidas anteriormente. Para tanto, suponha um sistema como o mostrado na figura 1.4, onde um plano imaginário **x** separa regiões distintas de uma solução homogênea, e analisemos o movimento da partícula **P** através desse plano.

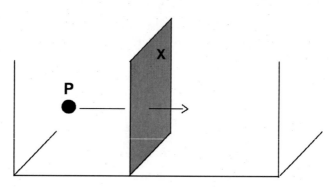

FIGURA 1.4 – Movimento de uma partícula em um meio homogêneo através do plano **X**.

Imaginemos que em um instante qualquer é aplicada uma força sobre a partícula **P** que a acelera até uma velocidade terminal v, constante. Quando v for atingida sua aceleração será zero, assim como a resultante das forças que atuam sobre ela. Na verdade, como a partícula está imersa num fluido com viscosidade η aparecerá uma força de atrito com sentido contrário ao da força aplicada anteriormente, ou seja,

$$F_{aplicada} = F_{atrito}$$

Nessas condições, a velocidade da partícula, nesse meio, será determinada pela força total (F_{total}) atuando sobre ela e sua **mobilidade** (u). Assim, podemos escrever:

$$\vec{v} = F_{total} \cdot u \qquad (1.22)$$

Note que $\vec{v}$ tem unidade de cm/s; F_{total} de $dyne/partícula$ e u de $\dfrac{\frac{cm}{s}}{\frac{dyne}{partícula}}$.

Na equação (1.22) a mobilidade (u) expressa a interação entre a partícula e o meio onde ela se move, sendo intuitiva sua relação com a viscosidade da solução.

Como consequência da velocidade adquirida pelas partículas podemos dizer que um certo número delas irá atravessar o plano **X**, de área unitária, em um certo tempo, ou seja, haverá um **fluxo (J)** de partículas através do plano **X**. Por definição teremos então:

$$J = \frac{número\ partículas}{cm_{2}{\cdot}s} = \frac{moles}{cm_{2}{\cdot}s} \qquad (1.23)$$

Levando-se em conta essa definição e o fato de que as partículas possuem mobilidade no meio onde se encontram, podemos escrever uma outra equação fundamental, qual seja:

$$J = \vec{v} \cdot C \qquad (1.24)$$

A equação (1.24) é bastante intuitiva e mostra que o fluxo (J) de uma espécie química qualquer deve ser diretamente proporcional à velocidade de suas partículas em solução e à sua concentração. Substituindo-se em (1.24) a expressão de $\vec{v}$ dada pela equação (1.22) teremos:

$$J = F_{total} \cdot u \cdot C \qquad (1.25)$$

A equação (1.25) é o ponto de partida na descrição dos processos de **eletrodifusão**, relacionando o fluxo com as forças que o determinam, e conhecida como equação de Nernst-Planck. Embora esse formalismo tenha sido proposto há bastante tempo, sua aplicação nos dias de hoje ainda é extensa e tem servido sobremaneira na descrição da eletrodifusão. Nosso próximo passo será desenvolver essa equação tornando explícitos os termos que a compõem e definindo seus significados físicos.

Como visto anteriormente, $F_{total} = F_{fen} + F_{campo}$, ou seja:

$$F_{total} = kT\frac{1}{C}\frac{dC}{dx} + zq\frac{d\Psi}{dx} \qquad (1.26)$$

Essa equação é válida para **uma partícula**. Se estivermos tratando de um **mol** de partículas substituímos a constante de Boltzmann (k) pela constante dos gases (R) e a carga do elétron pela constante de Faraday (F). Assim,

$$F_{total} = RT\frac{1}{C}\frac{dC}{dx} + zF\frac{d\Psi}{dx} \qquad (1.27)$$

Substituindo-se o valor de F_{total} de (1.27) em (1.25) o fluxo fica definido como:

$$J = (RT\frac{1}{C}\frac{dC}{dx} + zF\frac{d\Psi}{dx}) \cdot u \cdot C \qquad (1.28)$$

Rearranjando esta equação ficamos com:

$$J = u \cdot C \cdot RT(\frac{1}{C}\frac{dC}{dx} + \frac{zF}{RT}\frac{d\Psi}{dx}) \qquad (1.29)$$

Essa é a equação geral que rege a eletrodifusão e mostra claramente que o fluxo depende não só das características do meio onde ele ocorre ($uCRT$), como também das forças atuantes sobre as partículas que o impulsionam ($\frac{1}{C}\frac{dC}{dx}$ e $\frac{zF}{RT}\frac{d\Psi}{dx}$).

A descrição dos fluxos iônicos na presença concomitante de gradientes elétrico e químico pode ser feita de modo formal utilizando-se a equação (1.29). No entanto, para que possamos utilizá-la é necessário integrá-la entre os limites das soluções que formam a junção entre duas soluções. Essa integração não é trivial e envolve algumas suposições, sendo que a principal delas diz respeito à existência de um perfil linear de potencial ao longo da junção, ou seja, de um campo elétrico constante. A equação resultante é conhecida como equação de Goldman e apresentada no Apêndice 1-I.

PRIMEIRA LEI DE FICK E MIGRAÇÃO IÔNICA

Há dois casos particulares da equação (1.29) que merecem discussão mais extensa:

Difusão simples

Suponha uma solução constituída por um **não eletrólito**, como glicose em água. Nesse caso, o campo elétrico não deverá interferir na movimentação da partícula, já que a glicose é neutra, permitindo fazer $\frac{d\Psi}{dx} = 0$ na equação (1.29), que fica reduzida a:

$$J = u \cdot C \cdot RT(\frac{1}{C}\frac{dC}{dx}) \qquad (1.30)$$

Essa é a Primeira Lei de Fick e mostra que o **fluxo difusional** de uma substância neutra, em um meio qualquer, depende de sua **mobilidade** e de seu **gradiente de concentração**. Nesta equação podemos tornar o produto das constantes igual a uma outra constante, ou seja:

$$u \cdot R \cdot T = D \qquad (1.31)$$

Nota: essa relação só é válida para soluções diluídas onde o coeficiente de atividade do soluto em estudo é igual a 1. Esse fato pode ser considerado uma boa aproximação para soluções encontradas normalmente em sistemas biológicos.

Onde D é agora o **coeficiente de difusão** (cm^2/s) da partícula no meio em que ela se encontra. Como D é função de u, fica claro que ele serve à descrição da interação da partícula com o solvente. Substituindo-se (1.31) em (1.30) vem:

$$J = D(\frac{1}{C}\frac{dC}{dx}) \qquad (1.32)$$

Essa equação mostra que o fluxo de uma espécie química é diretamente proporcional ao seu gradiente de concentração (ou à **força quí-**

mica) existente entre duas regiões distintas da solução. Integrando-se (1.32) entre dois pontos quaisquer do sistema, ficamos com:

$$J = D\left(\frac{\Delta C}{\Delta x}\right) \qquad (1.33)$$

Utilizando argumentos da hidrodinâmica (ver Stokes, 1950), pode-se demonstrar que uma partícula de raio r ao deslocar-se em um meio com viscosidade η sofre uma resistência hidráulica, que pode ser expressa em termos do coeficiente de fricção (f) como:

$$f = 6\pi r\eta \quad [\text{dyne/(cm/s)}] \qquad (1.34)$$

Portanto, f é a expressão da força requerida para mover uma partícula num meio solvente qualquer com viscosidade η, a uma velocidade unitária, o que representa exatamente o inverso da mobilidade (u). Logo,

$$u = \frac{1}{f} = \frac{1}{6\pi r\eta} \qquad (1.35)$$

De forma brilhante Einstein propôs que a relação (1.35), derivada em princípio levando-se em conta esferas macroscópicas, também pudesse ser aplicada a moléculas. Desse modo, substituindo-se o valor de u, dado pela equação (1.35), na relação (1.31) ficamos com:

$$D = \frac{RT}{6\pi r\eta} \qquad (1.36)$$

Essa é a relação de **Stokes-Einstein** e aplica-se de modo surpreendente a moléculas com raio tão pequeno quanto o da água. Como regra geral tem-se, portanto, que moléculas com diâmetros menores se difundem mais rapidamente que aquelas com diâmetros maiores em um meio com viscosidade η.

Da discussão anterior fica claro que a força termodinâmica atuando sobre um processo difusional simples é de origem puramente estatística e sua ação se faz sentir em termos puramente entrópicos, ou seja, desorganizando o sistema. Como mostrado por Einstein (1956), a difusão é a base do movimento browniano, onde partículas se movem aleatoriamente devido a sua energia cinética média e colidem sucessivamente com outras moléculas presentes na solução. Em cada colisão a partícula possui probabilidades iguais de se deslocar para a direita ou esquerda e, portanto, seu movimento é independente da movimentação das outras partículas.

A título de ilustração, o quadro 1.1 mostra valores do coeficiente de difusão de várias substâncias em água e ar. Os resultados experimentais demonstram claramente que os coeficientes de difusão em gases são cerca de 4 ordens de grandeza maiores que aqueles medidos em água para as mesmas substâncias. Isso demonstra, mais uma vez, a influência da viscosidade do meio sobre o processo difusional. Além disso, o aumento da massa molecular e, portanto, do raio da partícula faz com que os coeficientes de difusão assumam valores cada vez menores.

QUADRO 1.1 – Coeficiente de difusão (D) para algumas moléculas em ar e água[*].

Molécula	M (g/mol)	Temperatura (°C)	D (cm^2/s)
Coeficientes de difusão em ar			
Hidrogênio	2	0	$6,11 \times 10^{-1}$
Hélio	4	3	$6,24 \times 10^{-1}$
Oxigênio	32	0	$1,78 \times 10^{-1}$
Coeficientes de difusão em água			
Hidrogênio	2	25	$4,5 \times 10^{-5}$
Hélio	4	25	$6,28 \times 10^{-5}$
Oxigênio	32	25	$1,0 \times 10^{-5}$
Ureia	60	25	$1,12 \times 10^{-5}$
Glicose	180	25	$6,7 \times 10^{-6}$
Sacarose	342	25	$5,23 \times 10^{-6}$
Hemoglobina	68.000	20	$6,9 \times 10^{-7}$
Miosina	493.000	20	$1,6 \times 10^{-7}$
DNA	6.000.000	20	$1,3 \times 10^{-8}$

[*]Dados retirados de Weiss (1995).

Outro ponto interessante é que, baseados nas medidas dos coeficientes de difusão, podemos inferir o tempo que as moléculas gastariam para mover-se uma certa distância, ou seja, a velocidade de difusão. Por exemplo, se tomarmos uma molécula pequena, ou íons de modo geral, com D ao redor de 10^{-5} cm²/s pode-se prever que este levará cerca de 1 ms para percorrer 1 μm, ou 1 dia para percorrer 1 cm. Ou seja, o processo puramente difusional é relativamente lento. Desde uma perspectiva prática, pode-se argumentar que a intensidade das trocas através das paredes dos capilares sanguíneos só é possível graças ao fluxo de líquido promovido pelo gradiente de pressão hidrostática e osmótica lá existentes, e que acaba arrastando os solutos. Esse fato, muito mais do que a simples difusão, é que se responsabiliza pela grande quantidade de água e solutos trocados continuamente entre o interior do capilar e o interstício.

Migração iônica ou eletroforese

Suponha, agora, que ao invés de termos somente um gradiente de concentração estejamos tratando unicamente de um gradiente elétrico. Nessas condições, o termo $\frac{1}{C}\frac{dC}{dx} = 0$ e a equação (1.29) torna-se:

$$J = -u \cdot C \cdot RT \left(\frac{zF}{RT} \frac{d\Psi}{dx} \right) \qquad (1.37)$$

Simplificando,

$$J = -u \cdot C \cdot zF \left(\frac{d\Psi}{dx} \right) \qquad (1.38)$$

Essa equação descreve um experimento típico de eletroforese, onde partículas carregadas submetidas a um campo elétrico migram diferencialmente dependendo de suas mobilidades específicas. Se assumirmos que nem a mobilidade nem o campo elétrico variam com a distância, podemos facilmente integrar a equação (1.38), que se transforma em:

$$J = -u \cdot C \cdot zF\left(\frac{\Delta\Psi}{\Delta x}\right) \tag{1.39}$$

Nesse ponto é importante salientar que a mobilidade até aqui utilizada é definida como **mobilidade mecânica** – [$(cm/s)/dyne$]. No entanto, em experimentos em que partículas carregadas são submetidas a um campo elétrico prefere-se utilizar a chamada **mobilidade elétrica**, que nada mais é que a velocidade atingida pela partícula na presença de um campo elétrico igual a 1 *volt/cm*. Assim, sua unidade seria (cm/s)/(V/cm). A relação entre as duas mobilidades pode ser facilmente obtida a partir da equação (1.39) notando-se que:

$$J = -u_{mec} \cdot C \cdot zF\left(\frac{\Delta\Psi}{\Delta x}\right) \text{ e } J = -u_{el} \cdot C \cdot z\left(\frac{\Delta\Psi}{\Delta x}\right)$$

Igualando-se essas duas últimas equações temos:

$$u_{mec} = \frac{u_{el}}{F} \tag{1.40}$$

Claro que se estivéssemos falando de uma única partícula o F seria substituído pela carga do elétron (q).

TRANSFORMANDO FLUXO DE ÍONS EM CORRENTE ELÉTRICA

O fluxo de partículas carregadas também pode ser expresso não só em termos de *massa/tempo*, mas também em termos de **densidade de corrente elétrica**. Para tanto, basta lembrar que 1 mol de cargas corresponde a 96.500 Coulombs (número de Faraday, F), já que 1 mol de cargas corresponde à carga do elétron (q) multiplicada pelo número de Avogadro (N), ou seja, ($6,02 \times 10^{23}$) × ($1,60217662 \times 10^{-19}$) Coulombs. Assim,

$$J \cdot zF = I$$

Onde I é a densidade de corrente em A/cm^2. Com isso, a equação (1.39) pode ser reescrita da seguinte forma:

$$I = -[\frac{u \cdot C \cdot z^2 F^2}{\Delta x}](\Delta \Psi) \tag{1.41}$$

Nota: nesta e nas equações que seguem a mobilidade elétrica u_{el} será representada simplesmente pela letra u.

A equação (1.41) pode ser imediatamente identificada com a lei de Ohm se associarmos o termo $[\frac{u \cdot C \cdot z^2 F^2}{\Delta x}]$ com a **condutividade** da solução eletrolítica, que depende diretamente da mobilidade e da concentração da partícula em consideração. Perceba que $\frac{I}{\Delta \Psi} = [\frac{u \cdot C \cdot z^2 F^2}{\Delta x}]$ tem unidades de condutividade, isto é, **Siemens**.

Invocando-se a condição de que em soluções diluídas os íons se movem independentemente uns dos outros (lei de Kohlraush), pode-se assumir que a condutividade de uma solução complexa, medida experimentalmente, é resultado do somatório das **condutividades equivalentes** dos íons que compõem a solução, o que permite calcular, desse modo, a mobilidade de cada espécie separadamente. Para exemplificar, a mobilidade elétrica do K^+ é igual a $7{,}62 \times 10^{-4}$ $(cm/s)/(V/cm)$; a do Na^+, igual a $5{,}19 \times 10^{-4}$ $(cm/s)/(V/cm)$; e a do Cl^-, igual a $7{,}92 \times 10^{-4}(cm/s)/(V/cm)$, enquanto o H^+ possui mobilidade igual a $36{,}25 \times 10^4 (cm/s)/(V/cm)$. Essa é a razão pela qual uma solução de HCl possui uma condutividade bem maior que uma solução de KCl ou NaCl de mesma concentração.

Apêndice 1-I

Integração da Equação de Nernst-Planck: Equação de Goldman ou do Campo Constante

Nosso ponto de partida será a equação de Nernst-Planck na forma diferencial que descreve o fluxo de um eletrólito i em função das forças difusional e de campo que atuam simultaneamente sobre ele (equação 1.29). Assim sendo, e como havíamos escrito anteriormente:

$$J_i = -u_i.c_i.R.T\left(\frac{1}{c_i}\cdot\frac{dc_i}{dx} + \frac{z_i.F}{R.T}\cdot\frac{d\Psi}{dx}\right) \qquad (1.42)$$

Esse fluxo pode ser transformado em corrente iônica (I_i) se considerarmos que 1 mol de íons possui 96.500 Coul de carga, como demonstrado anteriormente. Ou seja,

$$I_i = z_i.F.J_i \qquad (1.43)$$

Substituindo (1.43) em (1.42) ficamos com:

$$I_i = -z_i.F.u_i.c_i.R.T\left(\frac{1}{c_i}\cdot\frac{dc_i}{dx} + \frac{z_i.F}{R.T}\cdot\frac{d\Psi}{dx}\right) \qquad (1.44)$$

Ou,

$$I_i = -z_i.F.u_i.R.T\left(\frac{dc_i}{dx} + \frac{z_i.F.c_i}{R.T}\cdot\frac{d\Psi}{dx}\right) \qquad (1.45)$$

A integração dessa equação, tal como realizada por Goldman (1943), implica assumir que tanto u_i, a mobilidade do eletrólito na fase da membrana, como $\frac{d\Psi}{dx}$, o campo elétrico através da membrana, sejam constantes. Por essas razões, a equação resultante do processo de integração é conhecida como **equação do campo constante**. As suposições acima têm como consequência imediata a necessidade de assumir-se que a movimentação de um íon em particular não é afetada pela movimentação de outro íon qualquer, ou seja, os **fluxos iônicos são independentes**. Isso advém dos seguintes fatos: 1. a equação de Nernst-Planck pressupõe uma relação linear entre fluxo e gradiente de concentração, portanto, não há saturação do sistema; 2. a pressuposição de campo constante implica que campos elétricos locais gerados pelos íons migrantes não são sentidos pelos outros íons; e 3. a pressuposição de que u_i, e portanto, o **coeficiente de difusão**, seja constante para um dado íon implica que seu movimento não é acelerado nem retardado por meio de interações com outros íons.

Levando-se em conta esses pressupostos podemos escrever, $\frac{d\Psi}{dx} = \frac{\Delta\Psi}{x}$, onde x = espessura da membrana e $\Delta\Psi$ = a diferença de potencial elétrico através da membrana. A substituição desse termo na equação (1.45) resulta em:

$$I_i = -z_i.F.u_i.R.T(\tfrac{dc_i}{dx} + \tfrac{z_i.F.c_i}{R.T} \cdot \tfrac{\Delta\Psi}{x}) \qquad (1.46)$$

Ou seja,

$$I_i = -z_i.F.u_i.R.T\left(\tfrac{dc_i}{dx}\right) - z_{i_i}^2.F^2.u_i.c_i \cdot \left(\tfrac{\Delta\Psi}{x}\right) \qquad (1.47)$$

Isolando-se o termo dx, ficamos com:

$$dx = -\frac{z_i.F.u_i.R.T.dc_i}{I_i+z_i^2.F^2.c_iu_i.\frac{\Delta\Psi}{x}} = -\frac{u_i.R.T.dc_i}{\frac{I_i}{z_i.F}+z_i.F.c_i.u_i.\frac{\Delta\Psi}{x}} \qquad (1.48)$$

Rearranjando-se a equação (1.48) ficamos com:

$$dx = -u_i.R.T(\frac{dc_i}{\frac{I_i}{z_i.F}+z_i.F.c_i.u_i.\frac{\Delta\Psi}{x}}) \qquad (1.49)$$

Para facilitar o desenvolvimento do problema desde um ponto de vista matemático, façamos:

$$y = \frac{I_i}{z_i.F} + z_i.F.c_i.u_i.\frac{\Delta\Psi}{x}$$ (1.50)

Derivando-se a equação (1.50) em relação a x vem:

$$\frac{dy}{dx} = \frac{dI_i}{(z_i.F)dx} + z_i.F.u_i.\frac{\Delta\Psi}{x}.\frac{dc_i}{dx}$$ (1.51)

Como I_i é constante, ou seja, possui o mesmo valor em qualquer ponto ao longo da membrana e $z_i \cdot F$ também são constantes, a equação (1.51) reduz-se a:

$$\frac{dy}{dx} = z_i.F.u_i.\frac{\Delta\Psi}{x}.\frac{dc_i}{dx}$$ (1.52)

Isolando-se o termo dc_i, ficamos com:

$$dc_i = \frac{dy}{z_i.F.u_i.\frac{\Delta\Psi}{x}}$$ (1.53)

Substituindo-se o valor de dc_i explícito em (1.53) na equação (1.49) resulta em:

$$dx = -u_i.R.T\left(\frac{\frac{dy}{z_i.F.u_i.\frac{\Delta\Psi}{x}}}{\frac{I_i}{z_i.F}+z_i.F.c_i.u_i.\frac{\Delta\Psi}{x}}\right)$$ (1.54)

Mas $\frac{I_i}{z_i.F} + z_i.F.c_i.u_i.\frac{\Delta\Psi}{x} = y$, como definido em (1.50). Portanto, substituindo-se essa expressão na equação (1.54) ficamos com:

$$dx = -u_i.R.T\left(\frac{\frac{dy}{z_i.F.u_i.\frac{\Delta\Psi}{x}}}{y}\right) = -u_i.R.T(\frac{dy}{y} \cdot \frac{1}{z_i \cdot F \cdot u_i.\frac{\Delta\Psi}{x}})$$ (1.55)

Rearranjando a equação (1.55) torna-se:

$$dx = -\frac{u_i.R.T}{z_i \cdot F \cdot u_i.\frac{\Delta\Psi}{x}} \cdot \left(\frac{dy}{y}\right)$$ (1.56)

Integrando-se a equação (1.56) de um lado a outro da membrana podemos escrever:

$$\int_{x_1}^{x_2} dx = -\frac{u_i.R.T}{z_i \cdot F \cdot u_i \cdot \frac{\Delta\Psi}{x}} \cdot \int_{c_i^1}^{c_i^2} \frac{1}{y} \cdot dy \tag{1.57}$$

Resolvendo-se as integrais, tem-se:

$$x = -\frac{u_i.R.T}{z_i \cdot F \cdot u_i \cdot \frac{\Delta\Psi}{x}} \cdot (ln\, y_2 - ln\, y_1) \tag{1.58}$$

Rearranjando-se a equação (1.58), tem-se:

$$-\frac{z_i \cdot F}{R \cdot T} \cdot \Delta\Psi = (ln\, \frac{y_2}{y_1}) \tag{1.59}$$

Aplicando-se regra de logaritmos em ambos os lados da equação (1.59) ficamos com:

$$e^{(-\frac{z_i \cdot F}{R \cdot T} \cdot \Delta\Psi)} = \frac{y_2}{y_1} \tag{1.60}$$

Substituindo-se y_1 e y_2 por seus respectivos valores, como definido na equação (1.50), resulta em:

$$e^{(-\frac{z_i \cdot F}{R \cdot T} \cdot \Delta\Psi)} = \frac{\frac{I_i}{z_i.F} + z_i.F.c_i^2.u_i.\frac{\Delta\Psi}{x}}{\frac{I_i}{z_i.F} + z_i.F.c_i^1.u_i.\frac{\Delta\Psi}{x}} \tag{1.61}$$

Rearranjando-se a equação (1.61), tem-se:

$$\frac{I_i}{z_i.F} \cdot e^{(-\frac{z_i \cdot F}{R \cdot T} \cdot \Delta\Psi)} + z_i.F.c_i^1.u_i.\frac{\Delta\Psi}{x} \cdot e^{(-\frac{z_i \cdot F}{R \cdot T} \cdot \Delta\Psi)} = \frac{I_i}{z_i.F} + z_i.F.c_i^2.u_i.\frac{\Delta\Psi}{x}$$

Ou,

$$\frac{I_i}{z_i.F} \cdot e^{(-\frac{z_i \cdot F}{R \cdot T} \Delta\Psi)} - \frac{I_i}{z_i.F} = z_i.F.c_i^2.u_i.\frac{\Delta\Psi}{x} - z_i.F.c_i^1.u_i.\frac{\Delta\Psi}{x} \cdot e^{(-\frac{z_i \cdot F}{R \cdot T} \Delta\Psi)}$$

Ou,

$$\frac{I_i}{z_i.F}(e^{(-\frac{z_i \cdot F}{R \cdot T} \Delta\Psi)} - 1) = z_i.F.u_i.\frac{\Delta\Psi}{x}(c_i^2 - c_i^1 \cdot e^{(-\frac{z_i \cdot F}{R \cdot T} \Delta\Psi)}) \tag{1.62}$$

Isolando-se o termo de interesse, I_i, podemos escrever:

$$I_i = \frac{(z_i)^2.F^2.u_i.\frac{\Delta\Psi}{x}(c_i^2 - c_i^1 \cdot e^{(-\frac{z_i \cdot F}{R \cdot T} \cdot \Delta\Psi)})}{(e^{(-\frac{z_i \cdot F}{R \cdot T} \cdot \Delta\Psi)} - 1)} \tag{1.63}$$

Lembrando que $uRT = D$ isto é, o **coeficiente de difusão,** podemos reescrever a equação (1.63) como:

$$I_i = z_i^2 . F^2 . \frac{D_i}{x} \cdot \frac{\Delta\Psi}{R \cdot T} \cdot \frac{(c_i^2 - c_i^1 \cdot e^{(-\frac{z_i \cdot F}{R \cdot T} \cdot \Delta\Psi)})}{(e^{(-\frac{z_i \cdot F}{R \cdot T} \cdot \Delta\Psi)} - 1)} \tag{1.64}$$

Por outro lado, $D_i/x =$ **coeficiente de permeabilidade** (P), que introduzido em (1.64) resulta em:

$$I_i = \frac{z_i^2 . F^2}{R \cdot T} \cdot P_i \cdot \Delta\Psi \cdot \frac{(c_i^2 - c_i^1 \cdot e^{(-\frac{z_i \cdot F}{R \cdot T} \cdot \Delta\Psi)})}{(e^{(-\frac{z_i \cdot F}{R \cdot T} \cdot \Delta\Psi)} - 1)} \tag{1.65}$$

Essa é a equação do **campo constante** e fornece a corrente carreada por um dado íon i através da membrana, como função da diferença de potencial elétrico e do gradiente químico existentes no sistema. Perceba que essa equação não é mais linear e que, na verdade, as forças química e elétrica podem somar-se ou subtrair-se para determinar a magnitude e o sentido da corrente resultante do íon que passa pela membrana.

2 Consequências da Movimentação Iônica: Separação de Cargas e Diferença de Potencial Elétrico

Wamberto Antonio Varanda

MOBILIDADE IÔNICA E POTENCIAL DE JUNÇÃO

A situação a ser analisada em seguida é a mais geral e pressupõe a existência de fluxo na presença concomitante de gradiente químico e elétrico. Matematicamente, essa condição implica a integração da equação de Nernst-Planck, anteriormente apresentada sob a forma diferencial (equação 1.29). Em um primeiro passo vamos analisar o problema sob o ponto de vista qualitativo, preocupando-nos com os conceitos físicos envolvidos. Para tanto imagine o sistema abaixo composto por duas soluções eletrolíticas (1 e 2) de concentrações C_1 e C_2, respectivamente (Figura 2.1). Suponha, ainda, que as soluções sejam agitadas convenientemente, para garantir homogeneidade, e separadas por uma partição impermeável (M), que pode ser removida instantaneamente por um processo qualquer. Chamemos os cátions de **p** e os ânions de **n**, com mobilidades $\mathbf{u_p}$ e $\mathbf{u_n}$, respectivamente.

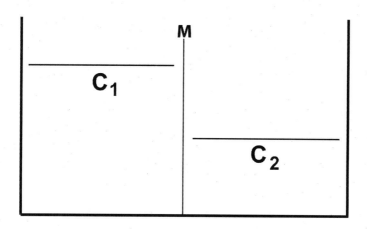

FIGURA 2.1 – Sistema de dois compartimentos com uma partição **M** separando soluções eletrolíticas nas concentrações **C₁** e **C₂**.

Façamos $u_p > u_n$, retiremos a partição de modo que as soluções possam se tocar, e analisemos a evolução temporal do sistema. No momento da retirada da partição ($t_0 = 0$) os cátions e os ânions migrarão resultantemente do compartimento 1 para o 2 com suas respectivas mobilidades e, portanto, com $D_p > D_n$ (D = coeficiente de difusão). Como consequência, em um momento qualquer $t_1 > t_0$, a concentração de **p** junto à junção, porém do lado 2, será maior que a de **n**, o inverso ocorrendo do lado 1. A figura 2.2A mostra os perfis de concentração quando $t_1 > t_0$. Como podemos ver, a migração das partículas com mobilidades distintas originou excesso de cargas positivas na face da junção voltada para o lado 2 e excesso de cargas negativas no lado oposto. Na verdade, a área entre as duas curvas é igual à diferença de concentrações de cátions e ânions, ou seja, a **densidade de carga** (ρ) resultante presente agora em cada lado (Figura 2.2B). Por sua vez, a separação espacial de cargas origina uma **diferença de potencial elétrico** (V) entre os dois lados da junção, resultando em um campo elétrico que atuará sobre as partículas. Como consequência desse processo todo e após os instantes iniciais, as duas

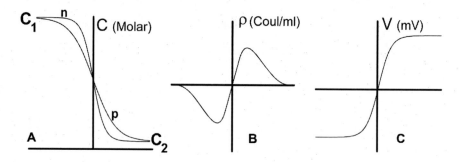

FIGURA 2.2 – Perfis de concentração das partículas **n** e **p** (**A**), de densidade de carga (**B**) e de potencial elétrico (**C**) através da junção entre as duas soluções eletrolíticas. A ordenada demarca o ponto de junção das duas soluções (C_1 e C_2, conforme definido na figura 2.1). Em todos os casos a abscissa representa a distância a partir da junção para as soluções banhantes, em unidades arbitrárias.

partículas passarão a se mover com a mesma velocidade, mantendo-se agora constantes os perfis de **n** e **p** (Figura 2.2C); (considere que as concentrações C_1 e C_2 não mudam porque os compartimentos são infinitos).

Chama a atenção, ainda, o fato de que essa separação de cargas se apresenta somente em uma distância muito pequena (medida em Å) a partir da junção. Isso significa que, em regiões da solução localizadas mais distantes da junção, a concentração de cátions é igual à de ânions. Esse fato levou Nernst a postular o **Princípio da Eletroneutralidade Macroscópica** em sua descrição da eletrodifusão. De maneira aparentemente contraditória, ele postulou que a soma algébrica das concentrações de **n** e **p** é igual a zero. Ora, se isso for absolutamente verdadeiro em todo volume das soluções, como então se origina a diferença de potencial elétrico entre elas? O problema é resolvido se levarmos em conta que, devido à magnitude da carga eletrônica **q**, requer-se que ocorra uma separação de cargas de magnitude apenas **infinitesimal** para que se estabeleçam as diferenças de potencial na faixa encontrada em regimes de eletrodifusão. Perceba que se uma das partículas for imóvel e não conseguir difundir-se pela junção, a separação de cargas será a máxima possível, já que o contraíon não irá migrar. Nesse caso, a diferença de potencial elétrico assumirá o valor máximo permitido pela diferença de potencial químico do íon em questão. Ou seja, toda energia do gradiente químico será convertida em gradiente elétrico e a partícula estará em **equilíbrio**, já que a força difusional ($RT \frac{1}{C} \frac{dC}{dx}$) será igual à força de campo ($zF \frac{d\Psi}{dx}$).

Passemos agora a analisar formalmente o problema utilizando as equações de fluxo mostradas anteriormente. Para tanto, deve-se assumir que os compartimentos sejam infinitos e as concentrações eletrolíticas constantes no tempo. Das descrições acima fica claro que o fluxo de cada espécie iônica será determinado pela força total agindo sobre cada uma delas e que será igual, no caso, à soma das forças difusional e elétrica. Portanto, podemos escrever para cada íon:

$$J_p = -u_p C_p (kT \frac{1}{C} \frac{dC}{dx} + q \frac{d\Psi}{dx}) \qquad (2.1)$$

$$J_n = -u_n C_n (kT \frac{1}{C} \frac{dC}{dx} - q \frac{d\Psi}{dx}) \qquad (2.2)$$

Analisando-se o sistema instantes após o processo inicial da separação de cargas, pode-se notar uma diferença de potencial elétrico estável no tempo (compartimentos infinitos). Sua ação, agora, se faz no sentido de igualar numericamente os fluxos de **p** e **n**. Assim, nessas condições a seguinte igualdade pode ser escrita:

$$J_p = J_n \qquad (2.3)$$

Levando-se em conta o princípio da eletroneutralidade macroscópica de Nernst, como descrito acima, teremos que as concentrações de cátions e ânions serão iguais em cada lado da partição, ou seja:

$$C_p = C_n = C \qquad (2.4)$$

Combinando as equações (2.1), (2.2), (2.3) e (2.4) resulta em:

$$u_p C(kT \frac{1}{C}\frac{dC}{dx} + q \frac{d\Psi}{dx}) = u_n C(kT \frac{1}{C}\frac{dC}{dx} - q \frac{d\Psi}{dx}) \qquad (2.5)$$

Já que as concentrações de cátions e ânions são as mesmas em cada uma das soluções, fica claro que a **força difusional** também será a mesma para ambos. No entanto, como $u_p \# u_n$, espera-se que, no instante em que o sistema começa a evoluir, isto é, quando $t = t_0$, existam fluxos de magnitudes diferentes para o cátion e para o ânion. Como já discutido anteriormente, esse fato leva à separação de cargas com consequente surgimento de uma diferença de potencial elétrico e, portanto, de uma **força elétrica**, que acelerará o íon de menor mobilidade e freará aquele de maior mobilidade, até que os fluxos de ambos sejam iguais. Qual a magnitude do campo elétrico para que isso seja verdade? A resposta a essa pergunta surge com um simples rearranjo da equação (2.5), ou seja:

$$q \frac{d\Psi}{dx}(u_p + u_n) = -kT(u_p - u_n)\frac{1}{C}\frac{dC}{dx} \qquad (2.6)$$

e

$$-\frac{d\Psi}{dx} = \frac{(u_p - u_n)}{(u_p + u_n)}\frac{kT}{q}\frac{1}{C}\frac{dC}{dx} \qquad (2.7)$$

A equação (2.7) mostra que a condição $J_n = J_p$ só será satisfeita quando a força de campo (elétrica no caso) igualar-se, em todos os pontos do sistema, à força difusional multiplicada pela razão entre a diferença e a soma das mobilidades.

Integrando-se a equação (2.7) entre os limites de x_1 (onde $C = C_1$ e $\Psi = \Psi_1$) e x_2 (onde $C = C_2$ e $\Psi = \Psi_2$) teremos:

$$\int_{x_2}^{x_1} \frac{d\Psi}{dx} dx = -\frac{(u_p - u_n)}{(u_p + u_n)}\frac{kT}{q} \int_{x_2}^{x_1} \frac{1}{C}\frac{dC}{dx} dx \qquad (2.8)$$

ou seja,

$$(\Psi_2 - \Psi_1) = -\frac{(u_p - u_n)}{(u_p + u_n)}\frac{kT}{q} ln\frac{C_2}{C_1} \qquad (2.9)$$

($\Psi_2 - \Psi_1$) é, portanto, a magnitude da diferença de potencial elétrico necessária para tornar iguais as magnitudes dos fluxos de **p** e **n** através da junção. Note que esse é um **potencial elétrico difusional**, diferente de um **potencial elétrico de equilíbrio**, por que após sua estabilização ainda ocorrerá difusão resultante de **p** e **n**, isto é, haverá um fluxo de sal no sistema dirigido do lado **1** para o **2**. Necessário enfatizar que o sistema permanecerá estável no tempo simplesmente porque assumimos que os compartimentos 1 e 2 são infinitos e, portanto, o fluxo resultante de sal não alterará as respectivas concentrações. A equação (2.9) mostra, ainda, qual o lado positivo e qual o negativo no sistema. Assim, se $C_1 > C_2$ e $\mathbf{u_p} > \mathbf{u_n}$ teremos que $\Psi_1 < \Psi_2$, ou seja, o lado **2** será positivo em relação ao lado **1**. Mantendo-se as concentrações e fazendo $\mathbf{u_p} < \mathbf{u_n}$ teremos $\Psi_1 > \Psi_2$, o que é esperado levando-se em conta a maior mobilidade do ânion. Esse é também conhecido como **potencial de junção**. Isto é, aparece simplesmente na região de contato (junção) entre duas soluções de concentrações diferentes de um único sal (ou mais de um se for o caso), em que a mobilidade do ânion é diferente da mobilidade do cátion. Na verdade, potenciais de junção constituem-se em problemas sérios em experimentos eletrofisiológicos, demandando correções apropriadas para não se incorrer em erros quantitativos de grandes magnitudes. Normalmente, os eletrofisiologistas tentam minimizar efeitos de potenciais de junção utilizando pontes de ágar/KCl para conectar as soluções de banho com o sistema eletrônico de medida. Em geral, uma ponte de ágar/KCl constitui-se de um tubo de polietileno, de calibre adequado, cheio com uma solução de ágar a 2,5% contendo alta concentração de KCl.

No caso particular, em que somente um dos íons é móvel, ou seja, $\mathbf{u_p}$ ou $\mathbf{u_n}$ igual a zero, a equação (2.9) descreverá uma situação de equilíbrio e a diferença de potencial elétrico gerada será igual à força eletromotriz do sistema. Assim, se fizermos $\mathbf{u_p} = 0$, a equação (2.9) se reduz a:

$$\Psi_2 - \Psi_1 = \frac{kT}{q} \ln \frac{c_2}{c_1} \tag{2.10}$$

Se $u_n = 0$ teremos:

$$\Psi_2 - \Psi_1 = -\frac{kT}{q} \ln \frac{c_2}{c_1} \tag{2.11}$$

A equação (2.10) (ou 2.11) é conhecida como **equação de Nernst** e pode ser derivada também a partir de argumentos termodinâmicos, considerando-se uma situação de equilíbrio e descrevendo-se o estado energético dos íons por meio de seus potenciais eletroquímicos.

QUANDO A MEMBRANA IMPORTA

No item anterior analisamos a movimentação de partículas em uma solução, ou seja, em um meio cujas características eram constantes em todas as direções. Tal meio é chamado de **isotrópico**. Em todas as situações tratadas tivemos apenas o contato entre as duas soluções de composições diferentes e restringimos nossa análise à junção entre elas. Vejamos, agora, quais os fatores que determinarão a movimentação de partículas através de uma **membrana** separando duas soluções, eletrolíticas ou não. No caso específico de uma membrana biológica, e que nos interessa em particular, ressalta o fato dela ser composta por uma **matriz lipídica**. Esta é formada essencialmente por uma dupla camada de fosfolipídios, nos quais estão incrustadas moléculas proteicas. *Grosso modo* esta descrição corresponde ao modelo proposto por Singer e Nicolson (1972) e conhecido como modelo do mosaico fluido.

Coeficiente de partição

Vamos analisar, em um primeiro passo, a passagem de substâncias por uma membrana composta unicamente por fosfolipídios. Chama a atenção, de imediato, o fato de estarmos interpondo entre dois meios aquosos com alta **constante dielétrica** ($\xi \sim 70$), um meio com constante dielétrica baixa, como é o caso dos lipídios ($\xi \sim 2$). O sistema esquematizado na figura 2.3 servirá aos propósitos da análise que segue.

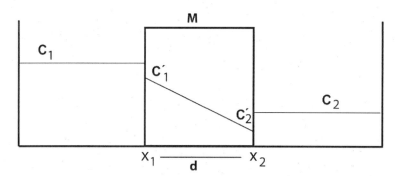

FIGURA 2.3 – Esquema de dois compartimentos, **1** e **2**, cheios de uma solução contendo um soluto **i** nas concentrações C_1 e C_2, respectivamente. **M** representa a bicamada lipídica de espessura $d = (x_2-x_1)$. C_1' e C_2' são as concentrações de **i** na **fase oleosa** da membrana, adjacentes aos compartimentos aquosos **1** e **2**, respectivamente.

É claro que, para atravessar do lado **1** para o lado **2** e vice-versa, as partículas em questão deverão **adentrar** a fase da membrana e aí se **difundir**. Ou seja, deverão **particionar-se** entre uma fase bastante polar (água) e uma fase praticamente apolar (cadeias hidrocarbônicas dos lipídios). Portanto, se a partícula **i** for hidrofílica, um íon por exemplo, sua energia livre será muito menor na solução aquosa do que na solução lipídica e sua transferência para a bicamada lipídica deverá envolver um certo trabalho. Analisemos que tipo de trabalho é esse e que magnitude de energia estará envolvida no processo. Para tanto, tomemos um íon qualquer e aproximemos sua forma à de uma esfera com raio **r**. Imaginemos que num instante $t = 0$ o íon esteja descarregado e no vácuo. Em um instante seguinte começamos a carregá-lo com quantidades infinitesimais de carga, dq, até sua carga final. A transferência de cada dq requererá uma quantidade infinitesimal de trabalho, *dw*, para efetivar-se. Como estamos tratando de trabalho elétrico, *dw* será função do potencial elétrico na superfície da esfera (Ψ_r) e da quantidade de carga transferida, ou seja:

$$dw = dq \cdot \Psi_r \qquad (2.12)$$

Assim sendo, o trabalho total realizado no carregamento do íon será dado pela integração da equação (2.12) entre os limites de 0 até a carga final $z_i e$, onde *e* é a carga do elétron e z_i a valência do íon i). Portanto, podemos escrever:

$$\int dw = \int_0^{z_i e} \Psi_r \cdot dq \qquad (2.13)$$

Por outro lado, o potencial elétrico na superfície da esfera é dado pela carga ($z_i \cdot e$), dividida pelo seu raio (r_i), ou seja $\Psi_r = \frac{z_i \cdot e}{r_i}$. Substituição deste valor na equação (2.13) e sua integração resulta no trabalho total (w_c) que deverá ser realizado para carregar o íon, isto é:

$$w_c = \int_0^{z_i e} \frac{z_i \cdot e}{r_i} \cdot dq = \frac{(z_i \cdot e)^2}{2r_i} = \frac{q^2}{2r_i} \qquad (2.14)$$

De maneira análoga podemos calcular o trabalho para descarregar o íon, no vácuo, que será dado por:

$$w_{desc} = -\frac{(z_i \cdot e)^2}{2r_i} = -\frac{q^2}{2r_i} \qquad (2.15)$$

Se considerarmos que o íon esteja em solução aquosa e não no vácuo, esse fato deverá ser considerado introduzindo-se nas equações acima a constante dielétrica do solvente (ξ_{H_2O}, no caso). Imaginemos, agora, que o íon está na fase aquosa e vai penetrar na bicamada lipídica que possui constante dielétrica $\xi_{óleo}$ (Figura 2.4).

Em analogia à análise que fizemos acima, dois tipos de trabalho deverão ser realizados: um para descarregar o íon na solução:

$$w_{H_2O} = -\frac{q^2}{2\xi_{H_2O} \cdot r} \qquad (2.16)$$

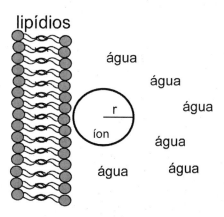

FIGURA 2.4 – Esquema fora de escala de um íon de raio **r** dissolvido em água e prestes a adentrar a fase lipídica da membrana.

E outro, para recarregar o mesmo íon dentro da bicamada lipídica, ou seja:

$$W_{óleo} = \frac{q^2}{2\xi_{óleo} \cdot r} \qquad (2.17)$$

É claro que o trabalho total será dado pela diferença entre (2.16) e (2.17) e deverá corresponder à variação de energia livre do sistema ($U_{H_2O}^{óleo}$):

$$U_{H_2O}^{óleo} = -\frac{q^2}{2\xi_{H_2O} \cdot r} + \frac{q^2}{2\xi_{óleo} \cdot r} = \frac{q^2}{r}\left(\frac{1}{\xi_{óleo}} - \frac{1}{\xi_{H_2O}}\right) \qquad (2.18)$$

A equação (2.18) é conhecida como equação de Born (veja Bockris e Reddy, 1977) para detalhes dessa derivação) e permite calcular a energia envolvida no processo. Por exemplo, a transferência de um íon K⁺, com raio iônico hidratado ao redor de 0,33 nm envolve uma energia $U_{H_2O}^{óleo}$ = –1,5 eV, ou seja, teremos que realizar um trabalho de grande magnitude para completar o processo. Na verdade, dada certa concentração do íon na solução (C_{H_2O}), sua concentração no interior da bicamada ($C_{óleo}$) será, em condições de equilíbrio, dada por uma distribuição de Boltzmann com a seguinte forma:

$$\frac{C_{óleo}}{C_{H_2O}} = e^{\frac{-U}{RT}} \qquad (2.19)$$

A relação entre as concentrações de uma dada espécie no óleo e na água (equação 2.19), em uma situação de equilíbrio, é conhecida como **coeficiente de partição** e representada pela letra β. Continuando com nossos cálculos para o K^+ teremos:

$$\beta = e^{\left(\frac{-1,5}{kT}\right)} \sim 10^{-26} \tag{2.20}$$

Ou seja, para uma dada concentração de K^+ na fase aquosa, sua concentração na fase oleosa será aproximadamente 10^{-26} vezes menor. Como conclusão, podemos afirmar, portanto, que a passagem de um soluto através de uma membrana dependerá não só de seu **coeficiente de difusão,** mas também de seu **coeficiente de partição**. Outro ponto importante a ser ressaltado é que, devido à enorme energia envolvida no processo de transferência para a bicamada, substâncias hidrossolúveis só atravessarão a membrana em quantidades significativas se lhes for propiciada uma via de permeação que apresente **constante dielétrica** bem acima daquela do óleo, ou seja, uma via com características hidrofílicas. Tais vias se constituem nos **canais** ou poros da membrana e são formadas por proteínas intrínsecas. Outra maneira de resolver o problema seria "aumentar" o raio aparente da partícula, como predito pela equação de Born. Essa é a solução selecionada evolutivamente por substâncias que utilizam **carregadores** para atravessar a membrana. Em termos gerais, portanto, podemos dizer que o fluxo de uma substância qualquer vai depender da sua concentração na fase da membrana, a qual se relaciona com a concentração na solução banhante por meio do coeficiente de partição (β).

Difusão e permeabilidade

Analisemos, agora, o fluxo de um não eletrólito através da membrana, ou de um eletrólito na ausência de campo elétrico. Nessas condições, o fluxo será descrito pela primeira lei de Fick:

$$J = D \frac{dC}{dx} \qquad (2.21)$$

Integrando-se essa equação entre os limites de x_1 e x_2, isto é, dentro da fase da membrana (ver Figura 1.7), teremos:

$$J = D \int_{x_1}^{x_2} \frac{dC}{dx} = D \frac{(C_2' - C_1')}{(x_2 - x_1)} \qquad (2.22)$$

Como visto anteriormente, C_1' e C_2' são as concentrações da substância em estudo dentro da fase lipídica da membrana do lado 1 e 2, respectivamente, que estão relacionadas às concentrações nas soluções banhantes por meio do coeficiente de partição, conforme discutido acima. Ou seja,

$$\beta_{\frac{óleo}{H_2O}} = \frac{C_1'}{C_1} = \frac{C_2'}{C_2} \qquad (2.23)$$

Onde $\beta_{\frac{óleo}{H_2O}}$ representa o coeficiente de partição óleo/água.

Da equação (2.23) pode-se deduzir que:

$$C_1' = \beta C_1 \ \text{e} \ C_2' = \beta C_2 \qquad (2.24)$$

Substituindo-se as relações definidas em (2.24) na equação (2.22) ficamos finalmente com:

$$J = \left[\frac{D \cdot \beta}{(x_2 - x_1)} \right] (C_2 - C_1) \qquad (2.25)$$

Perceba que o termo entre colchetes é composto por 3 constantes, que podem ser reunidas em uma outra, resultando no chamado **coeficiente de permeabilidade** (P), que fica definido como:

$$P = \frac{D \cdot \beta}{(x_2 - x_1)} \qquad (2.26)$$

Introduzindo-se essa definição na equação (2.25) tem-se:

$$J = P(C_2 - C_1) \qquad (2.27)$$

Portanto, o coeficiente de permeabilidade relaciona diretamente o fluxo de uma dada espécie **i** a uma diferença de concentração existente entre os dois lados de uma membrana, na ausência de campo elétrico. É importante notar que **P** não depende somente do coeficiente de difusão da substância em estudo, mas também de seu coeficiente de partição na fase da membrana.

De maneira análoga, o coeficiente de permeabilidade pode ser introduzido nas equações de fluxo quando este for determinado pela presença concomitante de gradientes elétrico e químico. Assumindo-se essa condição, a equação de fluxo de Goldman (ver derivação no Apêndice 1-I) fica sendo:

$$I_i = \frac{z_i^2 . F^2}{R \cdot T} . P_i \cdot \Delta\Psi \cdot \frac{(c_i^2 - c_i^1 \cdot e^{(-\frac{z_i \cdot F}{R \cdot T} \cdot \Delta\Psi)})}{(1 - e^{(-\frac{z_i \cdot F}{R \cdot T} \cdot \Delta\Psi)})} \tag{2.28}$$

Perceba que essa equação não é mais linear e que, na verdade, as forças química e elétrica podem somar-se ou subtrair-se, dependendo de seus respectivos sentidos, para determinar a corrente resultante do íon. Esse ponto pode ser compreendido mais claramente analisando-se a figura 2.5. Trata-se de um gráfico de corrente (I) *versus* voltagem (V) para um sistema composto por dois compartimentos, separados por uma membrana permeável somente a cátions, contendo soluções de um sal monovalente nas seguintes concentrações: **A)** 10 mM no compartimento 1 e 100 mM no compartimento 2. **B)** 100 mM no compartimento 1 e 10 mM no compartimento 2. **C)** Concentrações iguais a 100 mM nos dois compartimentos.

Análise da figura 2.5 mostra que o sistema **retifica**, isto é, para uma mesma magnitude de voltagem, a corrente adquire valores distintos, dependendo da polaridade aplicada. Assim, no caso **A,** onde a concentração é maior no compartimento **2**, tornando o compartimento **1** negativo, obtêm-se as maiores correntes, já que tanto a força química quanto a

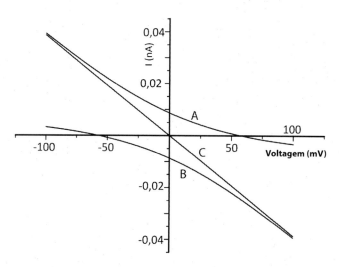

FIGURA 2.5 – Relação corrente-voltagem (I-V) para uma membrana permeável somente ao cátion monovalente. Os dados foram simulados utilizando-se a equação (2.28) com valor unitário de permeabilidade. O sinal da voltagem é o do compartimento 1. Corrente positiva significa cátion migrando do compartimento 2 para 1. Não se preocupe, neste ponto, com aspectos técnicos da aplicação da voltagem ao sistema.

elétrica agem no mesmo sentido, impulsionando o cátion para o lado **1**. Se agora a voltagem for tornada positiva em **1**, a força química será oposta à força elétrica e a corrente será menor. Observe também que, se invertermos o gradiente químico (**B**), o sistema tem um comportamento contrário e simétrico ao anterior. Chama a atenção, ainda, o valor do potencial onde a corrente se iguala a zero. Nesse ponto (+58 mV em **A** e –58 mV em **B**) a força química é numericamente igual à força elétrica, porém possuem sentidos opostos, dando como resultado uma **força total** igual a zero e, portanto, **corrente resultante** igual a zero. Por motivos óbvios, esse ponto é conhecido como **potencial de reversão** da corrente, pois é nele que a corrente reverte de sinal a depender da polaridade e magnitude da diferença de potencial elétrico aplicado ao sistema.

Quando fazemos as concentrações iguais dos dois lados da membrana, a relação (I-V) torna-se linear (**C**), pois a força química torna-se zero e apenas a elétrica irá atuar. O sistema comporta-se de modo ôhmico, isto é, perde-se a retificação, e a inclinação da reta fornece agora a **condutância** da membrana ao íon. Perceba que para valores de potenciais elevados ($\pm$ 100 mV) a reta em **C** aproxima-se das extremidades das curvas **A** e **B**, indicando que nessas condições, dado o grande campo elétrico, o interior da membrana será tomado pela solução de maior concentração iônica, que determinará sua condutância. Claro que o contrário vale para a situação na qual o gradiente elétrico for invertido.

MOVIMENTAÇÃO IÔNICA ATRAVÉS DA MEMBRANA CELULAR

Introdução

A existência de uma "eletricidade animal" foi proposta com base em experimentos realizados ao redor dos anos 1800 por Luigi Galvani, um anatomista trabalhando, então, na Universidade de Bolonha (Itália). O assunto gerou intenso embate intelectual com Alessandro Volta, físico que à época trabalhava na Universidade de Pávia (Itália). Galvani advogava, baseado em observações empíricas, a existência de um "desequilíbrio elétrico" nas células, já que elas respondiam quando estimuladas. Em seus experimentos iniciais, utilizava metais para estimular o nervo ou o músculo diretamente, o que lhe rendeu severas críticas de Volta. Este argumentava que a existência de uma "eletricidade metálica" era a verdadeira responsável pela contração do músculo, que respondia passivamente a ela. Galvani realizou, então, uma série de experimentos cruciais para provar sua tese. Utilizou duas pernas de rã dissecadas juntamente com um longo pedaço do nervo ciático. Engenhosamente demonstrou que ao tocar uma das pernas com a ponta do ciático da outra ocorria contração em ambas. Há uma série de outras experiências cruciais, que não serão mencionadas aqui, descritas por ambos os cientistas que sustentaram esse longo debate científico e cujos resultados mais expressivos foram a famosa pilha de Volta de um lado e a eletrofisiologia de outro. Mais detalhes sobre esse fascinante capítulo de descobertas científicas são analisados em vários artigos científicos e livros, entre os quais o excelente *The ambiguous frog*, traduzido da edição italiana *La rana ambigua*, de Marcello Pera (1992).

A natureza oferece vários exemplos da presença de potenciais elétricos em organismos biológicos. O mais evidente deles parece-nos o dos peixes elétricos, em que a magnitude de uma descarga pode alcançar 600 volts, embora a corrente elétrica seja pequena. Registros de potenciais elétricos em organismos vivos são hoje realizados em muitos tipos celulares e sua ocorrência é generalizada e inquestionável no mundo biológico. Desde um ponto de vista prático os potenciais elétricos originados nas membranas celulares podem ser detectados também a partir de grupos celulares e servem, inclusive, como métodos diagnósticos. Tal é o caso da eletromiografia, e seus correlatos como a eletrocardiografia, eletroencefalografia etc.

Nesse contexto, a **membrana plasmática** constitui-se em um dos componentes mais importantes na manutenção da homeostasia celular e do organismo como um todo, exercendo funções de interface entre os mundos intra e extracelulares e, em uma visão mais ampla, entre os meios externo e interno dos organismos vivos. Não por acaso, mais de 50% das diferentes proteínas fabricadas pelas células são direcionadas às membranas (plasmática e de organelas), nas quais funcionam como receptores para hormônios e neurotransmissores, vias de passagem de substâncias (canais iônicos e transportadores), receptores de luz etc. Em última análise, são essas proteínas inseridas na membrana celular que determinam suas propriedades elétricas. Dada, pois, a importância e a multiplicidade funcionais que as proteínas conferem à membrana celular, é corolário que elas sejam alvos de agentes moduladores de suas funções, tais como os fármacos, grande parte dos quais altera de alguma forma a atividade elétrica da membrana. Portanto, o sucesso de várias intervenções medicamentosas depende do entendimento correto das funções da membrana celular. Isso é bastante evidente quando falamos, por exemplo, de arritmias cardíacas, para ficar em um único exemplo. Assim sendo, este tópico apresenta uma visão geral dos processos utilizados pelas células, responsáveis por gerar e manter uma diferença de potencial elétrico transmembrana.

DIFERENÇA DE POTENCIAL (DP) DE REPOUSO DAS CÉLULAS: UM CASO DE DESEQUILÍBRIO IÔNICO!

Até o momento nos ocupamos em entender quais as condições necessárias para que uma dada substância possa atravessar membranas. Vimos também que uma das consequências da movimentação diferencial de cátions e ânions é o aparecimento de uma **diferença de potencial elétrico** entre os dois lados da interface por meio da qual migram, causada pela separação de cargas que aí se estabelece. Em todos os casos tratados restringimo-nos a analisar situações que envolviam sais monovalentes, presentes em concentrações distintas através da junção. No entanto, como veremos em detalhes adiante, a membrana plasmática de todas as células apresenta diferenças de potenciais elétricos resultantes da movimentação de várias espécies iônicas através dela. Essa diferença de potencial elétrico, estável no tempo, é chamada de **potencial de repouso** (V_r) e apresenta magnitudes variando na faixa de –20 a –100 mV, dependendo do tipo celular.

A figura 2.6 mostra o esquema de um arranjo experimental clássico utilizado para estudar o potencial de repouso de uma célula. Nesse tipo

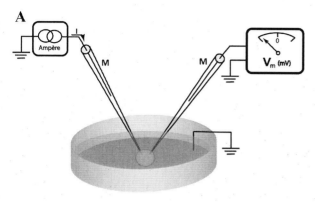

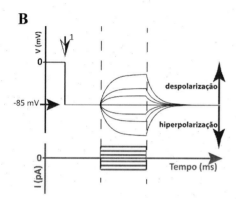

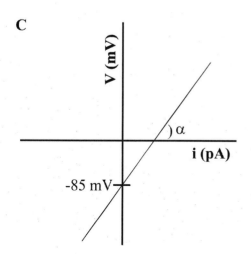

FIGURA 2.6 – Esquema da montagem experimental para estudo da diferença de potencial de repouso em células. **A**) A célula, representada por uma esfera, é colocada em câmara apropriada, contendo solução de composição semelhante ao extracelular. Microeletrodos de vidro (M) são comumente utilizados para se adentrar o intracelular e medir voltagens (V_m – mV) ou passar correntes (I) através da membrana (Ampère). **B**) Registros típicos desse tipo de experimento. O gráfico superior mostra registros da voltagem. A seta 1, indica o momento em que o microelétrodo de voltagem é inserido no intracelular; o valor de –85 mV (seta horizontal) serve apenas como indicação geral de magnitude. As correntes aplicadas (I (pA)) nos traçados inferiores são de intensidades pequenas o suficiente para não gerar respostas ativas da membrana. **C**) Relação entre resposta de voltagem (V) e a corrente aplicada (i (pA)). α representa a inclinação da reta. Gráficos não estão em escala.

de experimento, uma célula isolada, ou um pedaço de tecido qualquer que se pretende analisar, é colocada em uma câmara perfundida com solução de composição semelhante ao líquido extracelular.

A solução que banha a célula pode ser trocada utilizando-se um sistema de perfusão da câmara, de modo que podemos mudar as concentrações dos íons ou mesmo adicionar drogas de interesse. Dadas as dimensões das células, a câmara é montada sobre a platina de um microscópio e o empalamento realizado com o auxílio de micromanipuladores. O empalamento da célula é feito com microeletrodos de vidro com diâmetro de ponta menor que 1 μm e cheios com uma solução condutora, KCl 3M por exemplo, ligados ao sistema eletrônico por meio de eletrodos de Ag/AgCl (linha preta dentro dos microeletrodos). Um dos microeletrodos é conectado a um voltímetro de alta impedância [V_m (mV)] para o registro da diferença de potencial e outro a uma fonte (Ampère) para a injeção de corrente (I) à célula.

Nota sobre eletrodos: eletrodos de Ag/AgCl são comumente empregados em medidas de diferenças de potenciais elétricos em células. Servem para conectar soluções, onde os íons são os carreadores de corrente, ao sistema eletrônico onde as correntes elétricas são carreadas por elétrons. Portanto, deve haver uma correspondência exata entre o número de íons que atravessa a membrana e o número de elétrons que flui pelo circuito elétrico. Isso é conseguido porque ocorrem reações de oxidorredução na interface entre o metal do eletrodo e a solução. No caso dos eletrodos de Ag/AgCl tem-se a seguinte reação:

$$Ag \text{ (metal)} + Cl^- \rightleftarrows AgCl + e^-$$

Como a reação é reversível, em um sentido o íon é oxidado (doa elétrons) e no outro é reduzido (recebe elétrons).

Resultados típicos de um experimento, em que correntes são injetadas e as respostas de diferenças de potenciais elétricos são medidas em função do tempo, são mostrados na figura 2.6B. Ressalte-se que nesse tipo de experimento analisam-se apenas respostas passivas, não havendo a ocorrência de fenômenos de excitabilidade elétrica da célula em estudo. Da análise desses resultados sobressaem os seguintes pontos:

a) quando o microeletrodo de voltagem se encontra na solução de banho, a diferença de potencial observada é igual a zero mV, já que ele está ligado à terra por meio dessa solução;

b) ao penetrar na célula, momento indicado pela seta 1, observa-se uma diferença de potencial elétrico de **sinal negativo** em relação ao lado extracelular, que atinge o valor de –85 mV e permanece estável no tempo. Essa diferença de potencial elétrico é chamada de **potencial de repouso** da célula. Perceba na figura 2.6B que nesse ponto a corrente resultante que passa pela membrana é zero;

c) a aplicação de pulsos quadrados de corrente (limitados temporalmente pelos traços verticais interrompidos) faz com que a célula sofra **despolarização** ou **hiperpolarização**, dependendo do sentido da corrente aplicada, de magnitudes proporcionais àquelas das correntes, isto é, a relação V- I é linear (Figura 2.6C). O fato da aplicação de corrente resultar em uma resposta de voltagem indica que corrente e, portanto, íons migram através da membrana celular, denotando certa permeabilidade a eles. Na verdade, isso permite associar à membrana uma propriedade de **resistência elétrica** (R_m). Essa pode ser calculada pela inclinação da reta na figura 2.6C, que representa simplesmente a lei de Ohm, pois para uma dada variação de corrente (ΔI) temos uma variação proporcional na voltagem (ΔV). Em outros termos: $R_m = \Delta V/\Delta I$. Valores típicos de R_m com a célula em repouso situam-se na faixa de 10^8-10^{10} Ω. Esses, por sua vez, são determinados pelos canais iônicos presentes na membrana plasmática e que estejam conduzindo no instante que fazemos a medida (detalhes sobre canais iônicos serão discutidos em seção própria). Por definição, $R_m = 1/G_m$, onde G_m, a condutância da membrana, corresponde ao somatório de todas as condutâncias iônicas nela presentes. Nestas condições R_m é conhecida como **resistência de entrada** (R_{in}) da membrana. A figura 2.7A mostra o circuito elétrico equivalente simplificado da célula, que pode ser derivado dos resultados apresentados na figura 2.6. Desse circuito fica claro que a aplicação de uma corrente ao sistema provocará queda de voltagem através de R_m, de modo que:

$$V_m = V_r + R_m \cdot I_m = V_r + R_{in} \cdot I_m \qquad (2.29)$$

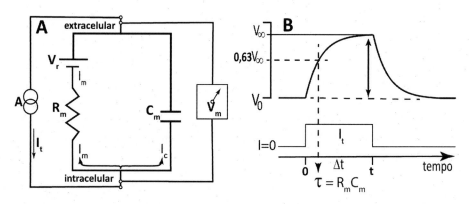

FIGURA 2.7 – A membrana como um circuito RC. **A)** Circuito equivalente simplificado da membrana celular. V_r = força eletromotriz; I_t = corrente total injetada na membrana pelo estimulador (A); I_m = corrente que flui pela resistência da membrana R_m; I_c = corrente capacitiva devido ao carregamento/descarregamento do capacitor C_m; V_m = voltagem medida através da membrana. **B)** Resposta de voltagem da membrana a um dos pulsos quadrados de corrente com duração Δt. A diferença de potencial parte de um valor V_0 e atinge V_∞ após um certo tempo. $\tau = R_m C_m$ é a constante de tempo do circuito e, neste caso, corresponde ao tempo onde a voltagem atinge 63% de seu valor final (indicado pela seta tracejada no gráfico).

Ou seja, a queda $R_{in} \cdot I_m$ será somada ao valor do potencial de repouso (V_r) que poderá se tornar mais positivo ou negativo dependendo do sentido da corrente: se hiperpolarizante ou despolarizante. Outro ponto interessante a ser observado é que a magnitude da variação em V_r, induzida pela corrente aplicada, será tanto maior quanto maior for R_{in}. Uma conta simples, utilizando a lei de Ohm, pode ajudar a entender o fenômeno: para induzir uma variação de 10 mV em uma célula com $R_{in} = 10^8$ Ohms, necessitaremos de uma corrente igual a 100 pA. Por outro lado, se $R_{in} = 10^{10}$ Ohms, a corrente necessária para observarmos a mesma variação em V_m será da ordem de apenas 1 pA. Portanto, a magnitude da resistência de entrada relaciona-se diretamente ao que chamamos de excitabilidade celular e pode ser uma medida desse fenômeno quando se deseja estudar propriedades de células submetidas a diferentes condições experimentais, por exemplo;

d) embora os pulsos de corrente sejam aplicados instantaneamente, as respostas de voltagem apresentam um retardo temporal em relação a eles. Demoram mais para atingir um estado estacionário e decaem mais lentamente, mesmo após o pulso de corrente ser desligado. Isso indica que a membrana celular é capaz de armazenar cargas, um comportamento típico de **capacitores**, e essencial para que se tenha um potencial estável entre suas duas faces. Essa propriedade faz com que variações elétricas que venham a ocorrer na membrana celular tenham uma **dependência intrínseca do tempo**. Para entender melhor esse ponto, vamos nos referir novamente à figura 2.7.

Iniciamos nossa análise notando que o somatório das correntes que entram no sistema deve ser igual àquele das correntes que deixam o sistema. Isso é conhecido como lei de Kirchof, que pode ser expressa como:

$$\sum I_{entrada} = \sum I_{saída} \tag{2.30}$$

Veja que $I_{entrada}$ é, na verdade, a corrente total (I_t) determinada pelo pulso de corrente e $I_{saída}$ refere-se às correntes que passarão pela resistência da membrana (R_m) e pela sua capacitância, C_m.

Portanto, para o circuito acima pode-se escrever:

$$I_t = I_m + I_c \tag{2.31}$$

Para facilitar o entendimento façamos $V_R = V_c = V$, e substituamos $I_m = V/R_m$ e $I_c = C_m \dfrac{dV}{dt}$ na equação (2.31), ou seja:

$$I_t = \frac{V}{R_m} + C_m \frac{dV}{dt} \tag{2.32}$$

Rearranjando a equação (2.32) ficamos com:

$$\frac{dV}{dt} + \frac{V}{R_m C_m} = \frac{I_t}{C_m} \tag{2.33}$$

Essa é uma equação diferencial de primeira ordem. Para facilitar a integração recorremos a um fator de integração e multiplicamos seus dois lados por ele. No caso, o fator de integração será igual a $e^{\frac{t}{R_m \cdot C_m}}$ e,

$$\int \frac{d}{dt} \left[e^{\frac{t}{R_m C_m}} . V \right] = \int \frac{I_t}{C_m} e^{\frac{t}{R_m C_m}} \tag{2.34}$$

Notar que: $\int (e^x . y)' = e^x . y$

Portanto,

$$e^{\frac{t}{R_m C_m}} . V = \frac{I_t}{C_m} . R_m C_m . e^{\frac{t}{R_m C_m}} + C_1 \tag{2.35}$$

Onde C_1 é uma constante de integração. Rearranjando a equação (2.35) ficamos com:

$$V_t = I_t . R_m + C_1 . e^{-\frac{t}{R_m C_m}} \tag{2.36}$$

A análise dessa equação indica que:

1. Quando $t = 0$, isto é, no instante em que o pulso de corrente é ligado não haverá voltagem, $V = 0$ e $e^{-\frac{t}{R_m C_m}} = 1$, portanto,

$$C_1 = -I_t.R_m \qquad (2.37)$$

e a equação (2.36) fica sendo:

$$V_t = I_t.R_m + I_t.R_m.e^{-\frac{t}{R_m C_m}} = I_t.R_m(1 - e^{-\frac{t}{R_m C_m}}) \qquad (2.38)$$

2. Quando $t = t_\infty$, isto é, após um tempo suficientemente longo para o carregamento completo da capacitância da membrana onde $I_c = 0$, a resposta de voltagem atinge um estado estacionário, e toda a corrente passará a fluir pela resistência da membrana. Nessas condições podemos escrever:

$$I_t.R_m = V_\infty \qquad (2.39)$$

Levando em consideração todos esses fatos, a solução final da equação (2.38) fica sendo:

$$V_t = V_\infty(1 - e^{-\frac{t}{\tau}}) \qquad (2.40)$$

Onde $\tau = R_m \cdot C_m$

A pergunta agora é: qual o valor de V_t quando o tempo, t atingir o valor de τ?

Impondo-se essa condição à equação (2.40), ficamos com:

$$V_t = V_\infty \cdot (1 - e^{-1}) \qquad (2.41)$$

ou

$$\frac{V_t}{V_\infty} = 1 - \frac{1}{e} \qquad (2.42)$$

Substituindo-se o número **e** pelo seu valor de 2,72 na equação (2.42) resulta em:

$$\frac{V_t}{V_\infty} = 1 - \frac{1}{2,72} \quad e \quad \frac{V_t}{V_\infty} = 0,63$$

Logo, a constante de tempo de uma célula qualquer poderá ser medida a partir do registro da resposta de corrente a um pulso de voltagem e será igual ao tempo necessário para a voltagem da membrana atingir 63% da voltagem final alcançada em resposta àquele pulso, como esquematizado na figura 2.7B. Esse comportamento capacitivo tem consequências importantes no fenômeno de excitabilidade elétrica das células. De imediato, pode-se argumentar que células que apresentam um τ maior demandarão mais tempo para atingir seu limiar de excitabilidade que aquelas com τ menor. Esse assunto será retomado no Capítulo 3 – Excitabilidade Elétrica Celular: variando condutâncias no tempo.

Íons envolvidos na determinação do potencial de repouso

Dado que a membrana plasmática é permeável, a próxima pergunta a ser respondida é: quais os principais íons que efetivamente têm condições de carregar corrente através dela e, portanto, estariam envolvidos na determinação do seu potencial de repouso? A resposta a essa pergunta foi motivo de intensa pesquisa ao redor de 1950, resultando em vários trabalhos importantes, dentre os quais se destacam Hodgkin e Horowics (1959) e Mullins e Noda (1963). De uma perspectiva geral, tratava-se de saber se a membrana celular era permeável unicamente ao potássio, como havia sido sugerido por Bernstein (1902), ou se outros íons também participavam do potencial de repouso. Para responder a essa pergunta, voltemos a nossa atenção à célula mostrada anteriormente na figura 2.6A e adicionemos ao esquema as concentrações intra e extracelulares de sódio, potássio e cloreto (somente esses íons interessam no momento, embora outros existam normalmente dentro e fora das células), como mostrado na figura 2.8A.

Nossa análise assumirá que as soluções são sempre macroscopicamente eletroneutras, isto é, possuem o número total de cátions igual

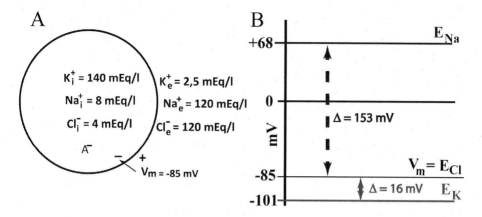

FIGURA 2.8 – Concentrações iônicas (**A**) e potenciais de equilíbrio (**B**) dos principais íons presentes nos meios intra e extracelulares de uma célula típica de músculo de rã. As setas tracejadas em **B** indicam a magnitude do desequilíbrio dos íons Na⁺ e K⁺. Eletroneutralidade macroscópica é mantida graças à presença de outros ânions (A⁻) no sistema, normalmente representados pelas cargas negativas das proteínas intracelulares.

ao de ânions. Portanto, ao variarmos a concentração de um dado íon, a concentração de seu contraíon obrigatoriamente também irá mudar. Além disso, a célula está banhada por solução extracelular de volume muito grande, em comparação com aquele do intracelular, de modo que a eventual saída ou entrada de íons para a célula não alterará as concentrações presentes no lado de fora. Quando da mudança na concentração de um dado íon no extracelular, essa permanecerá fixa no novo valor determinado experimentalmente. Assumimos, ainda, que a célula se encontra em **estado estacionário**, não havendo corrente iônica resultante (I_m) através da membrana plasmática, garantindo que seu potencial elétrico numa dada condição ficará estável no tempo. Esse fato será utilizado para o início da análise, de modo que podemos escrever:

$$I_m = 0 \qquad (2.43)$$

Note, no entanto, que I_m é a resultante do somatório de todas as correntes que passam pelas vias resistivas (condutivas) da membrana e que, em nosso caso e de modo simplificado, se resume àquelas carreadas pelo Na^+ (I_{Na}), K^+ (I_K) e Cl^- (I_{Cl}) ou seja:

$$I_m = I_{Na} + I_K + I_{Cl} \qquad (2.44)$$

Como discutido anteriormente, somente os íons que geram corrente e que, portanto, apresentam fluxos unidirecionais distintos poderão levar à separação de cargas através da membrana e consequentemente participar da geração da diferença de potencial elétrico. Desde um ponto de vista teórico, trata-se de comparar as forças elétrica ($F_{el} = zF \left(\frac{d\Psi}{dx}\right)$) e química ($F_q = RT.\frac{1}{c}.\frac{dC}{dx}$) para cada um dos íons e descobrir qual deles se encontra em desequilíbrio ou em equilíbrio. Isso é feito aplicando-se a equação de Nernst em cada caso e utilizando as concentrações mostradas na figura 2.8A, ou seja:

$$\text{Potencial de equilíbrio para o } K^+ = E_K = \frac{58}{z}\ log\frac{C_2}{C_1} = -101\ mV$$

$$\text{Potencial de equilíbrio para o } Cl^- = E_{Cl} = \frac{58}{z}\ log\frac{C_2}{C_1} = -85\ mV$$

$$\text{Potencial de equilíbrio para o } Na^+ = E_{Na} = \frac{58}{z}\ log\frac{C_2}{C_1} = +68\ mV$$

Os resultados numéricos estão mostrados na figura 2.8B onde são comparados com a diferença de potencial presente na membrana celular. Como se pode observar, nossos cálculos indicam que: 1. o cloreto apresenta um potencial de equilíbrio (E_{Cl} = –85 mV) igual ao potencial de repouso da célula (V_m = –85 mV) e, portanto, encontra-se equilibrado através da membrana. Sendo assim, a força resultante agindo sobre ele é zero e, portanto, não deve gerar corrente nem participar do processo de gênese da diferença de potencial elétrico de repouso da membrana; 2. o sódio está em franco desequilíbrio (E_{Na} = +68 mV, bem acima de V_m) com uma força resultante que tende a fazer com que ele entre na célula

($\Delta = 153$ mV), já que o intracelular é negativo; e 3. o potássio também se encontra em desequilíbrio ($E_K = -101$ mV, abaixo de V_m), existindo uma força resultante que tende a expulsá-lo do intracelular ($\Delta = 16$ mV).

Com base nesses achados teóricos surge a hipótese, então, de que seriam os íons Na^+ e K^+ os responsáveis pela gênese da diferença de potencial de repouso na célula, estando o Cl^- equilibrado no sistema, em contraposição ao postulado por Bernstein, em 1902, de que a membrana celular seria seletiva somente ao K^+. Experimentos posteriores em axônio gigante de lula realizados por Hodgkin e Keynes (1955) e depois em músculo semitendinoso da rã por Hodgkin e Horowics (1959) e Mullins e Noda (1963) vieram esclarecer esse tópico. Hodgkin e Horowics mediram a diferença de potencial de repouso em células musculares quando elas eram submetidas a variações bruscas nas concentrações de potássio e cloreto nas soluções banhantes, utilizando um arranjo experimental semelhante ao mostrado na figura 2.6A. Comecemos por analisar os resultados relativos ao íon potássio e ignoremos por enquanto a movimentação do cloreto. A primeira observação interessante dos autores foi a de que aumentando a concentração de potássio no lado extracelular a membrana sofria **despolarização**. Mais interessante ainda, para concentrações de potássio acima de 10 mM a relação entre diferença de potencial e logaritmo da concentração de potássio é linear, isto é, segue de perto a equação de Nernst para o íon, como se pode ver na figura 2.9 (perceba que nesta figura a abscissa encontra-se em escala logarítmica). Isso indica que a membrana é francamente permeável ao potássio. Por outro lado, a figura 2.9 também mostra que para concentrações de potássio mais baixas há um desvio considerável da diferença de potencial para valores mais despolarizados que os preditos pela equação de Nernst (reta no gráfico). Tal situação pode ser explicada se assumirmos que um outro íon também participe do processo, de forma que sua migração leve à despolarização da membrana. O candidato óbvio é o sódio, já que seu

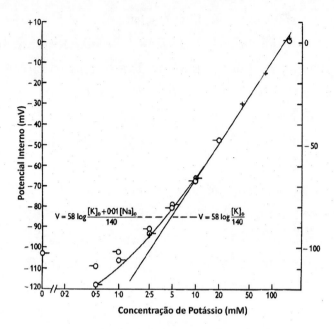

FIGURA 2.9 – Relação entre potencial de membrana e logaritmo da concentração externa de potássio. Extraída do trabalho de Hodgkin e Horowics (1959) onde os detalhes do experimento podem ser consultados.

gradiente eletroquímico é francamente favorável à entrada para o intracelular. A pergunta que se impõe agora é: se o sódio migra para dentro da célula por que o potencial de repouso está mais próximo do potencial de equilíbrio do potássio? A resposta foi originalmente trabalhada assumindo-se que a membrana apresenta permeabilidades diferentes aos vários íons. Na verdade, Hodgkin e Katz valeram-se da equação originalmente derivada por Goldman que relaciona **corrente** com permeabilidade e gradientes iônicos (ver Apêndice 1-I) e derivaram uma outra equação que relaciona a **diferença de potencial estável** através de uma membrana às permeabilidades relativas dos íons e seus respectivos gradientes, conhecida como equação de Goldman-Hodgkin e Katz (GHK), cujos detalhes da derivação encontram-se no Apêndice 2-I. Tudo que fizeram foi escrever explicitamente a equação de Goldman, que descreve corrente, para os vários íons, e impor a condição de que no estado estacionário a soma das correntes iônicas que passam pela membrana é nula, como sugerido acima (equações 2.43 e 2.44). Resolvendo o sistema de equações para o potencial de membrana chegaram à seguinte relação:

$$V_m = 58\log\left(\frac{P_K[K]_o + P_{Na}[Na]_o + P_{Cl}[Cl]_i}{P_K[K]_i + P_{Na}[Na]_i + P_{Cl}[Cl]_o}\right) \qquad (2.45)$$

Onde V_m é a diferença de potencial da membrana, P_i é a permeabilidade da membrana a cada íon, como indicado, e os termos entre parênteses são as concentrações dos íons dentro (i) e fora (o) da célula. Essa equação inclui também o íon cloreto. No entanto, se assumirmos que o íon cloreto se encontra equilibrado no sistema, o termo referente a ele na equação (2.46) não aparece, já que $I_{ci} = 0$. Admitindo-se esta situação e dividindo-se todos os termos dentro dos parênteses por P_K ficamos com o seguinte:

$$V_m = 58\log\left(\frac{[K]_o + \frac{P_{Na}}{P_K}[Na]_o}{[K]_i + \frac{P_{Na}}{P_K}[Na]_i}\right) \qquad (2.46)$$

Importante notar que essa equação descreve uma situação de desequilíbrio iônico, já que há fluxos resultantes de Na^+ e K^+ através da membrana mesmo com a célula no seu potencial de repouso. Por esta razão há que se ressaltar que a equação de Nernst não consegue descrever o potencial de membrana das células, pois pressupõe uma situação de equilíbrio.

Hodgkin e Horowics usaram essa equação e a ajustaram aos dados experimentais mostrados na figura 2.9. Como se pode observar, quando fizeram a permeabilidade ao potássio cerca de 100 vezes maior que aquela ao sódio, que também permeia a membrana celular, a curva teórica descreveu muito bem a maioria dos pontos experimentais. Essa diferença relativa nas permeabilidades explica, na verdade, o fato de o sódio influenciar menos o potencial de repouso apesar de possuir uma força motriz bem maior agindo sobre si do que o íon potássio, como mostrado na figura 2.8B.

Vejamos, agora, alguns resultados concernentes ao cloreto. De modo análogo ao descrito nos parágrafos anteriores, Hodgkin e Horowics impuseram variações na concentração extracelular de cloreto e mediram o potencial de repouso em cada uma delas. A figura 2.10 mostra o decurso temporal do potencial de membrana quando a concentração de cloreto no fluído extracelular é diminuída de seu valor normal de 120 mM para 30 mM.

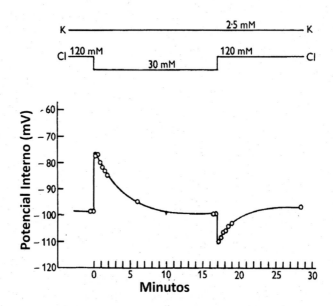

FIGURA 2.10 – Cloreto encontra-se equilibrado através da membrana da célula do músculo semitendinoso da rã. As concentrações de cloreto são indicadas pelos traçados superiores. Modificada de Hodgkin e Horowics (1959).

Como se pode observar, e contrariamente ao que ocorre quando se muda a concentração de potássio, a célula responde com uma despolarização imediata (cargas negativas deixam o intracelular) quando se procede a diminuição na concentração extracelular de cloreto, que não se mantém no tempo. Na verdade, mesmo com a concentração de cloreto fixa em 30 mM, o potencial retorna gradativamente ao seu valor inicial, isto é, a variação em V_m é apenas transiente. Retornando-se a concentração de cloreto para 120 mM a célula apresenta, agora, uma hiperpolarização que decai no tempo até atingir novamente seu valor controle. Esses dados são indicativos de que o íon cloreto se encontra em equilíbrio eletroquímico através da membrana celular. Por esse motivo, sua concentração intracelular ajusta-se gradualmente àquela imposta ao extracelular de modo que a razão entre elas se adequa gradativamente ao **potencial elétrico determinado pelos íons desequilibrados**, ou seja, o potássio e o sódio. É claro que a situação de equilíbrio do cloreto só é atingida quando o potencial de membrana fica estável no tempo. Embora equilibrado, deve-se chamar a atenção para o fato de que o cloreto é um íon importante na determinação da excitabilidade em vários tipos celulares, pois sua permeabilidade é bastante alta, em comparação com a de potássio por exemplo. Nesses casos, sua alta condutância pode atuar para impedir grandes variações no potencial de membrana. Além disso, em vários tipos celulares existem mecanismos ativos de transporte de cloreto, o que o mantém em desequilíbrio eletroquímico, caso em que ele também influenciaria o potencial de membrana estacionário das células. Esses casos não serão discutidos aqui.

Da teoria usada na formulação da equação de GHK e dos dados experimentais descritos acima, podemos concluir que a magnitude de V_m deverá situar-se sempre entre dois extremos: 1. fazendo-se $\frac{P_{Na}}{P_K}$ <<< 1 a equação transforma-se em $V_m = 58 \; log \frac{K_e^+}{K_i^+}$ e V_m tende ao valor do potencial de equilíbrio do K$^+$. 2. Fazendo-se $\frac{P_{Na}}{P_K}$ >> 1 a equação transforma-se em $V_m = 58 . log \frac{Na_e^+}{Na_i^+}$ e V_m tende ao potencial de equilíbrio do sódio. Ou seja, dados que os gradientes iônicos sejam fixos, V_m assumirá um valor qualquer entre aqueles dos potenciais de equilíbrio dos íons desequilibrados, determinado pela razão entre as permeabilidades desses íons.

Claro está que a manutenção dos gradientes eletroquímicos dos íons desequilibrados através da membrana requer o fornecimento contínuo de energia ao sistema, caso contrário tenderiam ao equilíbrio com o desaparecimento da diferença de potencial elétrico. Portanto, a manutenção das concentrações iônicas intracelulares de Na^+ e K^+ em níveis estacionários, e diferentes em relação àquelas do extracelular, é uma condição essencial para o sistema funcionar. Isso é feito por proteínas específicas da membrana celular que hidrolisam ATP e agem para interiorizar íons K^+ e exteriorizar íons Na^+. São as chamadas ATPases Na^+/K^+, ou bombas de Na^+/K^+. Ao contrário da difusão pelas vias dissipativas, isto é, canais iônicos, esse tipo de transporte é chamado de **ativo**, pois faz-se com gasto energético. O bloqueio dessas ATPases, com ouabaína, por exemplo, faz com que se dissipem os gradientes eletroquímicos dos íons Na^+ e K^+, suas concentrações intra e extracelulares tendem a se igualarem e o potencial de membrana tende a 0 mV. Embora não entremos em detalhes aqui, vale lembrar que esse tipo de transporte ativo se caracteriza como **eletrogênico**, pois, para cada 3 íons Na^+ carreados para fora da célula, 2 íons K^+ são carreados para o intracelular.

Distribuição passiva: o equilíbrio de Donnan

Uma pergunta com a qual nos defrontamos constantemente diz respeito à possibilidade de que o potencial de repouso seja determinado simplesmente por uma distribuição passiva de íons móveis entre os dois lados da membrana celular. Isso surge devido à observação de que o intracelular possui uma concentração de proteínas, carregadas negativamente em pH ~ 7,3, bem maior que o extracelular e que não permeiam a membrana plasmática. Em princípio, esse fenômeno poderia ser o responsável pela negatividade intracelular em relação ao extracelular. No entanto, dada a característica unicamente passiva da distribuição dos íons móveis, assumida acima, a resposta a nossa pergunta seria simplesmente não. Em primeiro lugar, há que se perceber que a presença de uma macromolécula impermeante em um dos lados da membrana levará, obrigatoriamente, a um fluxo de água para esse compartimento na tentativa de se estabelecer um equilíbrio osmótico no sistema. Em células vegetais, por exemplo, essa pressão osmótica pode ser contrabalançada pelo surgimento de uma pressão hidrostática, dado que a parede celulósica impede que a célula estoure. No entanto, isso não ocorre no caso de células animais, em que a entrada de água para o intracelular levaria à distensão da membrana com consequente lise. Nesse caso, o problema pode ser resolvido se estiver presente no extracelular uma partícula que funcione como osmólito, como o íon sódio. Embora a membrana celular seja permeável a esse íon, ele é colocado para fora do intracelular por um mecanismo ativo, a ATPase Na^+/K^+, de modo que funcionalmente ele se comporta como um íon impermeante. Desse modo, a tonicidade do intracelular é mantida no mesmo valor que aquela do extracelular e não haverá fluxo resultante de água pela membrana plasmática. De modo bastante interessante, fenômeno parecido, mas com forças distintas, ocorre nos capilares dos vasos sanguíneos. Lá, a força osmótica é balanceada pela presença de uma pressão hidrostática originada dos batimentos cardíacos.

Vamos analisar com um pouco mais de detalhes esse fenômeno. Assuma um sistema formado por dois compartimentos, separados por uma membrana, em que inicialmente tenhamos concentrações diferentes de um sal monovalente nos dois lados. Como tanto o cátion (C^+) quanto o ânion (A^-) permeiam a membrana, na situação de equilíbrio as concentrações tendem a se igualar e nada de extraordinário deverá acontecer a partir desse ponto: os íons se encontrarão em equilíbrio eletroquímico entre os dois lados da membrana; os fluxos unidirecionais de partículas serão iguais, e também o de água. Suponha, agora, que nesta condição adicionemos ao lado 1 do sistema uma macromolécula impermeante que contenha n⁻ cargas negativas, como é o caso das proteínas. Representaremos essa molécula por Pr^{n-} (Figura 2.11).

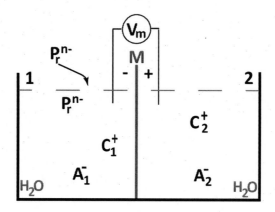

FIGURA 2.11 – Equilíbrio de Donnan. M representa uma membrana impermeável a macromoléculas (P_r^{n-}) e permeável a A⁻ e C⁺, separando dois compartimentos, 1 e 2, com soluções aquosas desses íons, nas concentrações indicadas. V_m é o potencial que se estabelece no sistema na situação de equilíbrio eletroquímico dos íons, com a polaridade indicada. Fenômenos osmóticos não serão considerados aqui.

Vamos analisar o sistema logo após a adição de P_r^{n-}. Perceba que juntamente com P_r^{n-} adicionamos uma quantidade equivalente de partículas positivas ao lado 1, associadas às cargas negativas da macromolécula, de modo que a concentração de cátions móveis no lado 1 será agora C_1^+. Assim sendo, e dado que a eletroneutralidade macroscópica do sistema deve ser obrigatoriamente mantida em cada um dos compartimentos, podemos escrever:

$$P_r^{n-} + A_1^- = C_1^+ \qquad (2.47)$$

e,

$$A_2^- = C_2^+ = C \qquad (2.48)$$

Como $A_2^- = C_2^+$, chamaremos essas concentrações simplesmente de C.

Por outro lado, no instante em que adicionamos P_r^{n-} e os cátions associados, C_1^+ torna-se maior que C_2^+ e os cátions móveis começarão a se difundir resultantemente para o lado 2, levando a uma separação de cargas entre as duas faces da membrana, o que torna o lado 2 positivo em relação ao lado 1. Surge, portanto, uma força elétrica no sistema, que fará com que os ânions móveis migrem do lado 1 para o 2. Obviamente, o processo ocorrerá até que os potenciais eletroquímicos dos íons móveis sejam os mesmo nos dois lados da membrana. Nessa condição de equilíbrio, tantos os ânions como os cátions móveis estarão sujeitos à mesma diferença de potencial de equilíbrio, que, como já vimos, é descrito pela equação de Nernst, ou seja:

$$V_m = E_{eq}^+ = \frac{RT}{F} ln \frac{C_1^+}{C_2^+} \quad e \quad V_m = E_{eq}^- = \frac{RT}{F} ln \frac{A_2^-}{A_1^-} \qquad (2.49)$$

Como V_m tem o mesmo valor para os dois íons, fica fácil verificar que:

$$\frac{C_1^+}{C_2^+} = \frac{A_2^-}{A_1^-} = r \qquad (2.50)$$

Onde r é conhecido como razão de Donnan

Ou

$$\frac{C_1^+}{C} = \frac{C}{A_1^-} = r \qquad (2.51)$$

Donde,

$$A_1^- = \frac{C}{r} \qquad (2.52)$$

Tomando-se os valores de C_1^+ e A_1^- definidos pelas equações (2.51 e 2.52) e substituindo-os na equação (2.47), ficamos com:

$$C.r^2 - P_r^-.r - C = 0$$

Essa é uma equação do segundo grau cuja solução é:

$$r = \frac{P_r^{n-}}{2C} + \sqrt{\left(\frac{P_r^{n-}}{2C}\right) + 1} \qquad (2.53)$$

A equação (2.53) mostra que, à medida que a concentração da macromolécula (nesse caso com cargas negativas) aumenta na solução 1, a concentração de ânions móveis nesse compartimento tende a diminuir (r aumenta), ao mesmo tempo que a concentração de cátions tende a aumentar. Essa é a razão pela qual as concentrações de íons móveis no plasma e no líquido intersticial não são exatamente as mesmas. Fenômeno semelhante ocorre no processo de filtração em glomérulos renais.

POUCOS ÍONS SÃO SEPARADOS ATRAVÉS DA MEMBRANA PARA GERAR O POTENCIAL DE REPOUSO

Outro ponto que merece análise mais detalhada diz respeito à quantidade de cargas e, portanto, de íons que são separados através da membrana, para gerar as diferenças de potenciais elétricos comumente observadas em células. Ou seja, apesar de haver migração iônica resultante de um lado para outro da membrana, mantém-se a eletroneutralidade macroscópica das soluções. Isso quer dizer que a eletroneutralidade é quebrada somente nas faces imediatamente apostas às cabeças polares dos lipídios que compõem a membrana. Desse modo, o fato de sair potássio ou entrar sódio resultantemente para o intracelular não altera de modo significativo as concentrações desses íons. Quantos íons devem passar de um lado para outro a fim de carregar a capacitância da membrana até um certo valor de potencial elétrico? Vamos assumir, para efeitos de arredondamento de cálculo, que a DP varie em 100 mV por um motivo qualquer. A carga final em um capacitor (Q) depende da voltagem que se estabelece entre suas placas (V) e sua capacitância (C), de modo que:

$$\Delta Q = C.\Delta V \tag{2.54}$$

Admitindo-se como regra que membranas celulares têm capacitância de 1 µF/cm², pode-se escrever:

$$\Delta Q = 10^{-6} . 10^{-1} \left(\frac{F.V}{cm^2}\right) \qquad (2.55)$$

Como $F \cdot V = Coulombs$, o resultado final será a transferência de $\Delta Q = 10^{-7}$ Coul/cm². Por outro lado, o número de Faraday mostra que 1 mol de íons possui 10^5 Coulombs de carga, logo:

$\Delta Q = 10^{-7}$ $Coul/cm^2$ que correspondem a

$\Delta Q = 10^{-7} \times 10^{-5} = 10^{-12}$ moles/cm² = 1 picomol/cm²

Portanto, 1 picomol é a quantidade do íon migrante que efetivamente fica em excesso em um dos lados da membrana com 1 cm² de área, restando a mesma quantidade de contraíons em excesso no outro lado. Será que esse "excesso" de íons seria suficiente para alterar as concentrações intracelulares? A resposta a essa pergunta envolve comparar-se o número de moles de um dado íon no citoplasma com a quantidade que entrou/saiu efetivamente. Imagine que estejamos analisando o caso do íon K^+ (raciocínio idêntico pode ser feito para qualquer outro íon), com uma concentração intracelular ($[K^+]_i$) de 140 mmoles/litro, ou 140×10^{-6} moles/cm³. Tome-se uma célula esférica com raio (r) igual a 10 µm. Seu volume (V_{cel}) será:

$$Vcel = \frac{4\pi r^3}{3} = \frac{4\pi.10^3}{3} \ \mu m^3 = 4,18.10^3 \ \mu m^3 = 4,18.10^{-9} \ cm^3$$

Logo, a quantidade de íons K^+ dentro da célula (Q_{int}) será:

$$Q_{int} = [K^+]_i \cdot Vcel = (140 \cdot 10^{-6}) (4,18 \cdot 10^{-9}) = 585,2 \cdot 10^{-15}$$

$$Q_{int} = 0,6 \cdot 10^{-12} \ moles$$

A quantidade de íons acumulada na superfície da membrana celular (Q_{sup}) será:

$$Q_{sup} = 10^{-12} \frac{mol}{cm^2}$$

Portanto, a área da membrana plasmática de nossa célula será:

$$A = 10^{-12} . 4\pi . r^2$$

E a quantidade de carga que adentrou a célula para que o potencial variasse de 100 mV será:

$$Q_{sup} = (10^{-12} \frac{mol}{cm^2}) \ x \ (12r^2 \ \mu m^2) = \ (10^{-12} \frac{mol}{cm^2}) \ x \ (1,2.10^{-5} cm^2)$$

$$Q_{sup} = 1,2.10^{-17} \ mol$$

A razão entre Q_{sup}, quantidade de íons que entrou e a quantidade de íons presentes no intracelular (Q_{int}), resulta em:

$$\frac{Q_{sup}}{Q_{int}} = \frac{1,2.10^{-17} \ moles}{0,6.10^{-12} \ moles} = \ 2.10^{-5}$$

Esse número indica que para gerar os 100 mV assumidos anteriormente deveria acumular-se na superfície da membrana perto de 10^{-5} vezes menos íons de K^+ que o existente dentro das células, o que é insignificante diante do número total de íons lá existente. Portanto, a entrada ou saída de íons do intracelular, quando a célula gera ou muda seu potencial de membrana, não altera significativamente a concentração desses íons. Por essa razão, a célula pode carregar ou descarregar sua membrana um grande número de vezes, como no disparo de potenciais de ação, sem alterar significativamente a concentração intracelular de potássio ou de sódio. Obviamente existem casos de células com volumes intracelulares muito pequenos. Nesses casos, outros fenômenos, que não discutiremos aqui, ocorrem no processo.

CIRCUITO ELÉTRICO EQUIVALENTE DA MEMBRANA CELULAR

Outra maneira de se analisar fenômenos elétricos na membrana plasmática é usar um circuito equivalente que descreva suas propriedades básicas. Assim, forças eletromotrizes podem ser representadas por baterias, condutâncias por resistências, bombas por geradores de corrente etc., de modo que o fenômeno pode ser analisado utilizando conceitos puramente elétricos. Os pressupostos básicos utilizados para gerar um circuito equivalente são descritos no Apêndice 2-II. Agora interessa analisar um circuito que descreva a membrana celular, cujo esquema da figura 2.12 mostra os detalhes.

Em termos formais o circuito da figura 2.12 pode ser descrito explicitando as equações que descrevem as correntes dos íons que passam pelas suas respectivas condutâncias. Ou seja:

$$I_{Na} = g_{Na}(V_m - E_{Na}) \quad I_K = g_K(V_m - E_K) \text{ e } I_{Cl} = g_{Cl}(V_m - E_{Cl}) \quad (2.56)$$

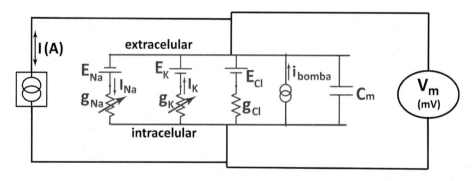

FIGURA 2.12 – Circuito equivalente da membrana celular. E_{Na}, E_K e E_{Cl} são os potenciais de equilíbrio para os íons Na^+, K^+ e Cl^-, respectivamente. I_{Na}, I_K e i_{bomba} são as correntes de Na^+, K^+ e bomba, respectivamente. g_{Na}, g_K e g_{Cl} são as condutâncias ao Na^+, K^+ e Cl^-, respectivamente. C_m é a capacitância da membrana; V_m, a diferença de potencial que se estabelece no sistema; e I(A), uma corrente qualquer que se queira aplicar ao sistema.

Assumindo que o íon Cl⁻ esteja em equilíbrio, como discutido anteriormente, a I_{Cl} será igual a zero, já que $V_m = E_{Cl}$. Além disso, se a diferença de potencial elétrico entre os meios intra e extracelular estiver estacionária no tempo (potencial de repouso), a corrente resultante que flui entre eles será obrigatoriamente igual a zero ($I_R = 0$). Analisando-se o circuito da figura 2.12 percebe-se que essa condição só será satisfeita se a corrente I_{Na} tiver o mesmo módulo que a corrente I_K, ou seja:

$$I_R = I_K + I_{Na} = 0 \tag{2.57}$$

Explicitando-se os termos para as correntes, como definidos na equação (2.56), ficamos com:

$$g_K(V_m - E_K) + g_{Na}(V_m - E_{Na}) = 0 \tag{2.58}$$

Rearranjando a equação (2.58) podemos isolar o termo referente à diferença de potencial da membrana, o que resulta em:

$$V_m = \left(\frac{g_{Na}}{g_{Na}+g_K}\right)E_{Na} + \left(\frac{g_K}{g_{Na}+g_K}\right)E_K \tag{2.59}$$

A equação (2.59) mostra que V_m depende do somatório das forças motrizes dos íons que permeiam a membrana: E_{Na} e E_K. No entanto, esses valores são ponderados pela razão entre a condutância do íon específico e a condutância total do sistema, isto é, a soma das condutâncias de todos os íons desequilibrados envolvidos no processo (termos entre parênteses). Dessa forma, fica fácil perceber que a contribuição do Na^+ ao V_m será tanto maior quanto maior for sua condutância em relação à condutância total do sistema, e vice-versa. O mesmo raciocínio aplica-se ao K^+. A equação também descreve duas situações limites: 1. se g_{Na} for muito maior que g_K, a razão $\left(\frac{g_{Na}}{g_{Na}+g_K}\right)$ aproxima-se de 1 e a razão $\left(\frac{g_K}{g_{Na}+g_K}\right)$ aproxima-se de zero, fazendo com que V_m tenda ao valor de E_{Na}; 2. se g_K

for muito maior que g_{Na}, então a razão $(\dfrac{g_K}{g_{Na}+g_K})$ aproxima-se de 1 e a razão $(\dfrac{g_{Na}}{g_{Na}+g_K})$ tende a zero, fazendo com que V_m se aproxime de E_K.

Em outras palavras, o valor de V_m terá como limites os potenciais de equilíbrio dos íons desequilibrados através da membrana celular, já que esses são os responsáveis por carrear corrente pela membrana. Quaisquer outros valores das razões entre as condutâncias determinarão, portanto, valores particulares de V_m entre esses limites, como sugerido pela figura 2.8B. Vale lembrar que se as condutâncias dos íons desequilibrados tiverem as mesmas magnitudes, o potencial de membrana deverá ser nulo. Conclusão semelhante também pode ser alcançada analisando-se o potencial de repouso por meio da equação de GHK. Essa se baseia em argumentos termodinâmicos e permeabilidades aos íons em vez de condutâncias.

Apêndice 2-I

Equação de Goldman-Hodgkin e Katz

Hodgkin e Katz partiram da pressuposição de que no potencial de repouso as correntes **iônicas** através da membrana celular sejam carreadas pelos íons Na^+, K^+ e Cl^- e que o somatório de suas correntes deve ser nulo, já que o potencial se encontra estacionário no tempo. Com isso em mente, tem-se que:

$$\sum I_i = 0 = I_{Cl^-} + I_{K^+} + I_{Na^+} \tag{2.60}$$

Escrevendo-se explicitamente as correntes para cada um dos íons (equação 1.53, Apêndice 1-I), tem-se:

$$I_{Na} = \frac{F^2}{R \cdot T} \cdot P_{Na} \cdot \Delta V \cdot \frac{(Na_i \cdot e^{(\frac{F}{R \cdot T} \cdot \Delta V)} - Na_e)}{(e^{(\frac{F}{R \cdot T} \cdot \Delta V)} - 1)} \tag{2.61}$$

$$I_K = \frac{z_i^2 \cdot F^2}{R \cdot T} \cdot P_K \cdot \Delta V \cdot \frac{(K_i \cdot e^{(\frac{z_i \cdot F}{R \cdot T} \cdot \Delta V)} - K_o)}{(e^{(\frac{z_i \cdot F}{R \cdot T} \cdot \Delta V)} - 1)} \tag{2.62}$$

$$I_{Cl} = \frac{F^2}{R \cdot T} \cdot P_{Cl} \cdot \Delta V \cdot \frac{(Cl_i e^{(-\frac{F}{R \cdot T} \cdot \Delta V)} - Cl_o \cdot)}{(e^{(-\frac{F}{R \cdot T} \cdot \Delta V)} - 1)} \tag{2.63}$$

Somando as correntes individuais de acordo com a equação (2.60) e lembrando que a valência do Cl^- é -1, tem-se:

$$\frac{F^2}{R \cdot T} \cdot P_{Na} \cdot \Delta V \cdot \frac{\left(Na_i \cdot e^{\left(\frac{F}{R \cdot T} \Delta V\right)} - Na_e\right)}{\left(e^{\left(\frac{F}{R \cdot T} \Delta V\right)} - 1\right)} + \frac{F^2}{R \cdot T} \cdot P_K \cdot \Delta V \cdot \frac{\left(K_i \cdot e^{\left(\frac{F}{R \cdot T} \Delta V\right)} - K_o\right)}{\left(e^{\left(\frac{F}{R \cdot T} \Delta V\right)} - 1\right)} + \frac{F^2}{R \cdot T} \cdot P_{Cl} \cdot \Delta V \cdot$$

$$\frac{\left(Cl_i \cdot e^{\left(-\frac{F}{R \cdot T} \Delta V\right)} - Cl_o \cdot\right)}{\left(e^{\left(-\frac{F}{R \cdot T} \Delta V\right)} - 1\right)} = 0 \tag{2.64}$$

Reunindo os termos comuns e rearranjando a equação (2.64) resulta em:

$$(P_{Na} \cdot Na_i + P_K \cdot K_i + P_{Cl} \cdot Cl_o) \cdot e^{\frac{F\Delta V}{RT}} - (P_K \cdot K_o + P_{Na} \cdot Na_o + P_{Cl} \cdot Cl_i) = 0 \tag{2.65}$$

ou,

$$e^{\frac{F\Delta V}{RT}} = \frac{(P_K \cdot K_o + P_{Na} \cdot Na_o + P_{Cl} \cdot Cl_i)}{(P_K \cdot K_i + P_{Na} \cdot Na_i + P_{Cl} \cdot Cl_o)} \tag{2.66}$$

Aplicando a regra dos logaritmos a ambos os lados de (2.66) resulta na equação de GHK:

$$\Delta V = \frac{RT}{F} \cdot \ln \left[\frac{(P_K \cdot K_o + P_{Na} \cdot Na_o + P_{Cl} \cdot Cl_i)}{(P_K \cdot K_i + P_{Na} \cdot Na_i + P_{Cl} \cdot Cl_o)} \right] \tag{2.67}$$

Se considerarmos a temperatura de 25 °C e transformarmos o *ln* em *log* na base 10 a equação (2.67) se transforma em:

$$\Delta V = 58 \log \left[\frac{(P_K \cdot K_o + P_{Na} \cdot Na_o + P_{Cl} \cdot Cl_i)}{(P_K \cdot K_i + P_{Na} \cdot Na_i + P_{Cl} \cdot Cl_o)} \right] \tag{2.68}$$

Assumindo que o cloreto esteja equilibrado no sistema e dividindo-se o numerador e denominador dos termos entre colchetes da equação (2.68) por P_K, tem-se:

$$\Delta V = 58 \log \left[\frac{K_o + \frac{P_{Na}}{P_K} Na_o}{K_i + \frac{P_{Na}}{P_K} Na_i} \right] \tag{2.69}$$

Vamos analisar a equação (2.69) com um pouco mais de detalhes:

1. Observe que se as permeabilidades foram todas iguais ($P_{Cl} = P_K = P_{Na}$), $\Delta \Psi \sim 0$. Esse resultado é fisicamente esperado porque não

haverá fluxo resultante de partículas através da membrana e nem separação de cargas no sistema.

2. Se, por outro lado, houver diferenças entre as permeabilidades, o íon mais permeável migrará com fluxo maior através da membrana nos instantes iniciais do processo. Isso criará uma corrente resultante levando à separação de cargas e a gênese de uma diferença de potencial elétrico, que se instala através da capacitância da membrana. Sua magnitude e sua polaridade dependerão, agora, de qual dos íons é o mais permeável e da relação de sua permeabilidade com a dos outros íons permeantes. Imaginemos um caso em que a permeabilidade ao sódio é muito maior que aquela para o potássio. Isto é: $P_{Na} >> P_K \sim zero$. Perceba que nessa condição a equação (2.69) reduz-se à de Nernst para o Na$^+$. Raciocínio semelhante, assumindo-se $P_K >> P_{Na} \sim zero$, resultará na equação de Nernst para o K$^+$.

3. Dos íons desequilibrados, qual predomina na determinação do potencial experimentalmente observado através da membrana? A resposta a essa pergunta envolve determinarmos a **permeabilidade relativa** desses íons, já que aquele mais permeante determinará a maior corrente através da membrana e, portanto, a maior separação de cargas. Para avaliarmos esse aspecto observamos experimentalmente como varia o potencial de membrana em função da concentração externa dos íons e estimamos a permeabilidade relativa com a utilização da equação de Goldman-Hodgkin e Katz, de modo semelhante ao realizado por Hodgkin e Horowitz (1959). Resultados de simulação dessa situação experimental em que a concentração extracelular de K$^+$ foi variada desde 0,5 mM até 120 mM, mantendo-se sua concentração intracelular igual a 150 mM, são mostrados na tabela 2.1 e a correspondente figura 2.13.

TABELA 2.1 – Potencial de membrana como função da concentração de potássio na solução extracelular. Resultados simulados em computador utilizando a equação de Goldman-Hodgkin e Katz.

K_e (mEq/l)	0,5	1,0	2,0	3,0	5,0	7,0	10,0	15,0	20,0	30,0	40,0	50,0	70,0	100,0	120,0
V_m (mV)	-98,0	-90,1	-84,3	-76,4	-70,2	-66,2	-60,0	-54,9	-47,8	-38,0	-28,1	-22,9	-19,1	-10,6	-4,2

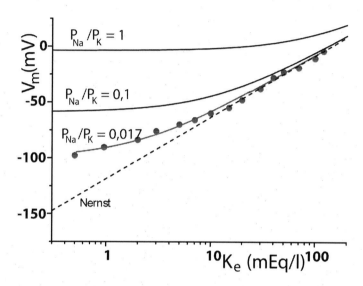

FIGURA 2.13 – Diferença de potencial da membrana celular em função da concentração do íon potássio na solução externa. Esse experimento foi simulado considerando-se a concentração de K⁺ intracelular igual a 150 mEq/l. Os dados obtidos experimentalmente (círculos cheios) são os mostrados na tabela 2.1. A linha contínua mostra o melhor ajuste da equação de Goldman-Hodgkin e Katz aos pontos experimentais (círculos cheios), que ocorre quando $P_{Na} = 0,017 P_K$. As outras linhas contínuas representam simulações da equação de Goldman-Hodgkin e Katz quando $P_{Na} = 0,1 P_K$ e $P_{Na} = P_K$, conforme indicado. A linha tracejada representa a expectativa se a membrana fosse permeável somente ao íon potássio (equação de Nernst).

Claro está que o potencial através da membrana se mantém estacionário em cada situação experimental já que os gradientes dos íons desequilibrados no sistema são mantidos estáveis graças à bomba de Na⁺/K⁺.

Apêndice 2-II

Introdução Básica a Circuitos Elétricos Equivalentes

Em geral, a análise eletrofisiológica de fenômenos que ocorrem nas membranas celulares utiliza conceitos envolvendo circuitos elétricos, como explicitado nos parágrafos anteriores. A justificativa para tanto baseia-se no fato de podermos criar análogos elétricos capazes de mimetizar o comportamento da membrana no que diz respeito à movimentação iônica (correntes) e suas consequências em termos de diferenças de potenciais elétricos (voltagens), tanto estacionárias quanto dependentes de tempo. Neste apêndice serão enfocados os princípios gerais empregados na construção de circuitos equivalentes simples, sem preocupação com fenômenos dependentes de tempo, embora esses também possam ser incorporados na concepção do circuito. Análise mais específica e detalhada do circuito equivalente da membrana celular foi feita no item onde se discutem a origem e manutenção do potencial de repouso em células. Aqui interessam os princípios básicos que suportam o desenho de um circuito equivalente.

Soluções eletrolíticas conduzem corrente elétrica

A análise de fenômenos de membrana baseada em circuitos equivalentes requer, de imediato, que se entenda como a corrente elétrica é carregada em uma solução eletrolítica. Obviamente, as espécies responsáveis por essa tarefa devem ser os íons e, para tanto, eles devem apresentar mobilidade na fase do solvente, como descrito no capítulo 1. Dessa forma, dada uma solução de um íon univalente qualquer e seu respectivo contraíon, ambos móveis, é intuitivo que se aplicarmos uma diferença de potencial elétrico (**V**) entre dois pontos quaisquer da solução teremos como resultado uma corrente elétrica (**I**). Essa propriedade confere às soluções eletrolíticas o que denominamos de **condutividade**. Uma demonstração bastante simples do papel dos íons na determinação da condutividade das soluções eletrolíticas consiste em utilizar uma bateria para alimentar um circuito formado por uma lâmpada e uma cuba contendo, em um primeiro momento, água destilada e ligadas em série (Figura 2.14). Nessas condições, apesar de ocorrer dissociação das moléculas de água, a concentração dos carreadores de carga, íons hidrônio e hidroxila, são muito pequenas (da ordem de nM), e, portanto, a luz não se acende. Porém, a adição, por exemplo, de NaCl à água faz com que a

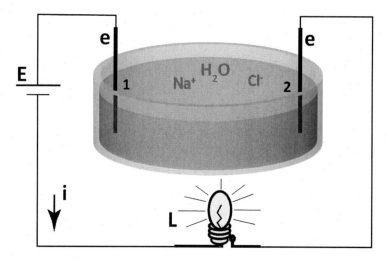

FIGURA 2.14 – Soluções eletrolíticas conduzem correntes. Solução de NaCl em uma cuba é conectada a uma bateria (**E**) e a uma lâmpada (**L**) por meio de eletrodos metálicos (**e1** e **e2**). A corrente **i** é função da concentração de NaCl na solução.

lâmpada se acenda e sua luminosidade aumentará com adições sucessivas de NaCl. Ou seja, ao aumentarmos a concentração de sal e, portanto, de **carregadores de corrente**, elevamos a condutividade da solução facilitando a passagem de corrente.

Nesse caso, é possível mostrar que a corrente será função não só da diferença de potencial elétrico imposta pela bateria (E), mas também da concentração de sal e do coeficiente de difusão (mobilidade) dos íons naquela solução. Na verdade, estamos diante de um caso particular da equação de Goldman, em que está presente somente o gradiente elétrico, sendo a concentração de soluto a mesma nos dois pontos onde se encontram os eletrodos. Nessa condição, a corrente carreada pelos íons será dada por:

$$I = \frac{D}{(x_2 - x_1)} \cdot C \cdot \frac{z_i F^2}{RT} \cdot (\Psi_1 - \Psi_2) \qquad (2.70)$$

Onde: I = corrente devido a um íon i qualquer; D = coeficiente de difusão da partícula em questão e igual a uRT (u = mobilidade iônica); $(x_2 - x_1)$ = distância entre dois pontos da solução; z_i = valência do íon i; F = constante de Faraday; R = constante dos gases; T = temperatura (K); $(\Psi_1 - \Psi_2)$ = diferença de potencial elétrico imposta entre os pontos 1 e 2, respectivamente.

Analisando-se a equação (2.70) podemos notar claramente dois componentes: primeiro, uma série de constantes ($\frac{D}{(x_2 - x_1)} \cdot C \cdot \frac{z_i F^2}{RT}$); e segundo, a variável diferença de potencial elétrico ($\Psi_1 - \Psi_2$) propriamente dita. Desse modo, podemos reescrever a equação (2.70) como:

$$I = g \cdot (\Delta \Psi) \qquad (2.71)$$

A relação (2.71) nada mais é que a Lei de Ohm aplicada a uma solução eletrolítica, onde $g = \frac{D}{\Delta x} \cdot C \cdot \frac{z_i F^2}{RT}$ é a **condutividade da solução!** Ver que g depende essencialmente do coeficiente de difusão (em última instância, mobilidade) do íon na solução e de sua concentração, isto é, do número de partículas carregadoras de corrente por unidade de volume.

Levando em conta a descrição acima, podemos representar o sistema da figura 2.14 por meio de um circuito elétrico equivalente, como mostrado na figura 2.15.

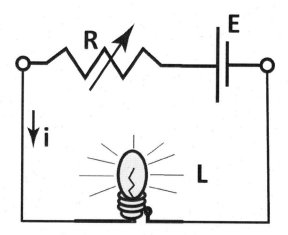

FIGURA 2.15 – Circuito equivalente do sistema mostrado na figura 2.14. E = bateria; R = resistência; L = lâmpada, que também poderia ser representada por uma resistência; i = corrente gerada no sistema.

Note que a resistência (condutância) considerada na figura 2.14 é variável, já que ela pode mudar com a adição sucessiva de sal à cuba. Outro fato importante é que haverá uma corrente (i) circulando, já que o circuito é fechado.

Portanto, a lei de Ohm é válida também quando tratamos de uma solução eletrolítica, caracterizada por apresentar uma **condutividade**. A aplicação mais corriqueira da equação (2.70) diz respeito a experimentos de eletroforese, em que se tem uma mistura de moléculas carregadas que apresentam coeficientes de difusão distintos. Ao aplicarmos um campo elétrico em uma solução na qual as moléculas estão imersas, elas irão migrar de acordo com seus respectivos coeficientes de difusão e, portanto, separar-se espacialmente.

Transformando fluxo de íons em corrente iônica

Vejamos, agora, como o fluxo iônico (J – dado em moles/s.cm^2) se relaciona com a corrente iônica (I – dada em A/cm^2). Para tanto, voltemos a atenção mais uma vez ao experimento da figura 2.14. Ao aplicarmos uma diferença de potencial qualquer entre os pontos 1 e 2 teremos uma migração de cátions para o polo negativo e de ânions para o positivo, cada espécie gerando uma corrente elétrica correspondente, de tal forma que podemos escrever:

$$I^+ + I^- = 2I = I_{total} \qquad (2.72)$$

Ou seja, se I^+ for a corrente carregada pelo cátion e I^- aquela carregada pelo ânion, elas irão somar-se, já que a movimentação de um cátion para a direita equivale à movimentação de um ânion para a esquerda e vice-versa. Isso fará com que a corrente total seja numericamente igual ao dobro da corrente carregada por cada um dos íons.

Por outro lado, perceba que os fluxos (J) dos dois íons terão magnitudes iguais, porém sentidos opostos, de modo que $J^+ = -J^-$ e, portanto:

$$J^+ + J^- = 0 \qquad (2.73)$$

Essa situação pode ser invertida se em vez de aplicarmos um campo elétrico tivermos uma **diferença de potencial químico** entre os dois pontos da solução. Nessas condições, ambos os íons migrarão para o mesmo lado, com o movimento resultante dirigido para o ponto de menor concentração e a corrente resultante será zero. Isso equivale a escrevermos:

$$I^+ + I^- = 0 \ \text{ e } \ J^+ + J^- = 2J = J_{total} = J_{sal} \qquad (2.74)$$

Suponhamos, agora, que uma membrana contendo canais aquosos separe dois compartimentos contendo soluções de NaCl de mesma concentração, como mostrado na figura 2.16.

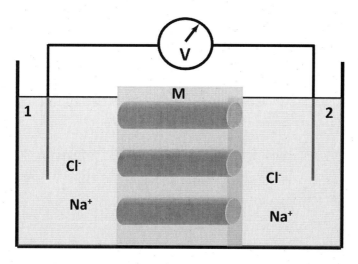

FIGURA 2.16 – Esquema de dois compartimentos (**1** e **2**) separados por uma membrana (**M**) contendo canais iônicos (cilindros). As soluções banhantes contêm NaCl em concentrações iguais; **V** representa um voltímetro.

Imaginemos, em um primeiro momento, que esses canais não discriminam entre sódio e cloreto, ou seja, apresentam a mesma permeabilidade às duas espécies iônicas. Se fixarmos a atenção unicamente no canal, podemos descrevê-lo, *grosso modo*, como um cilindro de raio **r** e comprimento **L**, cheio com uma solução de NaCl.

De modo análogo ao que descrevemos anteriormente para uma solução, também dentro do canal a corrente será carregada pelos íons e, sua magnitude dependerá agora das concentrações efetivas dos íons **dentro do canal**, do comprimento do canal e de seu raio. Na verdade, se o cilindro (canal) estiver cheio de solução eletrolítica (Figura 2.17), sua resistência (ou sua condutância) será dada por:

$$R = \frac{\rho.L}{\pi.r^2} \quad \text{ou} \quad g = \frac{\pi.r^2}{\rho.L} \qquad (2.75)$$

Onde ρ é a resistividade da solução eletrolítica dependente, portanto, da concentração de sal e das mobilidades dos íons em solução. É claro que essa visão é uma aproximação da realidade e pode ser válida nos

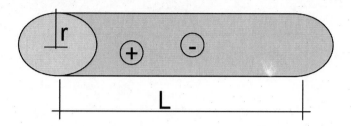

FIGURA 2.17 – O canal iônico como um cilindro cheio de solução eletrolítica. r é o raio do canal e L seu comprimento; + e – indicam cátion e ânion, respectivamente.

casos em que o canal possui raio relativamente grande, de modo a não haver interação entre partículas nem das partículas com as paredes do canal. De qualquer forma perceba que é bastante conveniente a medida de resistência ou condutância do canal, pois isso dará ideia de quantos íons passam através dele por unidade de tempo.

Assim, porque um **canal conduz corrente**, ele pode ser identificado como uma **condutância** (ou resistência); porque um **gradiente iônico** pode gerar uma diferença de potencial elétrico, ele pode ser representado por uma **bateria**; porque a bicamada lipídica é capaz de acumular cargas, ela pode ser representada por um **capacitor**, e assim por diante. Levando em conta essas considerações, pode-se construir um circuito equivalente do canal iônico mostrado acima e representado pelo esquema da figura 2.18A.

Potencial de reversão e seletividade iônica

Imagine agora um experimento no qual diferenças de potenciais elétricos (V_m) são aplicadas (não se preocupe, neste momento, como isso é feito) entre os dois lados da membrana e medidas as correntes I(A) que fluem pelo circuito para cada nível de potencial aplicado. Em uma primeira aproximação imaginemos que as concentrações de sal sejam NaCl 100 mM no lado 1 e NaCl 100 mM no lado 2, e que o canal não discrimine entre Na^+ e Cl^-, isto é, ele é não seletivo. Com os resultados obtidos nesse experimento podemos construir um gráfico de I(A) contra V (volts) mostrado na figura 2.18B. A análise do gráfico permite as seguintes conclusões: 1. a relação entre I e V é linear, ou seja, o canal se comporta como um **resistor**; 2. o coeficiente angular da reta fornece a **condutância**, isto é, $\frac{\Delta I}{\Delta V}$; 3. quando a corrente é zero, a voltagem também o é. Isso significa que a corrente muda de sinal em zero mV, voltagens positivas resultam em correntes positivas e voltagens negativas resultam em correntes negativas (linha tracejada **a** na figura 2.18B). Em outras palavras, para esse canal e nessas condições, o **potencial de reversão** (voltagem em que a corrente muda de sinal) é zero. Portanto, este tipo de experimento permite concluir-se que o canal não discrimina entre sódio e cloreto. Em termos matemáticos, esse sistema pode ser descrito pela equação:

$$I = g(V_m) \qquad (2.76)$$

Como discutido anteriormente, a condutância aqui é função das dimensões do canal, das concentrações iônicas e das mobilidades dos íons dentro do canal.

Analisemos agora os resultados de um outro experimento em que os canais presentes na membrana da figura 2.16 estejam banhados por concentrações diferentes de NaCl, digamos NaCl = 100 mM no lado 1 e 10 mM no lado 2. Vamos supor, ainda, que esses canais sejam permeáveis somente ao sódio, portanto, a condutância ao Cl^- é igual a 0. Resultados desse experimento são mostrados pela reta **b**, na figura 2.18B.

Há duas diferenças básicas entre as retas **a** e **b**. Primeiro a inclinação da reta **a** é menor que a da reta **b**. Isso significa que a condutância dos canais no caso **a** é menor que no caso **b**. Observa-se, ainda, que a

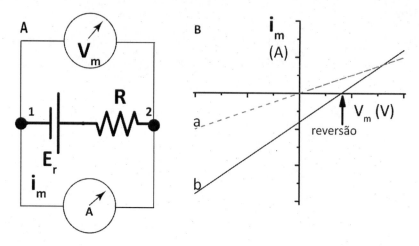

FIGURA 2.18 – A) Circuito elétrico equivalente para um canal hipotético banhado por soluções de NaCl em ambos os lados. **B)** Resultados de experimentos em que voltagens foram aplicadas ao circuito e medidas as respostas de corrente. A linha **a** refere-se a um canal não seletivo e **b** quando o canal é permeável somente ao Na$^+$. Ver texto para detalhes. O sinal da voltagem é aquele do lado 2 do canal. Nesses experimentos assumiu-se que as retas descrevem satisfatoriamente o fenômeno na faixa de voltagens considerada e que não há retificação no sistema. O circuito representa a situação na qual o canal é permeável somente ao Na$^+$; R é a resistência (condutância) associada ao canal, que pode ser calculada a partir da relação I-V, mostrada em **B**; 1 e 2 referem-se às soluções que banham o canal. No momento não se preocupe como é construída experimentalmente a relação I-V.

corrente no caso **b** reverte de sinal a um potencial de membrana diferente de zero, isto é, a reta é desviada para a direita na abscissa caracterizando o chamado potencial de reversão, em que a corrente é zero. Em termos matemáticos essa relação é descrita pela equação:

$$I = g(V_m - E_r) \qquad (2.77)$$

Onde E_r é o potencial de reversão.

É importante salientar que, neste caso em particular, a corrente é zero apesar de termos diferença de concentrações entre os lados 1 e 2, e que exatamente no **potencial de reversão** o íon Na$^+$ se encontra equilibrado no sistema, **pois não há fluxo resultante** desse íon através da membrana. Fica fácil associarmos o potencial de reversão aqui observado com o potencial de equilíbrio discutido anteriormente e dado pela equação de Nernst (página 32). Portanto, da análise dos resultados apresentados na figura 2.18B (reta **b**) é possível não só inferir a condutância da membrana em questão, mas também o fato de que ela só é permeável ao íon sódio, já que o potencial de reversão coincide com aquele esperado por uma distribuição de equilíbrio eletroquímico. Não por acaso, o valor desse potencial de reversão, observado na reta **b**, é igual a 58 mV, lado 2 positivo, como pode ser calculado pela equação de Nernst (22 °C).

Com base nas considerações acima e na equação (2.77) podemos agora montar um circuito equivalente mais geral desse sistema, como mostrado na figura 2.19A. Ver que foi acrescentada em série com o canal uma força eletromotriz (E_r), derivada do gradiente químico dos íons em questão. Obviamente no caso tratado inicialmente E_r (Figura 2.18B, reta **a**) era igual a zero, pois as concentrações iônicas eram iguais em ambos os lados do canal.

Circuito equivalente de membrana com mais de um tipo de canal iônico

No parágrafo anterior discutiu-se uma membrana apresentando um único canal. Fica implícito, no entanto, que a condutância total de uma membrana será igual ao somatório das condutâncias de todos os canais, já que estão em paralelo, que estiverem abertos em dado instante. Vamos, portanto, analisar, agora, uma membrana que contenha canais para sódio e potássio, ao mesmo tempo, e sejam impermeáveis ao cloreto. Essa membrana separa compartimentos contendo NaCl 100 mM e KCl 10 mM no lado 1 e NaCl 10 mM e KCl 100 mM no lado 2. Assumimos que os compartimentos sejam infinitos, de modo que as concentrações dos íons não mudam com o tempo, embora se difundam de um lado para outro da membrana. De maneira análoga ao feito no experimento da figura 2.18 e utilizando basicamente os mesmos argumentos, podemos construir o circuito equivalente mostrado na figura 2.19. A diferença está na incorporação de dois canais diferentes ao sistema. Na realidade, podem-se incorporar tantos canais quanto quisermos, o circuito somente se tornará um pouco mais complicado para sua resolução. Note-se, ainda, que, dada a seletividade assumida dos canais, as correntes carreadas pelo sódio e potássio passarão exclusivamente pelas respectivas condutâncias.

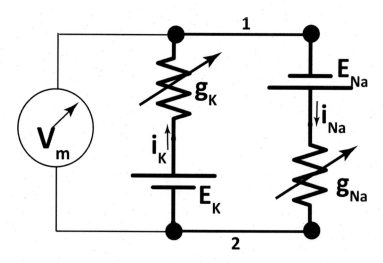

FIGURA 2.19 – Circuito equivalente para uma membrana contendo canais para Na^+ e K^+. A membrana separa dois compartimentos (1 e 2) com concentrações distintas de NaCl e KCl. g_K e g_{Na} representam as condutâncias (ou resistências) ao potássio e sódio, respectivamente, e podem variar em função do número relativo de canais para sódio e potássio abertos em dado instante; E_K e E_{Na} **são os potenciais de equilíbrio dos íons e são função dos gradientes químicos** (Nernst) dos íons em questão; i_{Na} e i_K **são as correntes de sódio e potássio, respectivamente**, e 1 e 2 representam os dois lados da membrana. V_m indica a diferença de potencial elétrico medida através da membrana.

Dadas as concentrações acima, pode-se utilizar a equação de Nernst para calcular o potencial de equilíbrio dos íons permeantes, E_{Na} e E_K. Na temperatura de 22 °C temos E_{Na} = +58 mV e E_K = −58 mV (sinais referem-se aos do lado 2 da membrana). Ver que a magnitude das voltagens é a mesma para os dois íons, já que os gradientes químicos são numericamente iguais. No entanto, mudam os sinais, já que os sentidos dos gradientes químicos dos íons estão invertidos (Figura 2.19). Como se pode depreender, a voltagem (V_m) medida através da membrana deverá ser função de ambos os potenciais de equilíbrio dos íons e das respectivas condutâncias. Além disso, fica fácil perceber que V_m só poderá assumir valores situados entre os limites impostos por E_{Na} e E_K, dependendo da razão entre g_K e g_{Na}.

Os parágrafos precedentes mostraram, de modo simples, como montar e resolver um circuito elétrico equivalente de uma membrana em termos de gradientes químicos e condutâncias iônicas. Para facilitar o raciocínio, não foram considerados fenômenos dependentes de tempo. Circuitos mais complexos podem ser considerados quando da análise dos fenômenos responsáveis pela gênese e manutenção da diferença de potencial elétrico através da membrana celular.

3 Excitabilidade Elétrica Celular: Variando Condutâncias no Tempo

Wamberto Antonio Varanda

INTRODUÇÃO

Parte integrante do ambiente, os seres vivos dependem de múltiplas interações com este para a manutenção de um estado de higidez, tanto individual como da própria espécie. Em termos gerais, os animais, mais do que as plantas, são dotados de sistemas capazes de "sentir" o meio onde vivem e produzir respostas comportamentais apropriadas às diferentes situações ambientais. De maneira mais específica, como ocorre com os seres humanos possuidores de sistemas sensoriais e motores bastante especializados, a percepção de mudanças nas variáveis ambientais leva a comportamentos complexos e não estereotipados, possibilitando interações muito versáteis do indivíduo com o meio onde vive. Muito embora os diferentes estímulos ambientais, tais como luz, cheiro, som, sabor, pressão, temperatura etc., sejam percebidos como sensações específicas, o organismo utiliza-se de uma única maneira para codificá-los: **variação transiente na diferença de potencial elétrico que existe através das membranas das células excitáveis.** A especificidade das sensações advém não só das características morfofuncionais dos sensores periféricos e das vias neurais envolvidas no processo, mas também do processamento central da informação elétrica, codificada em termos da frequência dos sinais elétricos. Essa variação transiente no potencial de membrana é denominada **potencial de ação**, e é a base da linguagem universal utilizada pelas células excitáveis, neurônios em particular, para gerar e transmitir informações entre pontos distintos do organismo biológico. Quando gerado perifericamente em resposta a um estímulo qualquer, ele se propaga "centripetamente" pelas membranas dos neurônios sensoriais e é processado centralmente em diferentes circuitos neuronais, resultando em um sinal "centrífugo" motor, o qual determina um comportamento específico. Portanto, desde um ponto de vista reducionista, os processos sensoriais, motores e cognitivos, que traduzem as múltiplas interações entre o indivíduo e o meio ambiente, são uma expressão sistematizada dos processos elétricos ocorrendo nas membranas das células excitáveis, isto é, neurônios e fibras musculares. Embora nos parágrafos seguintes se analisam os mecanismos básicos responsáveis pela gênese e transmissão do potencial de ação em neurônios, raciocínio semelhante aplica-se a outras células eletricamente excitáveis.

POTENCIAIS ELÉTRICOS SE PROPAGAM NOS DOIS SENTIDOS AO LONGO DO AXÔNIO: PROPRIEDADES DE CABO

Desde um ponto de vista experimental, particularmente quando se trabalha em sistemas multicelulares, é bastante comum encontrar-se os termos "estimulação anterógrada" e "estimulação retrógrada". Essa terminologia só faz sentido porque implicitamente se está assumindo que o estímulo de corrente, aplicado em um ponto qualquer, pode se propagar nos dois sentidos de uma fibra nervosa, tanto do corpo celular para a árvore dendrítica como desta para o corpo celular. Essa propriedade de condução bidirecional pode ser explorada em experimentos como esquematizado na figura 3.1A. Em linhas gerais, procede-se à aplicação de estímulos controlados de corrente no ponto indicado como zero, e respostas de voltagem são registradas a distâncias conhecidas a partir desse. Aqui o estímulo é sempre de baixa magnitude, de modo a evitar o aparecimento de respostas regenerativas no neurônio. Portanto, estamos analisando apenas **propriedades passivas** da membrana. Como se pode observar qualitativamente, a estimulação promove respostas de voltagem que se propagam nos dois sentidos ao longo do axônio. Conclui-se, portanto, que correntes devem distribuir-se a partir do ponto zero, ao longo do **axoplasma**, o qual deve apresentar uma certa resistência e retornar à solução de banho atravessando a membrana celular. Essa constatação de imediato indica que a membrana plasmática não se comporta como um isolante puro, mas sim que possui propriedades **resistivas**, como já enfatizado no Capítulo 2.

Uma primeira observação que se pode fazer em relação às respostas de voltagem é que elas possuem decurso temporal distinto daquele apresentado pelo pulso de corrente aplicado. Enquanto este instala-se instantaneamente e assim permanece por um certo tempo (pulso quadrado), a resposta de voltagem sobe e decai lentamente até retornar ao repouso, mesmo depois de desligado o estímulo. Esse fenômeno é analisado na figura 3.1B, onde se isolou uma das respostas (aquela com linha tracejada) para análise mais detalhada. Esse tipo de comportamento temporal evidencia, mais uma vez, que a membrana plasmática se comporta, também, como um circuito RC. Conforme discutido no Capítulo 2, o decurso temporal dessa resposta é descrito pela seguinte função:

$$V_t = V_\infty(1 - e^{-\frac{t}{\tau}}) \tag{3.1}$$

Onde $\tau = R_m C_m$ é a constante de tempo da membrana como definida anteriormente e mostrado na figura 3.1B.

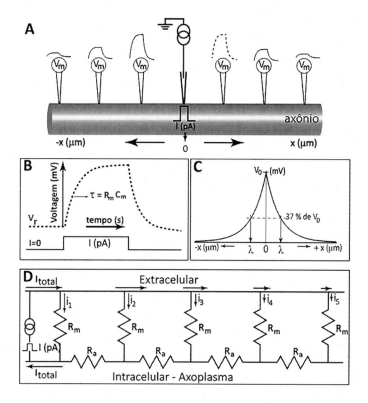

FIGURA 3.1 – Condução no axônio é bidirecional. **A)** Esquema experimental para medidas da propagação de correntes em um axônio. Um microeletrodo de estimulação é inserido no ponto zero e um pulso quadrado de corrente – I (pA) – é aplicado. Medidas das respostas de voltagem (traçados acima de cada microeletrodo) são realizadas a distâncias conhecidas, tanto à direita como à esquerda, em relação ao ponto de estimulação. x mm e –x mm indicam as distâncias respectivas. **B)** Detalhes do decurso temporal de uma das respostas de voltagem, realçada com linha tracejada em **A**. τ é a constante de tempo da resposta. O traçado inferior em **B** indica o pulso de corrente (I (pA)) aplicado. V_r refere-se ao potencial de repouso do neurônio. **C)** Gráfico das magnitudes das respostas de voltagem (mV) registradas ao longo do axônio a partir do ponto de estimulação, tanto para a direita (+x mm) como para a esquerda (–x mm). V_0 é a resposta de voltagem no ponto zero. λ indica o valor da constante de espaço (ver texto) para este axônio. **D)** Circuito elétrico equivalente simples do axônio. I_{total} é a corrente aplicada pelo gerador de corrente; i_1, i_2, i_3 são as correntes em cada ramo do circuito; R_m é a resistência da membrana plasmática; R_a é a resistência axoplasmática (intracelular) do neurônio. Neste circuito, a título de simplificação, desconsiderou-se a presença de efeitos capacitivos no sistema.

Por meio da medida de τ e sabendo-se que $R_m = \Delta V/\Delta I$, o resultado da figura 3.1B pode ser usado para se calcular C_m. Dado que as moléculas de fosfolipídios que compõem a membrana celular possuem cadeias hidrocarbônicas com cerca de 16 a 20 carbonos, não é de se estranhar que C_m se situe ao redor de 1 $\mu F/cm^2$, para a maioria das células. Portanto, medindo-se C_m para uma célula qualquer, pode-se calcular qual a **área** de sua membrana plasmática. Importante notar que τ é dependente tanto de R_m como de C_m. Em termos celulares, significa dizer que aquelas células com área de membrana maior terão C_m maior e vice-versa. Por outro lado, R_m dependerá do número de canais abertos no repouso: quanto menos canais abertos, maior R_m e vice-versa. Como corolário desse fato tem-se que células com alta frequência de disparo de potenciais de ação (por exemplo, as da cóclea) deverão apresentar um τ menor que aquelas que o fazem a baixas frequências, como as cardíacas, por exemplo. Portanto, o fato de as membranas celulares apresentarem um comportamento capacitivo impõe ao sistema uma dependência intrínseca do **tempo**.

Um segundo aspecto evidenciado claramente pelas figuras 3.1A e 3.1C é que, aplicado um dado estímulo em qualquer ponto do axônio, ele se propaga em ambos os sentidos e o faz com **perda de amplitude**. Em outras palavras, a informação que deveria ser transmitida intacta de um ponto a outro do neurônio sofre um processo de atenuação. Quanto da informação é perdida ao longo do axônio? A resposta a esta pergunta pode ser respondida recorrendo-se também ao equivalente elétrico mostrado na figura 3.1D. Para efeito de entendimento, imaginemos que o axônio possa ser fatiado transversalmente em pequenos cilindros com R_m representando a resistência da membrana de sua superfície. Esse tipo de circuito equivalente e sua análise baseiam-se no observado na condução de corrente em cabos elétricos e são utilizados para descrever as chamadas **propriedades de cabo** do axônio. De modo análogo, podemos também representar o axoplasma por resistências em série, pertencentes ao volume interno dos pequenos cilindros referidos acima, somadas ao longo do axônio. Como se pode depreender da figura 3.1D, a corrente I (pA) injetada no ponto 0 mm caminha pelo extracelular, atravessa a membrana com resistência R_m e adentra o axoplasma, com resistência R_a, fechando o circuito. Note que R_a deve ser função da concentração de eletrólitos no citoplasma e do diâmetro do axônio: quanto maior o diâmetro menor será R_a e vice-versa. Para todos os efeitos a resistência do extracelular é aqui considerada muito baixa e, portanto, não representada. Perceba, no entanto, que o arranjo de R_m e R_a corresponde àquele de um divisor de corrente, isto é, em cada nó do circuito uma certa fração da corrente irá entrar para o intracelular e outra parte migrará para o nó seguinte e assim sucessivamente. Fica fácil perceber que a fração da corrente que adentra o primeiro ponto após aquele do estímulo, isto é, i_1 deverá ser maior que $i_2>1_3>i_4>i_5$... (Figura 3.1D). Dessa forma teremos, pela lei de Ohm, que a queda de voltagem em cada porção de R_m deverá ser gradualmente menor, ou seja, $R_m.i_1 > R_m.i_2 > R_m.i_3 > R_m.i_4 > R_m.i_5 >$... resultando no comportamento espacial mostrado no gráfico da figura 3.1C.

A relação entre a resposta de voltagem (V_x) e a distância (x) na figura 3.1C pode ser descrita por uma função relativamente simples se a análise se restringir a magnitude medida no estado estacionário, isto é, após a capacitância da membrana ter sido completamente carregada ou descarregada. Desse modo, eliminamos a dependência temporal do fenômeno e ficamos com:

$$V_x = V_0 . e^{-\frac{x}{\lambda}} \tag{3.2}$$

Onde: V_0 é a voltagem medida no ponto 0 mm e λ é a chamada **constante de espaço** do neurônio.

V_0 é função da magnitude da corrente injetada no ponto zero, isto é, I_{total}, multiplicada pela resistência de entrada (R_{in}) do neurônio, ou seja: $V_0 = R_{in}.I_{total}$. Em termos gerais R_{in} pode ser entendida como uma resistência média apresentada pelo axônio à passagem de corrente ao longo do axoplasma e através da membrana para o extracelular. Como calcular λ? Isso pode ser feito impondo-se a condição $\lambda = x$ na equação 3.2 e encontrando-se a razão V_x/V_0, ou seja:

$$\frac{V_x}{V_0} = e^{-1} \qquad \frac{V_x}{V_0} = \frac{1}{e} \text{ ou } \frac{V_x}{V_0} = 0,37 \qquad (3.3)$$

Desse modo, basta buscarmos o valor de x quando $V_x = 0,37V_0$ e teremos λ, como mostrado na figura 3.1C. Quanto maior λ, menor será o decaimento da voltagem, evocada pelo estímulo no ponto 0 mm, com a **distância**. Isto é, o sinal irá se propagar a distâncias maiores com perdas menores. Obviamente, quanto menor for λ mais o sinal irá se deteriorar com a distância ao longo do axônio. De quais fatores depende λ? Qualitativamente, pode-se verificar, pela figura 3.1D, que a parte da corrente que atravessa R_m será tanto maior quanto menor for seu valor, mantido R_a constante. No limite podemos pensar que, se R_m tender a zero, a corrente total irá fluir toda pelo primeiro nó do circuito, não sobrando nada para os nós subsequentes. Por outro lado, quanto menor for o valor de R_a, com R_m constante, uma fração maior da corrente irá fluir para nós mais distantes e teremos uma queda menos pronunciada da voltagem em função da distância. Pode-se demonstrar formalmente que λ se relaciona a R_m e R_a por meio da seguinte função:

$$\lambda = \sqrt{\frac{R_m}{R_a}} \qquad (3.4)$$

Perceba que R_m tem unidades de $\Omega.cm$, já que a resistência da membrana deve diminuir com o comprimento do axônio. Por outro lado, R_a tem unidades de Ω/cm, já que a resistência do axoplasma deve aumentar à medida que a fibra fica mais comprida. Logo, como definido pela equação acima, λ tem dimensão de comprimento, ou seja, mm (ou equivalente). **Nota**: a dedução formal completa dessas relações, incluindo-se elementos capacitivos e resistência do extracelular, foge aos propósitos deste capítulo.

TRANSMITINDO INFORMAÇÃO SEM PERDA DE AMPLITUDE DO SINAL: O POTENCIAL DE AÇÃO

No item anterior vimos que a propagação de um sinal em uma fibra nervosa faz-se através da circulação de correntes iônicas ao longo dessa, e será sempre dissipativa, isto é, com perda da informação. No entanto, se somente esse tipo de fenômeno ocorresse nos tecidos excitáveis a comunicação entre células situadas a distâncias de dezenas de micrometros, ou mesmo centímetros, estaria seriamente comprometida. Para entendermos como esse fato pode ser contornado vamos realizar um outro experimento, cujos resultados são mostrados na figura 3.2.

O experimento consiste em aplicar pulsos de corrente, com duração de 0,2 ms e amplitudes variáveis, e registrar as respostas de voltagem em um axônio gigante de lula, que servirá de exemplo. Os resultados da figura 3.2A mostram que pulsos hiperpolarizantes levam o potencial de membrana da célula para valores hiperpolarizantes, como esperado, cuja magnitude é proporcional à da corrente aplicada. Isso significa que nesses potenciais a resposta da célula é passiva, refletindo simplesmente a existência de uma resistência por onde passam os íons. Neste caso a resistência de entrada (R_{in}) da célula pode ser calculada a partir da inclinação da reta em um gráfico que relaciona os valores de voltagem estacionária contra aqueles das correntes aplicadas. Por outro lado, se os pulsos de corrente forem no sentido despolarizante, um fenômeno novo ocorre: após uma certa magnitude de **despolarização** a resposta do

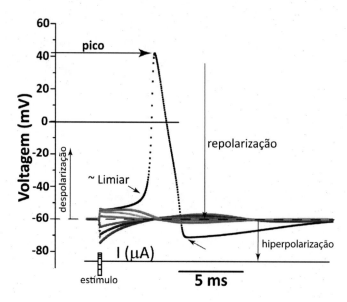

FIGURA 3.2 – Potencial de ação. Dados experimentais simulados com o programa Axovacs utilizando-se as equações de Hodgkin e Huxley (1952). O potencial de membrana de um axônio gigante de lula foi medido em função do tempo quando a célula era estimulada com pulsos de correntes (duração 0,2 ms) de várias magnitudes (indicadas pelos traçados inferiores marcados como "estímulo"), tanto hiperpolarizantes como despolarizantes. O potencial de repouso da célula era de –60 mV. Movimentos do potencial para valores menos negativos do que o repouso são chamados de despolarizações, aqueles para valores mais negativos são chamados de hiperpolarizações e o retorno ao potencial de repouso é chamado de repolarização, como indicado pelas respectivas setas.

potencial de membrana passa a independer da corrente aplicada. Mais ainda, há reversão na polaridade da membrana celular, que é transiente e cujo **pico atinge cerca de +40 mV**.

Como esperado, para pulsos hiperpolarizantes ou de magnitude abaixo de certo valor as respostas de voltagem são passivas, ou seja, diretamente proporcionais às correntes aplicadas, refletindo a lei de Ohm. No entanto, em resposta a um pulso de 60 µA, no caso, um novo fenômeno acontece: o potencial elétrico da célula sofre **inversão de polaridade**, atinge um pico positivo ao redor de +41 mV, decai para um valor hiperpolarizado (pico negativo indicado pela seta menor) e retorna novamente ao repouso de modo independente do estímulo aplicado. É a essa resposta transiente do potencial da membrana celular a um estímulo supralimiar, que se denomina **potencial de ação**. Esse se caracteriza por ser uma resposta **tudo ou nada**, isto é, para ocorrer deve primeiro atingir um certo nível de potencial despolarizante chamado de **limiar**, a partir do qual uma resposta automática se desenvolve de acordo com um padrão definido, como mostrado na figura 3.2. Por outro lado, se o limiar não for atingido, o potencial de membrana simplesmente decai passivamente até o valor do potencial de repouso. Perceba que a resposta inicial ao pulso de corrente é ditada essencialmente pelas características capacitivas da membrana celular e o tempo necessário para atingir o limiar depende da **constante de tempo** (τ) da célula. Outra característica importante é que a inversão de polaridade atinge sempre o mesmo valor de pico e o potencial de ação apresenta-se sempre com o mesmo padrão temporal. Isso pode ser visualizado nos resultados da figura 3.3. Uma vez gerado, o potencial de ação caminha ao longo da fibra nervosa sem perder sua amplitude, isto é, o fenômeno é **regenerativo**, e o estímulo supralimiar ocasionará uma **onda de despolarização** que se propaga a velocidade constante ao longo da fibra nervosa. Essa velocidade dependerá de vários fatores, como o diâmetro da fibra, temperatura, resistência da membrana etc. No caso da figura 3.3, podemos calcular a velocidade de condução (V_{cond}) do axônio gigante de lula (amielínico) utilizado no experimento simplesmente tomando-se a distância entre os eletrodos e dividindo-se pelo tempo gasto para o potencial de ação propagar-se de um ponto a outro. Por exemplo, tomando-se a distância entre o microeletrodo no ponto 0 cm e aquele no ponto 5 cm e dividindo-se pelo tempo medido entre os picos dos respectivos potenciais de ação teremos:

$$V_{cond} = \frac{5\ cm}{4,8\ ms} = \frac{5000\ cm}{4,8\ s} \sim 10\ \frac{m}{s} \qquad (3.5)$$

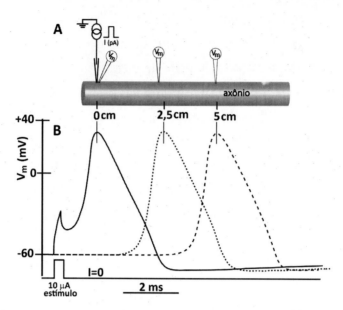

FIGURA 3.3 – Potenciais de ação propagam-se sem perda de amplitude. **A)** Arranjo experimental onde um axônio gigante de lula é empalado com microeletrodos colocados em 0; 2,5 e 5 cm de distância do ponto onde é aplicado um estímulo de corrente supralimiar, respectivamente. **B)** Potenciais de ação em função do tempo foram registrados em cada ponto definido em **A**, respectivamente. O traçado abaixo dos potenciais de ação indica o instante de aplicação do pulso de corrente (estímulo). Experimento simulado *on-line* no dia 10/05/2022 com o *software* "Nerve", disponível em: http://nerve.bsd.uchicago.edu/nervejs/MAP1.html.

A experiência discutida acima deixa claro que estímulos supralimiares desencadeiam outros eventos, além da distribuição passiva de corrente, que geram respostas regenerativas, cujas amplitudes são constantes e que se propagam sem perda da informação.

A pergunta que se faz nesse ponto é: quais fenômenos estão envolvidos nesse tipo de resposta regenerativa ao estímulo elétrico supralimiar?

Em capítulo anterior aprendemos que o potencial de repouso das células é determinado em grande parte pelo gradiente eletroquímico do íon K^+ e da permeabilidade da membrana relativamente alta a esse íon quando comparada à de outros íons. No entanto, diferentemente do proposto por Bernstein, o íon sódio também participa do processo, apresentando permeabilidade bem menor do que aquela ao potássio, no repouso. Embora Bernstein tenha sido o primeiro a registrar um potencial de ação, Overton (1902) foi o primeiro a perceber a "Indispensabilidade dos íons sódio (ou lítio) para a contração muscular" (Ueber die Unentbehrlichkeit von Natrium- (oder Lithium-) Ionen für den Contractionsact des Muskels) e, portanto, para sua excitabilidade elétrica. Embora essa seja uma descoberta fundamental em eletrofisiologia, Overton tornou-se mais conhecido por ter demonstrado que a membrana celular apresentava características lipoides. Coube a Hodgkin e Huxley (1939) medir potenciais de ação com microeletrodos em axônios gigantes de lulas. Seus resultados foram publicados em uma nota bastante curta na revista *Nature*, mas com uma observação crucial: o potencial de membrana apresentava reversão de polaridade, saindo do repouso ao redor de –45 mV e atingindo um pico ao redor de +40 mV. Na tentativa de associar esse fenômeno à movimentação de íons através da membrana celular, Hodgkin e Katz (1949) passaram a registrar potenciais de ação na presença de diferentes concentrações de sódio na solução banhante. A hipótese de que esse íon participaria do processo advinha não só dos resultados de Overton, mas também da expectativa teórica de que sua entrada para a célula, dado o sentido de seu gradiente eletroquímico, poderia levar à reversão do potencial da membrana. Desse modo, os autores utilizaram várias concentrações de sódio na solução extracelular e mediram em cada uma delas o pico do potencial de ação, como mostrado na figura 3.4.

Observação da figura 3.4A mostra dois aspectos importantes: 1. diminuição de E_{Na}, por redução na sua concentração extracelular, faz com o pico do potencial de ação tenha uma magnitude menor; e 2. a figura 3.4B mostra claramente que o pico do potencial de ação segue o esperado pela

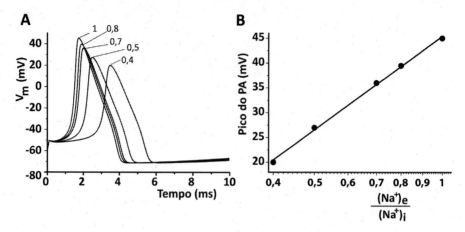

FIGURA 3.4 – Sódio influencia a magnitude do pico do potencial de ação. **A)** Registros de potenciais de ação (PA) obtidos em várias concentrações de sódio na solução banhante de um axônio gigante de lula. Registros foram simulados com o programa Axovacs. As concentrações de sódio são referidas em relação à concentração de sódio no intracelular. Portanto, uma razão igual a 1 indica concentração controle, 0,8 significa que houve redução de 20% na concentração extracelular e assim por diante. **B)** Razões das concentrações de sódio – $(Na^+)_e/(Na^+)_i$ –, em escala logarítmica, graficadas contra os valores dos picos dos PAs em mV, medidos na figura 3.4A. A linha contínua representa a equação de Nernst com inclinação igual a 60 mV para cada 10× de variação na concentração de sódio e descreve muito bem os pontos experimentais (círculos cheios). Simulação baseada em resultados de Hodgkin e Katz (1949).

equação de Nernst, tendo um valor sempre muito próximo de E_{Na}. Além disso, as alterações em $(Na^+)_e$ não alteram significativamente o potencial de repouso da célula. Portanto, esses resultados sugerem fortemente que a despolarização observada durante um PA deve relacionar-se a aumento transiente na **condutância ao sódio** da membrana celular. Observa-se, também, que o decaimento do potencial, após atingir o pico positivo, leva a uma **hiperpolarização** do V_m, sugerindo um aumento da condutância da membrana ao potássio nessa fase do PA. Resta agora tentar comprovar essas hipóteses e descrever quais correntes iônicas estão envolvidas no processo, bem como suas respectivas características eletrofisiológicas.

O primeiro passo para entender o fenômeno nos remete novamente à lei de Ohm, ou seja, correntes iônicas podem ser descritas pela equação:

$$I_i = g_i(V_m - E_i) \qquad (3.6)$$

Portanto, em uma primeira aproximação experimental bastaria aplicarmos uma voltagem através da membrana, medirmos a corrente e calcularmos a condutância de interesse. No entanto, há dois problemas práticos que devem ser solucionados: 1. como se pretende avaliar as correntes iônicas, essas têm que ser separadas das correntes capacitivas. Ou seja, o equipamento deve impor a voltagem através da membrana e suprir toda corrente necessária de modo praticamente instantâneo para que o transiente capacitivo seja muito breve; 2. correntes fluindo pela membrana irão alterar o potencial *per se*. Logo, necessita-se de um sistema que fixe o potencial em um dado valor invariável no tempo, permitindo o registro temporal da corrente, bem como sua magnitude. A alternativa, portanto, é tornar a voltagem uma **variável independente** de tal forma que possa ser imposta ao sistema em níveis previamente selecionados e medir-se a resposta de corrente necessária para mantê-la constante. Com isso, podem-se avaliar as mudanças temporais na condutância da membrana como função da voltagem. Para resolver esses problemas, Hodgkin, Katz e Huxley implementaram um equipamento chamado *voltage-clamp*, originalmente desenhado por Kenneth Cole e George Marmont (ver Cole, 1968; Marmont, 1949).

Interlúdio: o voltage-clamp

O axônio gigante da lula origina-se no chamado gânglio estelar e projeta-se para a musculatura do manto. Esse músculo é responsável pelo controle do sifão, um órgão por onde a água entra e sai em jatos, possibilitando ao animal locomover-se. O axônio gigante é uma fibra com alguns centímetros de comprimento e com diâmetro entre 500 e 1.000 µm. Trata-se de uma fibra amielínica e foi sugerida como modelo experimental aos eletrofisiologistas por JZ Young (1936) que a descreveu morfologicamente. Desde uma perspectiva experimental, o grande diâmetro da fibra possibilita colocar em seu interior um fio metálico, comprido o suficiente para garantir que o potencial elétrico seja o mesmo em toda sua extensão. Com isso, tem-se a garantia de que qualquer voltagem aplicada tenha a mesma magnitude ao longo de todo axônio. A figura 3.5 resume os principais blocos do sistema eletrônico para fixação de voltagem. Noções básicas sobre o funcionamento de amplificadores operacionais são apresentadas no Apêndice 5-II. Um fio conecta o intracelular a um amplificador diferencial que serve para medir a diferença de potencial através da membrana (V_m) (note que o banho não está ligado à terra). Esse valor de V_m é informado à entrada inversora (–) de um amplificador (AF – *feedback amplifier*) configurado para injetar corrente no sistema, de modo a tornar a voltagem em – sempre igual àquela da entrada não inversora (+), que se encontra ligada a uma fonte variável de voltagem (V_c). Essa corrente só irá à terra após atravessar a resistência da membrana (R_m), causando aí queda de voltagem (lei de Ohm), e alterando, dessa forma, sua diferença de potencial.

A título de exercício intelectual suponha que V_m de repouso desse axônio seja igual a –60 mV. Esse valor será aquele que aparecerá na entrada inversora (–) de AF. Se aplicarmos, através de V_c, a mesma voltagem ao terminal não inversor (+) de AF, não haverá diferença entre esses valores e, portanto, I_i será igual a zero. No entanto, se escolhermos um valor de $V_c = +20$ mV, por exemplo, haverá diferença entre as voltagens nas entradas – e +, forçando a geração de corrente por AF. Esta fluirá através de R_m, e do sistema de medida (Amp), de tal forma que a queda de voltagem na membrana resulte em um $V_m = +20$ mV. Desse modo anula-se a diferença de potencial entre as entradas – e + de AF.

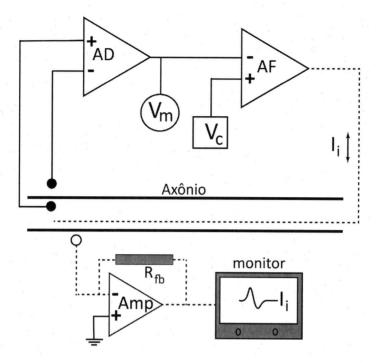

FIGURA 3.5 – Esquema simplificado de um sistema eletrônico de fixação de voltagem. AD é um amplificador diferencial que serve para medir a voltagem através da membrana (V_m); AF é um amplificador de retroalimentação; V_c é uma fonte para aplicação de voltagens ao sistema; Amp é um amplificador operacional configurado como conversor corrente-voltagem que serve para medir (I_i), que pode ser visualizada na tela de um osciloscópio ou monitor de computador. R_{fb} é uma resistência de *feedback*. As linhas tracejadas servem para ressaltar o caminho percorrido pelas correntes. + e – referem-se às entradas não inversora e inversora dos amplificadores, respectivamente.

Em outras palavras, o equipamento impõe a voltagem escolhida em V_c à membrana celular. Estamos, portanto, **fixando a voltagem**. Isso pode ser compreendido recorrendo-se, mais uma vez, à lei de Ohm, mas tomando-se a voltagem como variável independente e a corrente como variável dependente, ou seja:

$$I_i = g(V_m) \qquad (3.7)$$

Sabendo-se V_m, imposta através de V_c, e medindo-se I_i pode-se calcular a condutância (g) da membrana. De modo geral, g é dependente da voltagem e do tempo e um bom fixador de voltagem deve fornecer a corrente adequada tanto em magnitude quanto no tempo, de modo a manter o potencial da membrana sempre no mesmo valor escolhido pelo experimentador.

QUE MECANISMOS SÃO RESPONSÁVEIS POR GERAR O POTENCIAL DE AÇÃO?

Sabemos que o PA se caracteriza por uma despolarização autoalimentada do potencial de membrana e que necessitamos de um estímulo despolarizante supralimiar para evocá-lo. Assim sendo, vamos agora analisar a **resposta de corrente** (variável dependente) de um axônio gigante quando esse é submetido a vários **pulsos de voltagens** (variável independente) despolarizantes, com duração de 6 ms. Isto é, durante esse tempo o amplificador injetará corrente no sistema, de modo a manter o potencial no valor predeterminado pelo experimentador independente de variações na condutância da membrana. Os resultados desse experimento são mostrados na figura 3.6A.

O primeiro ponto a ser observado é que no instante em que se liga o pulso de voltagem (Figura 3.6B) tem-se um transiente de corrente capacitiva (I_c) de grande amplitude. Como $I_c = C . \dfrac{dV}{dt}$, ao ligar-se o pulso de voltagem dV/dt assume um valor muito grande, consequentemente a resposta de corrente também o será. Por outro lado, essa resposta é de curta duração (ao redor de microssegundos) e aparece imediatamente após a aplicação do pulso de voltagem. Isso a torna temporalmente distinta das correntes iônicas que aparecem em seguida a esse transiente. Uma segunda observação, por conveniência ressaltada com um tra-

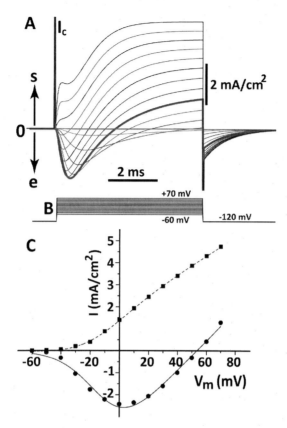

FIGURA 3.6 – Correntes iônicas em um axônio gigante de lula banhado por solução normal. **A**) Registros de corrente em resposta a pulsos de voltagem (**B**). A célula foi mantida hiperpolarizada em –120 mV e pulsos de voltagem com duração de 6 ms foram aplicados desde –60 mV, em passos de 10 mV, até +70 mV. As setas marcadas com **s** e **e** indicam correntes positivas e negativas, respectivamente. O traçado em destaque (linha mais grossa) foi obtido com o pulso a 0 mV. Nos traçados de corrente está indicada a corrente igual a zero, isto é, célula no repouso. I_c indica o transiente capacitivo. **C**) Gráfico de corrente (**I**) contra voltagem (V_m) para os valores de correntes de pico (logo no início da resposta – círculos cheios e linha contínua, e após a corrente atingir o estado estacionário – quadrados cheios e linha tracejada). Traçados de correntes simulados com o programa Axovacs.

ço mais grosso obtido a um valor de voltagem de 0 mV (Figura 3.6A), mostra que a corrente iônica que atravessa a membrana possui dois componentes cinéticos distintos: uma primeira fase na qual a corrente é negativa, significando que cargas positivas entram para o intracelular, chamada por isso de **corrente de entrada** e indicada pela letra **e**. Essa corrente á transiente, atingindo um pico e decaindo até zero em alguns milissegundos. Inicia-se, então, uma segunda fase na qual aparece uma corrente positiva, onde cargas positivas deixam a célula, e por isso chamada **corrente de saída**, indicada pela letra **s**. Essa corrente tem um decurso temporal mais lento e atinge um estado estacionário onde se mantém enquanto durar o pulso de voltagem. Que íons são responsáveis por carrear essas correntes através da membrana? Indicações sobre essa propriedade podem ser obtidas de análise da figura 3.6C. Nela estão graficadas as magnitudes das correntes medidas nos picos dos componentes transientes (círculos cheios) e após as correntes atingirem o estado estacionário (quadrados cheios), contra as voltagens aplicadas ao axônio. Como se pode observar, os pontos experimentais se distribuem em duas populações distintas. Analisemos primeiramente os resultados referentes aos círculos cheios. Chama a atenção o fato de que as correntes são muito pequenas em potenciais mais hiperpolarizados e aumentam significativamente em módulo à medida que a célula é despolarizada, isto é, à medida que o potencial elétrico se aproxima de 0 mV, atingindo um máximo ao redor de +5 mV. A partir daí a corrente de entrada começa a decair em magnitude e atinge 0 mA/cm^2 ao redor de +50 mV, **revertendo de sinal** a partir de então e crescendo de modo quase linear com a voltagem a partir desse ponto. Como explicar o fato de que estamos diminuindo em módulo a diferença de potencial aplicada e, ainda assim, a corrente aumenta em magnitude (na faixa de potencial entre −60 e 0 mV)? Se admitirmos que a corrente é função da força eletromotriz através da membrana e da sua condutância, podemos reescrever a seguinte equação:

$$I_i = g_v(V_m - E_i)$$

(3.8)

Onde: I_i = corrente carreada pelo íon i; V_m = potencial de membrana; E_i = potencial de equilíbrio do íon que se esteja considerando e g_v = condutância da membrana ao íon.

Ora se o termo $(V_m - E_i)$ diminui de valor e I_i aumenta, isso só pode ser explicado se g_v aumentar à medida que a célula é despolarizada. Ou seja, estamos diante de uma **condutância dependente de voltagem**, por isso o subscrito v para indicar que g varia com a voltagem. Na verdade, g é uma função exponencial da voltagem e pode ser descrita pela equação de Boltzmann. Colocando-se explicitamente esse fato na equação (3.8) ficamos com:

$$I_i = [\frac{G_{max}}{1+\exp(\frac{(V_m-V_0)}{dx}}](V_m - E_i) \tag{3.9}$$

Onde: G_{max} = condutância máxima ao íon; dx = termo que se relaciona à dependência de voltagem do sistema; e V_0 = voltagem onde g é metade de G_{max} (ver Capítulo 5 sobre canais iônicos).

O ajuste de uma função desse tipo aos dados experimentais é mostrado pelas linhas que conectam os pontos na figura 3.6C. Entre outras variáveis, a função mostra que E_i = +53 mV coincide com o potencial de equilíbrio calculado para o íon sódio, nas condições do experimento. Isso nos leva a concluir que as correntes de pico observadas, e que na faixa de voltagem entre –60 e +50 mV entram para o intracelular, são correntes carreadas pelo íon sódio. Note, ainda, que, por serem de entrada, levam à despolarização da membrana durante um potencial de ação. Análise semelhante pode ser realizada com as correntes estacionárias (quadrados cheios-linha tracejada). No caso, a conclusão é que essas correntes são carreadas pelo íon potássio. Ressalte-se que a determinação do potencial de reversão no caso do potássio requer outro tipo de experimento onde se medem as correntes de cauda. Isso porque em potenciais hiperpolarizados de longa duração os canais para potássio estarão fechados, impossibilitando que uma corrente de magnitude suficiente possa ser observada ao redor do potencial de equilíbrio do potássio, igual –80 mV em condições controles. Para tanto, os canais são abertos com uma grande despolarização e quando a corrente se estabiliza o potencial da membrana é repentinamente levado para um valor hiperpolarizado. Dessa forma, aparecerá instantaneamente uma corrente cujo pico será função da condutância no instante da aplicação do pulso hiperpolarizante. Obviamente, essa corrente decairá no tempo com uma cinética própria devido ao fechamento dos canais, induzido pela hiperpolarização. Fenômeno desse tipo pode ser visto qualitativamente na figura 3.6A ao retornarmos o potencial de membrana dos valores despolarizados para –120 mV; surgem correntes de entrada que decaem no tempo, indicando o fechamento dos canais para potássio. Portanto, resultados desse tipo de experimento permitem concluir que durante um potencial de ação as correntes iônicas apresentam-se com dois tipos distintos: uma de entrada, carreada pelo íon sódio, e outra de saída, carreada essencialmente pelo íon potássio. Em resumo, esses fenômenos indicam que a membrana apresenta condutâncias dependentes de voltagem e de tempo.

É possível separar experimentalmente esses dois tipos de correntes e estudar suas características individualmente?

Diferentes experimentos podem ser utilizados para separar as duas correntes e mostrar que utilizam vias independentes para migrar através da membrana celular. Como parte das primeiras manobras experimentais utilizadas com essa finalidade, utilizou-se a substituição do sódio da solução extracelular por colina, um cátion impermeante. Dessa forma, permanecem somente as correntes de potássio, isto é, as que são de saída e se ativam mais tardiamente. Para obtermos a corrente de sódio basta medir a corrente total, em outros experimentos, e subtrair-se desta a corrente de potássio observada no experimento anterior (Hodgkin e

Huxley, 1952). Além disso, experimentos com drogas que bloqueiam especificamente cada tipo de canal iônico mostram resultados mais incontroversos. Esse é o caso da tetrodotoxina (TTX), produzida por bactérias encontradas no fígado de alguns peixes. Motivado pelos envenenamentos produzidos pelo peixe "Fugu", o cientista japonês Yoshizumi Tahara dedicou-se a isolá-la e descobriu tratar-se de uma toxina hidrossolúvel (citado em Masaya, 1995). Ele a nomeou de tetrodotoxina por ter sido extraída de um peixe da família Tetraodontidae. TTX mostrou-se um potente bloqueador de canais para sódio, cujo efeito foi eletrofisiologicamente descrito pela primeira vez por Narahashi et al. (1964) em experimentos utilizando axônios gigantes de lagosta. Por outro lado, tetraetilamônio (TEA), uma amônia quaternária, foi utilizado para bloquear as correntes de potássio em axônios de lula por Tasaki e Hagiwara (1957), Armstrong e Binstock (1965) e outros. A figura 3.7 mostra resultados de um experimento simulado em axônio gigante de lula utilizando-se o desenho experimental desses pesquisadores.

Embora o termo "canal iônico" se revestisse de pouca clareza na época em que os experimentos referidos na figura 3.7 foram realizados, os resultados mostram claramente que o sódio migra através da membrana utilizando uma condutância própria e distinta daquela utilizada pelo íon potássio. Ou seja, esses íons migram por **vias diferentes**. Esse conceito de vias seletivas é fortemente amparado pelos efeitos distintos exercidos pela STX e pelo TEA. Enquanto o TEA bloqueia somente as correntes de saída carreadas pelo potássio, deixando intactas aquelas de sódio (Figura 3.7B superior), o STX bloqueia especificamente as correntes de sódio, deixando intactas aquelas de potássio (Figura 3.7B, inferior). O efeito dessas drogas sobre o potencial de ação pode ser visto nas figuras 3.7C e 3.7D. Bloqueio dos canais para sódio com STX leva a atraso na fase de subida do potencial de ação, que se faz mais lentamente, bem como à diminuição na magnitude do pico. Ambos os efeitos são esperados quando

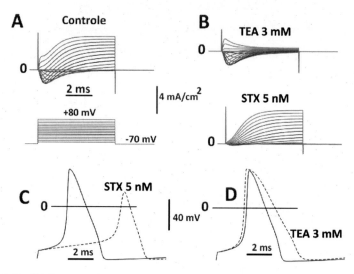

FIGURA 3.7 – Sódio e potássio migram por vias distintas. **A**) Medidas de correntes iônicas numa situação controle, em resposta a pulsos de voltagem (traçados inferiores) que variaram entre –60 e +80 mV em passos de 10 mV. A célula foi mantida em –70 mV no repouso. **B**) Efeito de TEA 3 mM (traçados superiores) e de STX (traçados inferiores). Escalas de tempo e amplitude de corrente aplicam-se aos dois painéis. **C** e **D**) Potenciais de ação em situação controle (linhas contínuas) e na presença de 5 nM STX e 3 mM TEA, linhas tracejadas, respectivamente. Resultados são de experimento simulado em computador com o programa Axovacs. Saxitoxina (STX), uma toxina encontrada em alguns dinoflagelados, foi utilizada com a mesma finalidade que a TTX.

se tem diminuição da condutância ao sódio, devido ao bloqueio de parte da população de canais que não se abre com a despolarização e, portanto, tem-se diminuição nas magnitudes das correntes de entrada. Em experimentos mais elaborados pode-se demonstrar, também, que o bloqueio dos canais para sódio quase não influencia o potencial de repouso da célula, já que nesta condição sua condutância é muito menor que aquela ao potássio. Por outro lado, o emprego de TEA faz com que o potencial de ação fique mais alargado no tempo e a célula demore mais para retornar ao potencial de repouso. Em anos mais recentes, muitos agentes naturais que atuam nos canais iônicos foram descobertos e outros tantos sintetizados. O interesse é claramente encontrar-se substâncias que atuem como fármacos moduladores/modificadores do funcionamento dos canais iônicos com vistas ao enfrentamento de patologias.

CANAIS PARA SÓDIO (MAS NÃO SÓ ELES) INATIVAM-SE: PERÍODOS REFRATÁRIOS

A observação dos traçados de correntes iônicas em função das voltagens aplicadas, mostrados nas figuras 3.6 e 3.7, chama a atenção, ainda, pelo fato de que as correntes de entrada de sódio são transientes. Isto é, elas são ativadas pelas despolarizações, atingem um pico e decaem com o tempo, mesmo mantendo-se a voltagem constante. A esse fenômeno observado após a abertura (**ativação**) dos canais para sódio, onde eles não mais conduzem, deu-se o nome de **inativação**. Na verdade, hoje se sabe que vários outros canais, incluindo alguns para potássio, também apresentam o fenômeno de inativação. Aqui trataremos do observado nas correntes de sódio, cuja descrição poderá servir de base para o entendimento do processo em outros tipos de canais.

Como pode ser observado na figura 3.8A, o pico da corrente evocada com o pulso a 0 mV depende do valor da voltagem existente previamente à sua aplicação. Em outras palavras, embora a despolarização final seja sempre para 0 mV e, portanto, a força eletromotriz seja sempre a mesma, a magnitude do pico diminui com a aplicação dos pré-pulsos despolarizantes. Isso pode ser mais bem avaliado na figura 3.8B, onde o valor máximo da corrente de pico é obtido quando a célula estava inicialmente com o potencial de membrana em –100 mV (círculos cheios) e vai praticamente a zero quando o pré-pulso se mantém em –10 mV. Isso leva à conclusão de que os canais para sódio passam a um estado inativado

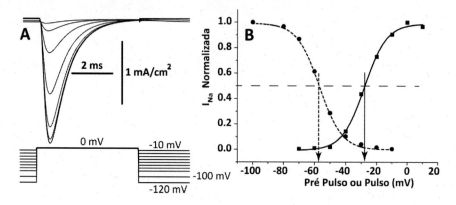

FIGURA 3.8 – Inativação é dependente de voltagem. **A)** Correntes de sódio evocadas por pulsos despolarizantes para 0 mV (duração de 6 ms) a partir de vários níveis de potenciais (pré-pulsos – parte inferior) aplicados ao axônio gigante de lula. Os pulsos a 0 mV partiram de –100, –80, –70, –60, –50, –40, –30, –20 e –10 mV. **B)** Relações entre as correntes normalizadas (I_{Na} em uma certa voltagem dividida por I_{Na} máxima) contra a voltagem do pré-pulso (círculos cheios – inativação) ou contra a voltagem aplicada à membrana mantendo-se a célula inicialmente em –100 mV (quadrados cheios – ativação). A curva de ativação foi construída a partir das correntes medidas no experimento da figura 3.7B na presença de TEA 3 mM. As correntes iônicas mostradas em **A** foram obtidas por simulação com o programa Axovacs.

(não condutor) logo após se abrirem em resposta a despolarizações. Daí decorre, em parte, o comportamento transiente das correntes de sódio. Pode-se ver também, pela figura 3.8B, que em um potencial de –57 mV metade dos canais de sódio se encontra inativada (seta tracejada). Para comparação perceba que no processo de ativação metade dos canais se abrirá quando o potencial for igual a –28 mV (seta em linha contínua). Importante notar que 100% dos canais somente responderão a uma nova despolarização quando o potencial da célula for repolarizado por um certo tempo. Isso leva à conclusão de que esses canais possuem pelo menos três estados conformacionais distintos: fechado, aberto e inativado. A transição entre esses estados é dependente da voltagem, isto é, despolarizações a partir do potencial de repouso levam os canais a se abrirem e em seguida entrarem no estado inativado. Nova abertura só será possível após a célula se repolarizar, o que retorna os canais para o estado fechado e prontos para nova abertura.

O processo de inativação depende também do tempo, isto é, apresenta uma cinética, como se pode observar na figura 3.9. Aqui, dois pulsos despolarizantes com duração de 6 ms, partindo do repouso (–100 mV no caso) até 0 mV, foram aplicados sequencialmente, porém espaçados no tempo. O primeiro pulso serve de controle. Após ele a célula foi repolarizada por 1 ms (Figura 3.9A) e nova despolarização aplicada. A sequência de dois pulsos foi sendo repetida aumentando-se o intervalo entre o pulso controle e o teste em intervalos de 2, 5, 7 e 9 ms, como mostrado nas figuras 3.9B, 3.9C, 3.9D e 3.9E, respectivamente. É claro que quanto menor for o intervalo de tempo no qual a célula permanece repolarizada, antes de um novo pulso despolarizante, menor a resposta de corrente, já que grande parte da população de canais para sódio ainda não saiu do estado inativado. À medida que o tempo entre o pulso controle e o teste aumenta, uma fração cada vez maior de canais deixa o estado inativado e torna-se apto a abrir novamente. Com isso, o pico da corrente de sódio tende novamente ao valor controle, como observado nos pulsos testes aplicados após 7 e 9 ms.

O fenômeno de inativação explica, em grande parte, os chamados **períodos refratários** observados quando do disparo sequencial de potenciais de ação. Ou seja, necessita-se de um tempo mínimo entre estimulações sucessivas para que os canais para sódio se recuperem da inativação e a célula possa disparar um novo potencial de ação adequadamente. Isso tem implicações importantes na frequência de disparo das células excitáveis e impõe restrições quanto ao máximo que essa variável pode atingir. Claro que células com funções diferentes apresentam capacidades distintas de saída da inativação, graças ao repertório particular de tipos de canais presentes na sua membrana. A figura 3.9F mostra re-

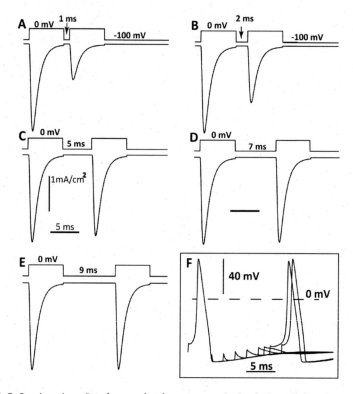

FIGURA 3.9 – Inativação depende do tempo. **A, B, C, D e E**) Registros de correntes de sódio evocadas por pulsos despolarizantes a 0 mV, partindo-se de –100 mV. O primeiro pulso mostra a resposta controle, e o segundo de cada par, a resposta após os tempos indicados em cada caso. Note que à medida que o tempo entre os pulsos aumenta recupera-se mais e mais da corrente de sódio. **F**) Resultados de um experimento em que dois potenciais de ação são disparados por estímulos (100 µA/cm², 0,1 ms de duração) aplicados em diferentes tempos (4, 6, 8, 10, 12, 13, 14 e 16 ms), após o primeiro. Note que não há potencial de ação nos tempos de 4, 6, 8, 12 e 13 ms, voltando a aparecer somente após 14 e 16 ms da aplicação do primeiro estímulo. Experimento simulado com o programa Axovacs.

sultados evidenciando os períodos refratários. Note que esses podem ser **absolutos**, se o tempo entre o primeiro estímulo e o segundo for muito curto, de modo que praticamente toda a população de canais estará no estado inativado. Por outro lado, à medida que o tempo entre os estímulos aumenta, certa fração dos canais saem da inativação e novos potenciais de ação podem ser disparados, alguns ainda com o pico de despolarização abaixo do controle, caracterizando o período refratário **relativo**.

Embora não mostrado na figura 3.9F, o aumento na intensidade do estímulo pode desencadear potenciais de ação no período refratário relativo. Como esperado, a magnitude do pico dependerá da fração de canais que saiu da inativação e do tempo em que esse estímulo foi aplicado.

POTENCIAIS DE SUPERFÍCIE, ÍONS CÁLCIO E EXCITABILIDADE ELÉTRICA DAS CÉLULAS

Um dos efeitos mais visíveis de processos patológicos que levam a hipocalcemia, hipoparatireoidismo por exemplo, relaciona-se a um aumento generalizado da excitabilidade celular, com episódios de tetania. Este efeito tem a ver com o campo elétrico que se estabelece dentro da membrana celular devido a cargas negativas que se expressam mais no folheto externo da bicamada, quando da diminuição da concentração de cálcio nesta solução, do que no folheto interno.

Desde um ponto de vista experimental, onde as condições iônicas podem ser mais bem controladas, o efeito "estabilizador" dos íons cálcio sobre as propriedades de excitabilidade do axônio de lula foi estudado por diversos autores, entre eles Frankenhaueser e Hodgkin, em artigo publicado em 1957. Os resultados desses autores, obtidos em axônio gigante de lula, mostraram um desvio na relação condutância-voltagem, quando se manipulava a concentração do íon cálcio das soluções banhantes. Assim, observaram que a redução na concentração de cálcio no extracelular levava a um deslocamento da relação entre condutância a sódio contra voltagem, de modo que menor despolarização era requerida para induzir um dado aumento na sua condutância. De modo geral, mostraram que uma redução de 5 vezes na concentração de cálcio apresentava um efeito sobre os mecanismos que controlam a permeabilidade a sódio e potássio correspondentes a uma despolarização da ordem de 10 a 15 mV. Além disso, Campbell e Hille (1976) observaram, agora em fibras musculares esqueléticas da rã, que a curva de ativação dos canais para sódio era deslocada para a valores de potenciais menos despolarizados, de modo que apresentavam uma excitabilidade maior quando se diminuía concentração de cálcio na solução banhante.

À época Frankenhaueser e Hodgkin aventaram duas possibilidades para explicar seus achados: 1. cátios divalentes funcionariam como partículas de *gating*, de tal modo que se ligariam a algum componente do canal para sódio no repouso, tornando-o não condutor. Com despolarização o cálcio seria deslocado desse sítio, levando o canal a se abrir. Claro está que este fenômeno é dependente da concentração do cátion divalente e do campo elétrico na membrana. Hoje se sabe que a proteína formadora dos canais dependentes de voltagem possui regiões carregadas que funcionam como sensores de voltagem, como descrito com mais detalhes no Capítulo 5. Além disso, o bloqueio dos canais para sódio induzido pelo cálcio é bastante fraco, não condizendo com a grande dependência de voltagem observada no sistema; 2. outra possibilidade sugerida aos autores por AL Huxley leva em conta a possibilidade de adsorção dos íons cálcio na face externa da membrana, criando, dessa forma, um campo elétrico, que seria somado àquele gerado pelo potencial de repouso. Dessa forma, os cátions adsorvidos poderiam alterar a distribuição de outras partículas carregadas existentes no interior da membrana, sem mudar a diferença de potencial entre os meios intra e extracelulares efetivamente observada com microeletrodos.

O teste experimental desta segunda hipótese envolve responder à pergunta: onde estão situadas essas cargas e como se dá a interação com cátions divalentes?

De imediato deve-se admitir que são cargas negativas, já que interagem com cátions. Em termos gerais, elas poderiam estar fisicamente localizadas em proteínas ou nos lipídios que compõem a bicamada formadora da membrana celular, que passaria a desempenhar um papel central neste fenômeno. Na verdade, a composição da bicamada lipídica constituinte das membranas celulares abrange vários tipos de fosfolipídios, alguns carregados como a fosfatidilserina, e outros neutros, como a fosfatidilcolina, fosfatidiletanolamina etc. No geral, apresentam-se em uma mistura que pode variar entre os folhetos externo e interno da bicamada e entre tipos celulares diferentes. A presença de fosfolipídios negativa ou positivamente carregados leva ao aparecimento de potenciais de superfície que atuam sobre contraíons presentes nas soluções banhantes, e também em moléculas incrustadas na bicamada devido ao aparecimento de um campo elétrico adicional nessa região.

Esse assunto foi extensivamente estudado não só em axônios, mas também em bicamadas planas, onde a composição lipídica pode ser controlada pelo experimentador. Desse modo, McLaughlin e colaboradores mostraram, ao redor de 1970-1980, que íons bivalentes positivos adicionados às soluções banhantes, em concentrações que não alteravam significativamente sua força iônica, levavam a alterações na condutância induzida por antibióticos carregadores, como a nonactina, em bicamadas planas. Utilizando diversos tipos de cátions bivalentes, mostraram que o efeito dos íons cálcio não se fazia por ligação às regiões carregadas dos fosfolipídios, mas sim através de blindagem (*screening*) dessas cargas, resultando na sua neutralização. A figura 3.10 é uma representação do fenômeno.

Como se pode depreender da figura 3.10, a presença de cargas negativas na bicamada leva ao aparecimento de um perfil de potencial negativo que se estende por alguns angstrons de sua superfície até a solução de banho. A magnitude desse potencial depende essencialmente da densidade

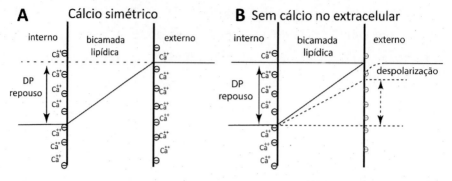

FIGURA 3.10 – Representação esquemática do efeito de blindagem do cálcio sobre cargas presentes nas cabeças dos fosfolipídios componentes de uma bicamada. **A)** Bicamada representada simplesmente pelas linhas verticais mais grossas contendo lipídios carregados negativamente (círculos com sinal negativo interno) com íons cálcio (Ca^{++}) nos dois lados da membrana. **B)** Mesma bicamada que em A, porém em uma situação em que o cálcio foi retirado do lado externo da bicamada. Interno e externo são termos utilizados simplesmente em analogia a uma célula qualquer. Os perfis de potencial foram desenhados supondo-se que as concentrações de cálcio utilizadas sejam suficientes para anular todas as cargas existentes na bicamada. As linhas tracejadas mostram o campo elétrico efetivamente percebido por canais presentes no interior da bicamada. Linhas contínuas mostram o perfil de potencial sentido por microeletrodos colocados nas soluções.

de cargas negativas da membrana, ou seja, da proporção entre o número de moléculas com carga e aquelas neutras. Perceba que esse potencial negativo influencia também a distribuição de cátions que compõem a solução banhante. Dado que esse potencial negativo se manifesta somente em distâncias medidas em angstrons, microeletrodos comumente utilizados em experimentos eletrofisiológicos não conseguem detectá-lo, pois podem ser considerados macroscópicos em relação à distribuição desse potencial de superfície. Assim sendo, a figura 3.10B mostra que a retirada de cálcio da solução externa, e sua manutenção na interna, faz com que o campo elétrico dentro da bicamada não seja mais o mesmo e canais eventualmente aí presentes o perceberão despolarizado (linhas tracejadas na Figura 3.10B). Essa é a razão pela qual os tecidos excitáveis de modo geral apresentam hiperexcitabilidade quando submetidos a uma situação hipocalcêmica. Interessante observar que esse tipo de efeito deveria ser sentido por qualquer canal dependente de voltagem, como os para potássio, e não só os para sódio. O fato, ainda não totalmente entendido, é que os canais para sódio respondem mais fortemente a esse fenômeno.

MAIS SOBRE CONDUÇÃO

O modelamento do axônio como um cabo elétrico, apresentado no início deste Capítulo, mostrou que transientes elétricos se propagam bidirecionalmente ao longo deste. Além disso, dado que a propagação passiva se faz com perda de amplitude, as células excitáveis são dotadas de mecanismos para gerar potenciais de ação, como discutido. Nesse ponto vamos analisar que características funcionais garantem aos axônios não só a geração ponto a ponto de potenciais de ação, mas também, e até certo ponto, a unidirecionalidade de sua propagação. Esse aspecto é, ainda, um tanto controverso. Embora a excitação no neurônio se inicie na árvore dendrítica devido a potenciais sinápticos despolarizantes aí gerados (não vamos entrar em detalhes aqui sobre processos de integração sináptica, que podem envolver também potenciais sinápticos inibitórios) e que se propagam em direção ao corpo celular, as características geométricas dos vários segmentos de um neurônio determinam padrões de distribuição espacial de correntes que são únicos e, portanto, possibilidades de disparo de potenciais de ação típicas de cada caso. De qualquer modo, registros intracelulares em neurônios motores, já na década de 1950, sugeriam que o potencial de ação se iniciava no axônio. Resultados mais recentes, obtidos com registros simultâneos em pontos distintos do neurônio, utilizando-se a configuração *whole-cell* da técnica de *patch-clamp*, deixam poucas dúvidas de que o potencial de ação realmente se origina no segmento inicial do axônio, logo após o cone de implantação. É esse o local com o menor limiar, possivelmente por possuir canais para sódio de tipos diferentes daqueles apresentados pelos dendritos, e de se apresentarem em maior densidade. Além disso, o fato de o axônio possuir um diâmetro menor faz com que a corrente necessária para descarregar a capacitância da sua membrana também seja menor. Uma vez iniciado nesse ponto, o potencial de ação invade ortodromicamente o axônio e anterogradamente o corpo celular e a árvore dendrítica (ver Stuart et al., 1997, para uma revisão sobre o assunto). Dado, portanto, que o potencial de ação aparece primeiro no segmento inicial, analisemos os aspectos gerais de sua propagação ao longo do axônio. Apesar da grande diversidade morfológica apresentada pelos neurônios, é possível reconhecer alguns aspectos comuns. Suponha que um potencial de ação tenha sido gerado pela estimulação sináptica de seus dendritos e apareça, como suposto acima, no segmento inicial. Para todos os efeitos, vamos assumir que a voltagem de pico do potencial de ação seja um valor bem acima do limiar do axônio. Como ilustrado na figura 3.11, esse potencial de ação se manifesta primeiramente no ponto 1. Se a constante de espaço (λ) do neurônio for suficientemente curta, uma despolarização acima do limiar deverá aparecer no ponto 2 e aí gerar outro potencial de ação, e assim por diante.

Perceba que, inicialmente, o ponto 1, onde se observa o primeiro potencial de ação, apresenta-se com o extracelular negativo e o ponto 2 ainda está no potencial de repouso, portanto positivo extracelularmente. Sendo assim, corrente tenderá a fluir de 1 para 2 e então adentrar o intracelular. A energia para essa corrente advém, como esperado, do gradiente eletroquímico do íon sódio através da membrana celular. Des-

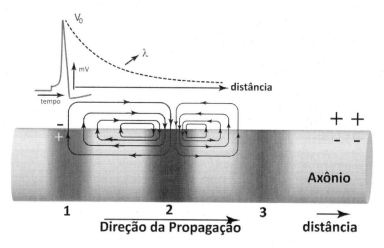

FIGURA 3.11 – O potencial de ação propaga-se eletrotonicamente.

carregada a capacitância da membrana e atingido o limiar, os canais para sódio se abrem e o sódio adentra a célula, o que gera uma corrente de entrada (negativa, portanto), e tem-se a reversão do potencial de membrana característica de um novo potencial de ação. Por outro lado, observe que após isso a corrente no ponto 1 será para fora, isto é, no sentido de repolarizar a membrana trazendo o potencial novamente aos valores de repouso. Dado que os canais para sódio apresentam um processo de inativação que depende tanto do tempo como da voltagem, o ponto 1 estará momentaneamente inexcitável e uma onda de despolarização deverá propagar-se da esquerda para a direita com velocidade constante. A hipótese de que a propagação do potencial de ação é **eletrotônica** e, portanto, passiva, foi analisada há muito tempo por Hodgkin (1937). Em seus experimentos, esse cientista congelou um pequeno segmento do nervo, causando bloqueio do potencial de ação nesse local. Observou, no entanto, que apareciam potenciais extracelulares na região posterior ao bloqueio cuja magnitude ia decrescendo com a distância ao longo do nervo.

Outra maneira de entender-se a condução eletrotônica é analisando--se a velocidade de condução e definindo-se os parâmetros que a determinam. Assim, espera-se que ela dependa do tempo que a membrana à frente da região ativa leva para descarregar até o limiar, isto é, da constante de tempo ($\tau = R_m C_m$); quanto menor for esse parâmetro, mais rápido ocorrerá a despolarização. Outro fator se relaciona à constante de espaço ($\lambda = \sqrt{\dfrac{R_m}{R_a}}$), quanto maior, mais longe as correntes geradas na região ativa irão se propagar, aumentando a velocidade de condução. Esses parâmetros foram definidos na descrição da figura 3.1. De forma intuitiva, pode-se deduzir que a **velocidade de condução** dependerá, portanto, do **diâmetro da fibra**, já que este determinará a resistência do axoplasma, e da **resistência da membrana** ao fluxo de corrente. Como regra geral tem-se que fibras de maior calibre irão conduzir a velocidades maiores que aquelas de menor calibre. Pode-se, por meio de modelagem formal, estabelecer as relações entre essas variáveis todas, o que foge ao escopo deste capítulo.

Em fibras mielínicas, a maioria daquelas do sistema nervoso, o processo de condução se faz de modo **saltatório**, já que na região entre os nodos de Ranvier a membrana é envolta pelas células de Schwann, aumentando muito R_m e diminuindo os valores de capacitância em comparação à de outras membranas celulares. Dessa forma, podem-se ter fibras com diâmetros pequenos, mantendo-se uma velocidade de condução relativamente grande. Além disso, a mielinização é acompanhada de uma distribuição diferencial dos tipos de canais iônicos: aqueles para sódio se encontram em maior densidade nos nodos de Ranvier do que nas regiões internodais; o contrário acontece com os canais para potássio, como pode ser visto na figura 3.12. Observe que a marcação dos canais para potássio coincide com aquela para o marcador de mielina (MAG), situada na área perinodal (Figuras 3.12a, 3.12b e 3.12c). Por outro lado, marcadores de canais para sódio localizam-se particularmente na região nodal (Figuras 3.12d e 3.12e). Isso faz com que as correntes de entrada sejam mais intensas no nodo de Ranvier, determinando, dessa forma, o disparo dos potenciais de ação preferencialmente nessa região.

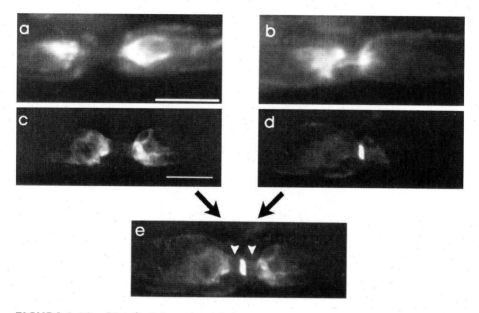

FIGURA 3.12 – Distribuição espacial de canais para potássio e sódio em nervo ciático de ratos adultos normais. **a** e **b**) Nodo de Ranvier duplamente marcado para canais do tipo Kv1.1 (**a**) e para glicoproteína associada à mielina (*Myelin Associated Glicoprotein* – MAG) (**b**). **c** e **d**) Localização de marcadores de canais para potássio (Kv1.1) e sódio, respectivamente. **e**) Imagem resultante da superposição de **c** e **d**. As setas indicam os espaços entre as marcações para os canais para sódio e potássio. As barras de escala correspondem a 25 µm. As marcações foram realizadas com anticorpos primários específicos para os canais em estudo e evidenciados por anticorpos secundários fluorescentes. Modificada de Rasband et al. (1998).

Interessantemente, fibras nervosas com funções distintas apresentam diâmetros diferentes e, portanto, velocidades de condução próprias. A título de ilustração podemos comparar fibras motoras de músculo esquelético que apresentam diâmetro de 15 a 20 µm e velocidade de condução de 50 a 120 m/s, com fibras amielínicas responsáveis pela sensação de dor que possuem diâmetro de 0,5 a 1 mm e velocidade de condução de 0,5 a 2 m/s. Esse tipo de conclusão baseia-se em registros extracelulares de potenciais de ação originalmente realizados em nervo ciático da rã. Como o registro é resultado do somatório da atividade de vários neurônios presentes no nervo, ele é chamado de **potencial de ação composto**. A magnitude do potencial de ação composto é muito menor do que aquela do medido intracelularmente. Isto é, reflete o somatório de todos os potenciais que estão ocorrendo em um dado momento, já que enquanto algumas fibras estão se despolarizando outras estarão retornando ao potencial de repouso. A figura 3.13 ilustra esquematicamente a montagem experimental.

Diferentemente do potencial de ação registrado intracelularmente, as magnitudes das respostas de voltagem nesse tipo de experimento são **dependentes da intensidade do estímulo**. Isso porque as correntes estimulatórias que adentram o nervo irão agir diferentemente sobre cada tipo de fibra que o compõe. Intensidades menores devem estimular fibras com limiares mais baixos; por outro lado, fibras com limiares mais altos só serão ativadas com intensidades maiores de correntes. Outro aspecto interessante é que os registros das voltagens se apresentam bifásicos, com um componente positivo e outro negativo. Isso se deve ao fato de que a onda de despolarização desencadeada pelo estímulo atinge primeiro um dos eletrodos de registro tornando-se positiva, em seguida torna-se isoelétrica, quando na metade da distância entre os eletrodos e finalmente torna-se negativa quando atinge o segundo eletrodo. Perceba que esse aspecto resulta simplesmente do arranjo experimental, em que um dos eletrodos serve como referência ao outro. Além disso, a fase isoelétrica entre os picos pode ser aumentada ou diminuída alterando-se a distância (x) entre os eletrodos de registro, já que a onda de despolarização caminha em velocidade constante. Uma variante desse experimento consiste em destruir-se o segmento do nervo entre os eletrodos de registros, impedindo, dessa forma, que a onda de despolarização percebida pelo primeiro eletrodo se propague até o segundo: tem-se agora uma resposta **monofásica**.

A velocidade de condução pode ser avaliada medindo-se o tempo entre o instante da aplicação do estímulo e a chegada da onda no ele-

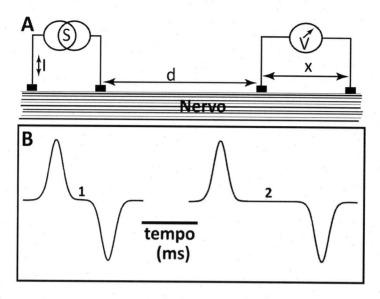

FIGURA 3.13 – Potencial de ação composto. **A)** Ilustra um nervo, como o ciático de rã, contendo fibras de diâmetros diversos. **S** é uma fonte de corrente que atua como estimulador, colocado a uma distância **d**, que pode ser variada experimentalmente, de um voltímetro (**V**) para medida das respostas de voltagem do nervo. A distância (**x**) entre os eletrodos de registro de voltagem também pode ser variada pelo experimentador. Tanto os eletrodos de estimulação como os de registro estão simplesmente assentados sobre o feixe nervoso. **B)** Traçados idealizados das respostas de voltagem registradas no sistema. O traçado 2 foi obtido com a distância x entre os eletrodos de medida, maior que em 1, daí o tempo maior no estado isoelétrico.

trodo de registro. Como a distância (**d**) entre os eletrodos é conhecida, calcula-se a velocidade.

O estudo da morfologia da resposta de voltagem de um nervo, realizado de modo semelhante ao ilustrado na figura 3.13, possibilitou a Erlanger e Gasser, ao redor dos anos 1930, demonstrar que o nervo é composto de vários tipos de fibras, com velocidades de condução diferentes e, portanto, diâmetros distintos, denotando funções particulares em cada uma delas. Esses autores observaram que a resposta de voltagem podia apresentar vários componentes separados temporalmente, dependendo da intensidade do estímulo aplicado ao nervo ciático isolado da rã. Esse fenômeno é claramente demonstrado pelos resultados exibidos na figura 3.14.

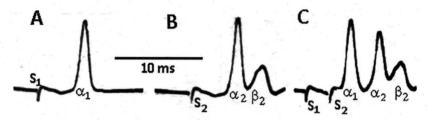

FIGURA 3.14 – Combinação apropriada de estímulos demonstra a presença de fibras com limiares e velocidades de condução distintas no ciático de rã. **A** e **B**) Duas situações em que S_1 e S_2 são estímulos aplicados isoladamente, sendo S_1 de maior intensidade que S_2, respectivamente. **C**) Resposta aos mesmos estímulos aplicados agora sequencialmente. Registros retirados e modificados de Erlanger e Gasser (1937).

Na figura 3.14A, o estímulo de menor intensidade (S_1) evoca uma resposta de voltagem com um único pico. Aumento da intensidade do estímulo (S_2 na Figura 3.14B) resulta em uma onda com dois picos, ou seja, evidencia-se a existência de ao menos duas populações de fibras e na figura 3.14C, com a aplicação sequencial dos estímulos, evidenciam-se outras ondas marcadas como α_1, α_2 e β_2. Como discutido anteriormente, fibras com diâmetros maiores apresentam limiar mais baixo e velocidades de condução maiores, por isso suas respostas de voltagem aparecem mais cedo que as respostas daquelas com menor diâmetro. A tabela 3.1, adaptada de Parker, Shariatis e Karantonis (2018), é uma coletânea de tipos de fibras nervosas com algumas de suas características de condução.

Ressalte-se que a técnica de registro extracelular de potenciais de ação compostos presta-se inclusive ao diagnóstico de várias patologias. Talvez o caso mais evidente seja o de registros eletrocardiográficos em que a atividade elétrica das células cardíacas é registrada com eletrodos colocados na superfície corporal. De modo semelhante temos a eletro-

TABELA 3.1 – Classificação convencional de tipos de fibras encontradas em nervos.

Tipo de fibra	Diâmetro (mm)	Velocidade de condução (m/s)	Função geral
A-α	13-22	70-120	Motoneurônios α, terminações primárias dos fusos musculares, órgão tendinoso de Golgi, tato
A-β	8-13	40-70	Tato, cinestesia, terminações secundárias dos fusos musculares
A-γ	4-8	15-40	Tato, pressão, motoneurônios γ
A-δ	1-4	5-15	Dor, pressão, temperatura, tato
B	1-3	3-14	Pré-ganlionares autonômicas
C	0,1-1	0,2-2	Dor, tato, pressão, temperatura, pós-ganglionares autonômicas

encefalografia. Além disso, pode-se, também, utilizar estimulação transcutânea de nervos periféricos para avaliar suas funcionalidades, como em eletroneuromiografia.

Finalmente é necessário ressaltar que, embora o potencial de ação possa ser entendido como resultado de uma variação no tempo da permeabilidade da membrana a íons, diferentes tipos celulares apresentam potenciais de ação com características distintas, determinadas pela função específica exercida pelo tipo de célula em consideração. Assim, o potencial de ação de células cardíacas ventriculares tem duração ao redor de 300 ms, envolvendo a ativação e desativação no tempo de vários tipos de correntes iônicas. Por outro lado, em neurônios e músculo esquelético a duração do potencial de ação está ao redor de 2 ms ou menos. Já as células musculares lisas apresentam potenciais de ação com duração muito longa, determinada por uma corrente de entrada de cálcio. Essa variabilidade funcional é possibilitada graças ao repertório de diferentes tipos de canais iônicos presentes na membrana celular e que foram selecionados evolutivamente em cada tipo celular.

4 Comunicação Entre Células

Wamberto Antonio Varanda

INTRODUÇÃO

O funcionamento harmônico dos organismos biológicos multicelulares requer uma comunicação constante entre diferentes sistemas ou agrupamentos celulares e, dentro deles, entre as células que os compõem. De modo geral, envolve a secreção de uma substância química por uma célula que irá atuar sobre receptores específicos presentes nas membranas celulares de outra, ou mesmo intracelularmente, determinando certo tipo de resposta fisiológica. Assim é, por exemplo, com o eixo hipotálamo-hipófise-gônadas, onde hormônios secretados pela hipófise, controlada pelo hipotálamo, atuam em células gonadais determinando sua função secretora. Essas, por sua vez, também secretam hormônios que podem atuar retrogradamente. No caso, tem-se uma sinalização chamada de endócrina que é feita a **longa distância**. No outro extremo, tem-se o caso de células que secretam substâncias que se ligam a receptores específicos presentes em sua própria membrana plasmática. Esse mecanismo caracteriza a chamada sinalização **autócrina**, presente em células do sistema imunológico, como a secreção de IL-1 por macrófagos. O terceiro tipo de mecanismo utilizado pelas células para transmitir informações de um ponto a outro é o encontrado preferencialmente nos tecidos nervoso e neuromuscular, onde a sinalização se faz entre duas células próximas, por isso denominado de sinalização **parácrina**. Em qualquer dos casos citados acima, há sempre o envolvimento de uma substância química, chamada de **ligante**, e a presença de **receptores** específicos, os quais, quando ocupados pelo ligante, desencadeiam uma dada resposta fisiológica celular.

Neste capítulo trataremos essencialmente da comunicação entre duas células próximas, ou seja, dos fenômenos que permitem à informação elétrica, que caminha pela membrana de uma célula, ser repassada para uma célula vizinha. Isso pode ser feito de duas maneiras: 1. **de forma indireta**, onde as células não se comunicam fisicamente e correntes elétricas não passam diretamente de uma à outra. Neste caso, os potenciais de ação gerados em uma célula levam à liberação de mensageiros químicos (ligantes) que atuam em receptores da célula vizinha. Os ligantes provocam respostas elétricas que agora podem, ou não, gerar potenciais de ação propagados, a depender de sua natureza química. Por isso, essas regiões morfologicamente diferenciadas em neurônios ou células musculares são denominadas de **sinapses químicas**, onde há possibilidade de integração dos sinais que aí chegam, gerando respostas não padronizadas. Na verdade, constituem-se nos menores centros de integração de informações presentes no organismo. O termo sinapse foi criado por Sherrington, em estudos sobre reflexos, para descrever a região de proximidade entre dois neurônios. Em suas próprias palavras: *In view, therefore, of the probable importance physiologically of this mode of nexus between neurone and neurone it is convenient to have a term for it. The term introduced has been Synapse* (Sherrington, 1906); e 2. **de forma direta**, onde correntes elétricas passam diretamente entre células que estão em contato íntimo, com os citoplasmas comunicando-se através de **sinapses elétricas**. Essas são utilizadas quando se demanda uma transmissão padronizada, sem atraso do sinal elétrico.

TRANSMISSÃO QUÍMICA

A descrição minuciosa em termos histológicos do sistema nervoso realizada por Ramón e Cajal, no início do século XX, tornou claro que ele se compõe de uma infinidade de células individualizadas, os **neurônios**, e reforçou uma questão fundamental sobre a evidente necessidade de comunicação entre elas para que o sistema funcionasse a contento. Na verdade, desde final do século XIX já apareciam sugestões de que agentes químicos liberados por uma célula poderiam influenciar o funcionamento de outras.

A descoberta de que a acetilcolina (ACh), extraída originalmente de um fungo, reduzia a pressão arterial quando injetada em gatos, inibia os batimentos cardíacos na rã e causava contração na musculatura lisa intestinal, levou Dale (1914) a postular sua presença no organismo e a possibilidade de sua rápida hidrólise por alguma proteína então desconhecida. Otto Loewi (1921) adicionou um forte argumento experimental aos achados de Dale, mostrando que o fluido que perfundia o coração isolado de rã, cujo nervo vago havia sido estimulado, levava à diminuição da frequência cardíaca quando aplicado a um outro coração não estimulado. Mais ainda, o efeito era bloqueado pela atropina. Originalmente chamada de *vagusstoff*, essa substância foi posteriormente identificada como a acetilcolina. Sua origem corpórea foi demonstrada por uma série de experimentos realizada por Dale e colaboradores ao redor do ano de 1936. A figura 4.1 mostra resultados de um experimento extremamente interessante e que revela, além do fato de que a ACh é secretada por terminais motores e atua sobre musculatura estriada, um arranjo experimental primoroso, como se verá adiante.

O experimento consistiu em perfundir a língua de um gato com solução injetada através da carótida externa e o perfusato (líquido coletado

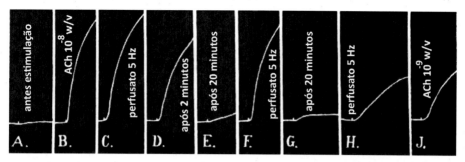

FIGURA 4.1 – Contrações em músculo de sanguessuga. Os traçados foram obtidos nas seguintes situações: **A)** Aplicação do perfusato da língua do gato antes da estimulação do hipoglosso. **B)** Aplicação de acetilcolina (ACh) provocando contração. **C)** Aplicação do perfusato coletado durante estimulação do hipoglosso a 5 Hz. **D)** Aplicação do perfusato coletado 2 minutos após ter cessado a estimulação. **E)** Idem após 20 minutos. **F)** Nova aplicação de perfusato coletado durante estimulação a 5 Hz. **G)** Aplicação de perfusato coletado após 20 minutos da estimulação. **H)** Aplicação de perfusato coletado durante estimulação a 5 Hz. **J)** Aplicação de ACh. Adaptada de Dale e Feldberg (1936). Ver texto para detalhes do experimento.

após passagem pela língua do gato – o termo vale para outros órgãos também) coletado da jugular, em condições controle e durante estimulação elétrica do nervo hipoglosso, a uma frequência de 5 Hz. O perfusato era então aplicado ao músculo isolado da sanguessuga, registrando-se os eventos contráteis em quimógrafo. Como mostrado, o perfusato coletado durante estimulação do nervo provocou contrações no músculo (Figura 4.1C, F e H), enquanto o perfusato coletado sem estimulação do nervo não causou contração alguma (Figura 4.1A). Interessante observar que o perfusato coletado em tempos de 2 e 20 minutos após cessar a estimulação induz contrações de menor intensidade (Figura 4.1D, E e G), sugerindo que a substância responsável pelo efeito contrátil desaparece da preparação e se faz presente novamente quando o estímulo é aplicado ao hipoglosso. As figuras 4.1B e J mostram que a aplicação de ACh, nas concentrações indicadas, induz respostas semelhantes às provocadas pelos perfusatos no mesmo músculo, servindo como indicadores da concentração da substância alcançada no perfusato quando das estimulações do hipoglosso.

Os resultados acima e os de experimentos realizados por vários outros autores deram grande suporte à ideia de que a ACh era liberada de terminações motoras e que o processo de transmissão da informação proveniente do neurônio motor ao músculo possui um componente químico. Interessantemente, essa proposta ia contra a hipótese de que a transmissão era simplesmente elétrica, como sustentada na época por vários fisiologistas, incluindo-se aqui John Eccles. O tema ganha novos contornos ao redor dos anos 1950 e 1960 com resultados advindos de observações da placa motora com microscopia eletrônica e a introdução de técnicas de medidas de potenciais elétricos com microeletrodos.

As sinapses apresentam grande diversidade tanto em termos estruturais como funcionais, dependendo das proteínas que se encontram no terminal pré-sináptico, número de contatos sinápticos, mecanismos de reciclagem das vesículas etc. Apesar dessa grande heterogeneidade, utilizaremos a placa motora estudada em preparações isoladas compreendendo o músculo esquelético de rã e seu respectivo nervo, como exemplo clássico do funcionamento das sinapses. Os resultados básicos e as conclusões gerais obtidas nessa preparação podem ser aplicados aos outros tipos de sinapses, incluindo-se aquelas do sistema nervoso central. A figura 4.2 mostra os principais aspectos estruturais envolvidos no sistema.

Os axônios mielinizados que compõem o nervo motor se ramificam nas proximidades da fibra muscular, perdem a capa de mielina e correm em reentrâncias na superfície da fibra (Figura 4.2.2 e 4.2.3). A parte terminal do axônio encontra-se protegida por células de Schwann, fazendo contato sináptico ao longo de toda a fibra.

A figura 4.2.4 é uma fotografia de microscopia eletrônica mostrando detalhes de uma região sináptica. As **vesículas sinápticas** (cerca de

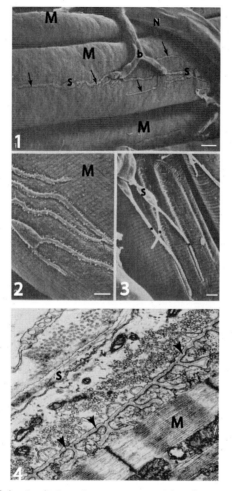

FIGURA 4.2 – Morfologia da junção neuromuscular de rã. 1. Vista da superfície de uma junção neuromuscular mostrando um ramo lateral (**b**) do nervo motor (**N**), que dá origem a terminações (setas) que percorrem a superfície da fibra muscular (**M**). **S** indica corpos de células de Schwann. Escala: 10 μm. 2. Terminações nervosas com uma série de projeções laterais. **M** indica a célula muscular. Escala: 5 μm. 3. As terminações nervosas correm em depressões na superfície da fibra muscular. **S** mostra corpo da célula de Schwann. Escala: 5 μm. 4. Fotomicrografia eletrônica de um corte longitudinal de uma sinapse neuromuscular da rã. A região pré-sináptica é rica em vesículas que se concentram nas zonas ativas. **S** indica processos das células de Schwann que envolvem o terminal axonal. As setas indicam a fenda sináptica. **M** é a fibra muscular. Aumento: ~ 40.000×. As figuras dos painéis **1**, **2** e **3** foram retiradas e modificadas de Dekasi e Uehara (1981); a figura do painel **4** foi modificada de Heuser e Reese (1977).

50 nm de diâmetro), que contêm o neurotransmissor, concentram-se em regiões especializadas da **membrana pré-sináptica**, chamadas de **zonas ativas**. Essas se projetam em direção às dobras da membrana muscular, ou seja, a **membrana pós-sináptica**. Separando as duas células, tem-se a **fenda sináptica**, um espaço da ordem de 50 nm onde o ligante é liberado pelo terminal pré-sináptico.

ELETROFISIOLOGIA DA PLACA MOTORA

Estudos eletrofisiológicos da placa motora anteriores a meados do século XX eram realizados com a utilização de eletrodos extracelulares, como exemplificado pelos trabalhos de Eccles e colaboradores. Naquela época, já havia o consenso de que a resposta pós-sináptica à estimulação do terminal motor consistia de uma despolarização, o **potencial de placa motora**, ou **potencial excitatório pós-sináptico** (PEPS). Os detalhes do processo eram ainda desconhecidos devido a limitações técnicas. Fatt e Katz (1951) foram os primeiros a utilizar microeletrodos de vidro com pontas muito finas para registrar potenciais elétricos intracelulares na região da placa motora. O experimento envolve, em um primeiro passo, o isolamento do tronco nervoso juntamente com o músculo inervado por ele, como mostrado na figura 4.3.

Após isolamento, a preparação é colocada em uma câmara com solução nutritiva adequada e um microeletrodo é inserido na região delimitada por uma placa motora. Estímulos elétricos são aplicados ao nervo, com o auxílio de um estimulador, a intervalos previamente definidos, e as repostas de voltagem captadas pelo microeletrodo são registradas em osciloscópio (ultimamente se utilizam computadores). A grande vantagem do método é a possibilidade de se medirem as variações de voltagem na célula muscular juntamente com seu potencial de repouso. Assim, a

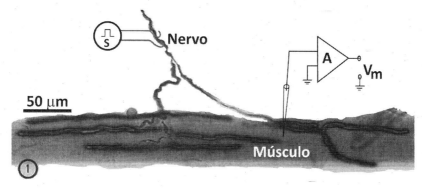

FIGURA 4.3 – Arranjo experimental para medida de PEPS em uma preparação neuro-muscular. S indica um aplicador de estímulos elétricos ao nervo; **A** é um amplificador para medidas de voltagem (**V$_m$**). O microeletrodo está colocado sobre um contato sináptico no músculo *cutaneous pectoris* da rã. Preparação corada com uma combinação para a detecção de acetilcolinesterase e axônio. Modificada de Diaz e Pécot-Dechavassine (1989).

estimulação do nervo (pré-sináptico) resulta em uma resposta despolarizante no músculo (pós-sináptico) com amplitude e decurso temporal muito bem definidos. Iniciaremos a análise desse fenômeno por meio dos resultados simulados mostrados na figura 4.4.

Quando se estimula o neurônio motor, tem-se usualmente uma resposta de contração do músculo que é deflagrada por um potencial de ação nele gerado, como mostrado nas situações controles da figura 4.4. Na verdade, o traçado controle do potencial de ação mascara todos os fenômenos que ocorreram anteriormente na sinapse e que levaram à sua gênese. Para observarmos o que ocorre na sinapse, é necessário interromper o disparo do potencial de ação na fibra muscular. Temos duas maneiras para fazer isso: a) impedindo a gênese do potencial de ação somente na membrana da fibra muscular. Isso foi feito aqui com a utilização de um bloqueador específico dos canais para sódio do músculo esquelético, no caso a µ-conotoxina que não atua sobre aqueles do axônio. Dessa forma, após estimulação do nervo, observa-se na célula

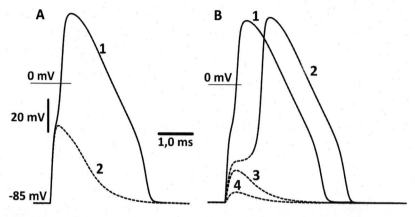

FIGURA 4.4 – Desvendando o potencial de placa motora. **A)** Registros do potencial de membrana em resposta à estimulação do nervo motor em condições controles (linha contínua, **1**) e após bloqueio dos canais para sódio da célula muscular com μ-conotoxin (8×10^{-8} M) (linha tracejada, **2**). **B)** Potenciais de membrana da célula muscular registrados em resposta à estimulação do nervo motor em situação controle (linha contínua, **1**) após tratamento com curare 7,5 $\times 10^{-7}$ M (linha contínua, **2**); curare 9×10^{-7} M (linha tracejada, **3**) e curare 10^{-6} M (linha tracejada, **4**). Traçados foram obtidos por simulação com o programa NMJ (John Dempster, University of Strathclyde Electrophysiology Software) baseado em junção neuromuscular de rato. O momento da aplicação do estímulo não está mostrado nos registros, mas pressupõe-se um atraso da ordem de ms até o aparecimento da resposta no pós-sináptico.

muscular uma **despolarização** (indicada pelo número 2 na Figura 4.4A) com um decurso temporal muito bem definido: subida muito rápida e decaimento relativamente mais lento. Esse é o **potencial excitatório pós-sináptico**. b) bloqueando os canais sensíveis à ACh presentes na membrana pós-sináptica, como mostrado na figura 4.4B. A droga liga-se a esses canais e impede sua abertura. Portanto, dependendo da concentração, ela pode bloquear apenas uma parte ou todos eles. Na figura 4.4, foram utilizadas três concentrações: 1. $7,5 \times 10^{-7}$ M e observou-se o potencial de ação marcado com o número 2. Se comparado com o controle (traçado 1) percebe-se nítido "ombro" no traçado e retardo no disparo do potencial de ação. Nesse caso, a concentração da droga foi a necessária para bloquear apenas uma pequena parte dos canais colinérgicos, de modo que a despolarização foi de magnitude minimamente suficiente para se atingir o limiar e disparar o potencial de ação; 2. aumentando-se a concentração para 9×10^{-7} M, a despolarização já não é suficiente para atingir o limiar e não há mais disparo do potencial de ação. Nesse caso, consegue-se isolar um PEPS característico para estudo (traçado 3). Não por acaso, vários trabalhos sobre a origem e características dos PEPS foram realizados na presença de concentrações submáximas de curare; 3. uma dose maior (traçado 4) leva à diminuição mais acentuada na magnitude do PEPS bloqueando a transmissão. Experimentos com resultados semelhantes aos dessa simulação foram realizados por Katz e Miledi (1967), com uma diferença: os autores bloquearam os canais para sódio com tetrodotoxina e, com uma micropipeta dupla, aplicaram despolarizações focais por um dos ramos e com o outro aplicavam ou não íons cálcio na preparação. Os resultados mostram claramente que os PEPS podem ser evocados dessa maneira e que dependem da presença do íon cálcio. Interessante notar que despolarizações induzidas fora da região da placa motora não evocaram PEPS.

Em condições normais, os PEPS representam despolarização da ordem de 20 a 30 mV, levando o potencial de repouso para valores acima do limiar e causando o disparo do potencial de ação no músculo com sua consequente contração.

O próximo passo será analisar a propagação do PEPS ao longo da fibra muscular. Fatt e Katz inseriram microeletrodos na fibra muscular em distâncias crescentes a partir do ponto focal da placa motora e mediram o transiente de voltagem em cada um deles. Observaram que os PEPS se propagam passivamente ao longo do sarcolema. Aqui também há decaimento na amplitude e aumento no tempo de subida, com a distância, determinados pela capacitância da membrana e pelas resistências do axoplasma e membrana plasmática. A relação entre amplitude e distância do ponto focal obedece a uma função exponencial, de modo análogo ao observado em axônios (ver Capítulo 3). Interessante ressaltar que a constante de espaço possui um valor relativamente grande, o que garante uma amplitude do PEPS suficiente para alcançar o limiar do potencial de ação, **em regiões fora da placa motora**, onde estão os canais para sódio dependentes de voltagem e que serão ativados para a gênese do potencial de ação na fibra muscular. Fatt e Katz (1951) calcularam uma constante de espaço da ordem de 2,4 mm. Resultados desses experimentos são mostrados na figura 4.5.

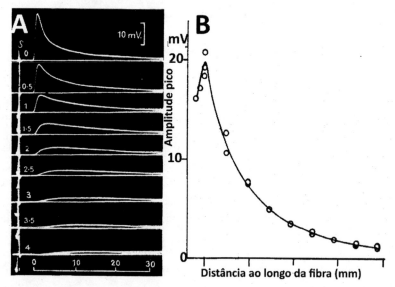

FIGURA 4.5 – Propagação do PEPS em fibra muscular da rã. **A)** Registros de voltagem feitos na presença de curare em concentração apenas suficiente para que o PEPS não atingisse o limiar de disparo do potencial de ação. **S** indica o instante de aplicação do estímulo ao nervo. O tempo entre a aplicação do estímulo e o início do PEPS é chamado de retardo sináptico. Os números à esquerda de cada traçado indicam as distâncias, em mm a partir do ponto focal, em que os registros foram realizados. **B)** Relação entre a amplitude de pico do PEPS e a distância a partir do ponto focal em que a medida foi realizada. Os pontos experimentais podem ser adequadamente descritos por uma função exponencial. Modificada de Fatt e Katz (1951).

Da análise feita até este ponto pode-se concluir que a chegada de um potencial de ação ao terminal pré-sináptico induz uma despolarização no terminal pós-sináptico, supostamente por ação da ACh liberada das zonas ativas da sinapse. Como demonstrar que se trata realmente da ACh? Uma primeira aproximação a esse problema envolveu a demonstração de que receptores colinérgicos estão presentes na membrana pós-sináptica. Para tanto, realizaram-se experimentos utilizando α-bungarotoxina, uma toxina extraída do veneno da serpente *Bungarus multicinctus*. Essa toxina liga-se com alta afinidade a receptores colinérgicos de células sabidamente sensíveis a ela e bloqueia a ação da ACh em músculos de modo irreversível (Hartzell e Fambrough, 1972). Como esperado, a toxina marcada é vista somente em regiões específicas da membrana pós-sináptica, indicando a presença de receptores colinérgicos. Além disso, a marcação pela α-bungarotoxina é colocalizada com a marcação da acetilcolinesterase, a enzima responsável pela degradação da ACh, como mostrado na figura 4.6.

Fato interessante é que a desnervação do músculo faz com que os receptores colinérgicos se espalhem pela superfície do sarcolema. Portanto, conclui-se pela presença de sítios de ligação para ACh no terminal pós-sináptico. Outra demonstração de que a ACh é realmente liberada

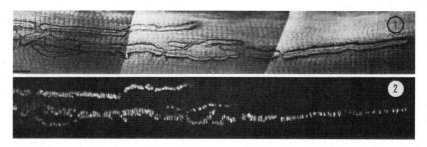

FIGURA 4.6 – Receptores colinérgicos localizam-se no pós-sináptico. No painel 1, tem-se a marcação da acetilcolinesterase e axônios, e em 2, a marcação por rodamina-α-bungarotoxina, evidenciando a presença de receptores colinérgicos no músculo. Modificada de Krause e Wernig (1985).

na fenda sináptica provém de experimentos em que uma despolarização foi provocada no pós-sináptico após aplicação microiontoforética de ACh. Esse tipo de experimento baseia-se no fato de que a ACh se dissocia quando colocada em solução. Logo, preenchendo-se uma micropipeta com solução de ACh é possível fazer com que ela saia do seu interior através da aplicação de uma corrente elétrica. A magnitude e a polaridade da corrente ditarão o quanto de ACh será aplicado na região sob investigação. Assim, quando a micropipeta é colocada muito próxima da placa motora e a ACh ejetada, observa-se despolarização no pós-sináptico suficiente para disparar um potencial de ação. Mais interessante ainda, aplicação de ACh em regiões fora da placa motora não evoca despolarização nem leva a disparo de potenciais de ação. Conclui-se, portanto, que a chegada de um potencial de ação no terminal pré-sináptico desencadeia uma série de eventos que incluem a liberação de ACh e sua ligação a receptores específicos na membrana pós-sináptica, causando o PEPS e, como consequência, um novo potencial de ação no terminal pós-sináptico. O desenrolar dessa série de eventos leva algum tempo, o que caracteriza o chamado **retardo sináptico**, próprio de cada tipo de sinapse. Esse pode ser entendido como o tempo entre a aplicação do estímulo no nervo e o início da resposta de voltagem no pós-sináptico (ver Figura 4.5). Passemos a analisar os processos que ocorrem durante esse tempo com mais detalhes. A primeira pergunta que podemos fazer é: qual o resultado da chegada de um potencial de ação (despolarização) ao terminal pré-sináptico? Do ponto de vista eletrofisiológico, a resposta envolve analisar-se o efeito de despolarizações induzidas no pré-sináptico, o tipo de corrente aí ativado e a resposta despolarizante no pós-sináptico. Uma primeira aproximação ao problema realizada por Katz e Miledi (1967) demonstrou que a presença de íons cálcio na solução banhante era necessária para que o PEPS acontecesse. Análise mais detalhada do fenômeno foi feita por Llinás e colaboradores em alguns trabalhos cruciais. Esses autores colocaram microeletrodos tanto no terminal pré-sináptico como no pós-sináptico da sinapse gigante de lula. Com isso conseguiram controlar a voltagem no pré-sináptico e observar a ativação de correntes dependentes de voltagem, ao mesmo tempo que mediram as despolarizações induzidas no pós-sináptico. A figura 4.7 mostra resultados de um desses trabalhos. Ao se despolarizar o terminal pré-sináptico, surge uma corrente de entrada, identificada como sendo de cálcio, que é dependente de voltagem, atingindo um pico quando a voltagem aplicada ao terminal é de +60 mV. Observe na figura 4.7 que o aumento da entrada de cálcio no pré-sináptico é acompanhado de despolarização no pós-sináptico, que é tanto maior quanto maior a corrente desse íon para o intracelular.

Portanto, esses resultados demonstram haver íntima correlação entre a **entrada de cálcio no terminal pré-sináptico** e o aparecimento de um **potencial despolarizante no pós-sináptico**. Mais recentemente, vários outros estudos, particularmente com a utilização de marcadores fluorescentes da atividade intracelular de cálcio, têm sido realizados. Há claras evidências de que a entrada desse íon no pré-sináptico ocorre através de canais para cálcio do tipo T e, particularmente nas zonas ativas, regiões ricas em vesículas contendo o transmissor.

Por sua vez, a entrada de cálcio no terminal pré-sináptico é fundamental para que ocorra a **exocitose** do conteúdo intravesicular, liberando o transmissor para a fenda sináptica. Esse fenômeno tem sido amplamente investigado nos últimos anos, particularmente do ponto de vista molecular. Várias proteínas participantes do processo foram identificadas e correlacionadas com o passo central na liberação do transmissor, qual seja, fazer com que as membranas das vesículas se aproximem de modo muito estreito da membrana plasmática para que ocorra a **fusão** entre elas. Isso é realizado por um complexo de proteínas, onde se destacam as SNAREs (*Soluble NSF Attachment Receptor*), sintaxina-1a e a

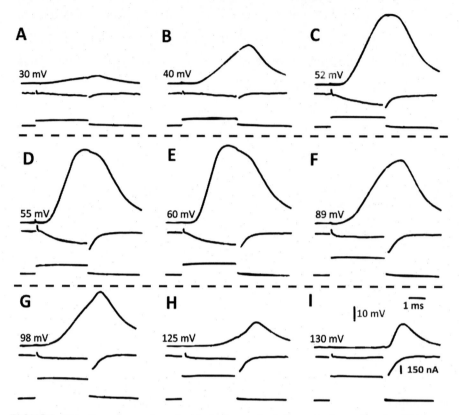

FIGURA 4.7 – Eventos pré e pós-sinápticos são inter-relacionados. **A a I)** Despolarizações pós-sinápticas (traçados superiores em cada conjunto) evocadas pela aplicação de pulsos quadrados despolarizantes ao terminal pré-sináptico (traçados inferiores respectivos) na faixa de 30 a 130 mV (números logo acima dos traçados superiores). Esses pulsos evocam correntes de entrada, identificadas como de cálcio (traçados intermediários respectivos). Correntes de sódio e de potássio foram bloqueadas com TTX e TEA/3-aminopiridina, respectivamente. Modificado de Llinás, Steinberg e Walton (1981).

SNAP-25, localizadas na membrana plasmática, e a sinaptobrevina-2/VAMP-2 na membrana das vesículas sinápticas. Há várias outras proteínas envolvidas no processo que não serão analisadas neste contexto. A figura 4.8 apresenta uma visão dos principais passos que determinam e regulam quando e onde ocorrerá a exocitose.

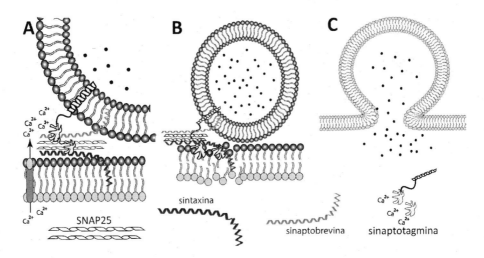

FIGURA 4.8 – Esquema com os principais passos do processo de fusão de vesículas dependente de cálcio. **A)** Vesícula contendo o transmissor é ancorada graças a um complexo de proteínas presentes em sua membrana e no plasmalema. O complexo SNARE está conectado às âncoras da sintaxina e sinaptobrevina/VAMP. A entrada de cálcio e sua ligação aos domínios C_2, em contato com a sinaptotagmina, leva à mudança conformacional da sintaxina (**B**), aproximando a vesícula da membrana pré-sináptica e causando desarranjo nas cadeias acila. Isto tem como resultado a fusão das duas membranas e liberação do ligante na fenda sináptica (**C**).

Importante notar que todos os eventos descritos até aqui acontecem dentro do intervalo conhecido como **retardo sináptico**, isto é, o tempo que leva desde a chegada de um potencial de ação no terminal pré-sináptico até o aparecimento de um novo potencial de ação no terminal pós-sináptico. Como esse tempo é da ordem de milissegundo, todos os eventos têm que ser encadeados de modo preciso, tanto temporal como espacialmente.

Embora estejamos falando de uma sinapse excitatória, os eventos mais relevantes podem ser entendidos como de ocorrência geral, inclusive em sinapses inibitórias. Nessas, um outro tipo de ligante ativará canais específicos responsáveis por carrear correntes hiperpolarizantes ou que, no mínimo, impedirão o potencial da placa de sair de seu valor de repouso. Isso será detalhado mais adiante neste capítulo.

PEPS RESULTAM DO SOMATÓRIO DE EVENTOS EM MINIATURA

Medidas do potencial de repouso, com microeletrodos intracelulares, em células musculares quiescentes e utilizando-se alto ganho no amplificador de voltagem revelam pequenas flutuações, superpostas a esse potencial, que ocorrem de modo espontâneo e aleatoriamente no tempo. Essas flutuações presentes nos terminais motores resultam da liberação de ACh, de modo intermitente, com uma frequência ao redor de 1 Hz. Por serem flutuações no sentido despolarizante e de magnitudes bem menores que as do potencial de repouso e do PEPS, foram denominadas de **minipotenciais excitatórios pós-sinápticos** (mini-PEPS). Evidentemente essas flutuações são subliminares e não desencadeiam respostas ativas no músculo (Figura 4.9). Isso é importante do ponto de vista experimental, já que o microeletrodo utilizado para sua medida não altera sua posição devido à contração muscular, que não ocorre.

Tais flutuações espontâneas no potencial de membrana de repouso são observadas quando o microeletrodo é colocado na região focal da placa motora e não quando é colocado alguns micrometros além dessa região. Aparecem de modo aleatório (Figura 4.9A) e sua magnitude é variável, porém seguem uma distribuição normal (Gaussiana), como mostrado no *inset* da figura 4.9C.

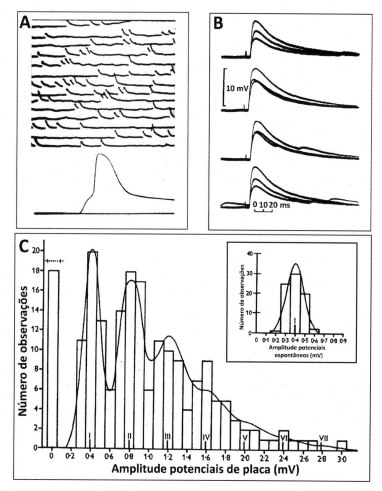

FIGURA 4.9 – ACh é liberada em pacotes. **A)** Registro de potenciais espontâneos com microeletrodos intracelulares colocados na placa motora do músculo *extensor digitorum longus IV* da rã (traçados superiores). O traçado inferior é um potencial de ação na célula muscular evocado por estimulação do pré-sináptico. **B)** Potenciais evocados em uma condição em que o músculo foi banhado por solução contendo 10 mM Mg^{2+} para bloquear a transmissão e permitir o registro de PEPS subliminares. Cada conjunto de registros mostra a superposição, no tempo, de três eventos. Notar a superposição de minipotenciais nos dois registros inferiores. **C)** Distribuição de amplitudes de eventos evocados em músculo de gato na presença de 12,5 mM de Mg^{2+}, para controlar a magnitude das respostas. No *inset* tem-se um histograma das magnitudes dos minipotenciais excitatórios espontâneos, com um pico igual a 0,4 mV. **A,** modificada de Fatt e Katz (1952); **B,** de Del Castillo e Katz (1954); e **C,** de Boyd e Martin (1956).

Adicionando-se Mg^{2+} em concentrações apropriadas ao banho, consegue-se controlar a magnitude dos PEPS, tornando-os subliminares (Figura 4.9B). Essa observação é feita em cima de resultados anteriores de Del Castillo e Katz (1954) mostrando que alta concentração de Mg^{2+} no banho bloqueava a transmissão sináptica, um efeito antagonizado pelo cálcio. Portanto, controlando-se a razão entre as concentrações desses dois íons no banho pode-se restringir a amplitude dos PEPS devido a um efeito direto sobre a liberação de ACh evocada por um estímulo no pré--sináptico. Ou seja, aumentando-se a concentração de Mg^{2+} controla-se a magnitude dos PEPS, que pode ser diminuída passo a passo. Interessantemente, observa-se que os decrementos são discretos e proporcionais à amplitude dos eventos em miniatura.

Em algumas respostas aparecem minipotenciais superimpostos ao PEPS. Além da diminuição na amplitude dos PEPS nota-se, também, que diversos estímulos não resultaram em respostas pós-sinápticas, isto é, o sistema apresenta **falhas**.

A figura 4.9C mostra a distribuição de frequência das magnitudes dessas flutuações, obtidas em músculo de gato. Chama a atenção o fato de a distribuição apresentar uma série de picos, cujas magnitudes, mostradas na abscissa (mV), são múltiplas entre si. Ou seja, o pico número II tem o dobro da magnitude do pico I, o III tem o triplo desse valor e assim por diante. Obviamente, quanto maior o pico menor a probabilidade de sua ocorrência, pois passa a ter propriedades de um PEPS. Nesse experimento foram evocados 198 PEPS e feita a distribuição de amplitudes, obtendo-se os múltiplos picos. Distribuição dos minis (*inset*) mostra uma média de 0,4 mV que corresponde à variação de voltagem entre os picos dos PEPS evocados (Figura 4.9B). Isso sugere que eles se constituem nos eventos unitários que servem de base ao processo de transmissão, isto é, cada minipotencial é resultado da liberação de uma quantidade definida de ACh. Em outras palavras, os resultados da figura 4.9 mostram que o

PEPS é resultado do **somatório de eventos unitários**, representados pelos **potenciais em miniatura**. Nesse contexto, parece claro que os minipotenciais espontâneos resultam da **fusão espontânea de vesículas** contendo o transmissor nas zonas ativas do terminal pré-sináptico. Ou seja, a liberação do transmissor é feita em **pacotes**; por isso diz-se que ela é **quantal** e não simplesmente difusional, como se pensou durante algum tempo.

Com base nesses resultados, Del Castillo e Katz (1954) fizeram uma análise estatística do fenômeno buscando provar a hipótese quantal. Para tanto, assumiram que o terminal pré-sináptico contenha um grande número de pacotes (vesículas) que podem ser recrutados quando da chegada de um potencial de ação (despolarização) a esse local. No entanto, a probabilidade de que um único pacote seja secretado (apenas uma vesícula se funde à membrana plasmática) é bastante pequena e constante. Além disso, assume-se para todos os efeitos que os eventos não sejam correlacionados um com outro. De modo análogo ao decaimento radiativo, esse tipo de fenômeno pode ser descrito pela lei de Poisson, ou seja, conhecendo-se o número médio (**m**) de pacotes liberados por um dado impulso pode-se prever a probabilidade (**P**) de se ter a liberação de 1,2,3,4...**x** pacotes, utilizando-se a seguinte equação:

$$P_x = e^{-m} \cdot \frac{m^x}{x!} \tag{4.1}$$

A solução mais simples dessa equação é obtida quando $x = 0$, isto é, quando se mede o **número de falhas** (n_0) em um experimento em que a preparação é estimulada um certo número (**N**) de vezes e calcula-se a probabilidade de ocorrência das falhas (P_0). Ou seja,

$$P_0 = \frac{n_0}{N} = e^{-m} \cdot \left(\frac{m^x}{x!}\right) = e^{-m} \tag{4.2}$$

Lembre-se: $m^0 = 1$ e $0! = 1$

e nessas condições: $\qquad m = \ln P_0 = \ln \frac{N}{n_0}$ $\qquad$ (4.3)

Portanto, em princípio têm-se duas maneiras de calcular **m**: 1. como mostrado acima; e 2. fazendo-se simplesmente a razão entre a amplitude média do PEPS pela amplitude média dos minipotenciais.

Assim, se a hipótese quantal revelar-se verdadeira devemos ter:

$$m = \frac{média\ PEPS}{média\ dos\ minis\ espontâneos} = ln\frac{N}{n_0} \qquad (4.4)$$

A título de exemplo, analisemos alguns números retirados da tabela 4 (Expt 1) de Boyd e Martin (1956): os autores registraram, nesse experimento, respostas de voltagens à aplicação de 200 (N) estímulos ao nervo de uma placa motora. A média dos valores dos PEPS (V) foi de 1,21 mV (lembrar que a preparação está parcialmente bloqueada pela adição de 12,5 mM de Mg^{2+} ao banho) e a dos potenciais espontâneos (Figura 4.9C, *inset*) foi de 0,36 mV (v). No experimento houve um total de 8 falhas. Portanto,

$$1) - m = \frac{1,21}{0,36} = 3,36 \quad e \quad 2) - m = ln\frac{N}{n_0} = 3,22$$

Ou seja, ambas as maneiras utilizadas para se avaliar **m** resultaram em valores muito próximos: 3,36 utilizando-se o método das médias dos valores de voltagem e 3,22 utilizando-se estatística baseada na distribuição de Poisson. Esses dados são tomados como forte evidência de que a ACh seja realmente liberada em pacotes (quanta) a partir do terminal pré-sináptico. Portanto, podemos falar em **conteúdo quantal**, número de quanta liberado durante um PEPS, e **tamanho quantal**, número de moléculas de ACh presente em um *quantum*. De modo geral, o tamanho quantal é relativamente fixo, dependendo do número de moléculas do transmissor em vesícula, mas o conteúdo quantal da resposta a um impulso pode variar bastante (Figura 4.9B).

De posse desses dados, vários outros autores se dedicaram a estimar o número de moléculas de ACh presente na vesícula responsável por um potencial espontâneo em miniatura. Kuffler e Yoshikami (1975) utilizaram um método bastante engenhoso, com base em um microensaio biológico, para avaliar esse parâmetro e concluíram que uma vesícula deve conter ao redor de 7.000 moléculas de ACh.

Bases iônicas do PEPS

Reconhecidos os eventos que levam a uma despolarização no terminal pós-sináptico vamos analisar agora as correntes iônicas que fluem pelos canais colinérgicos da placa motora. Isso implica responder a seguinte pergunta: que íons determinam o PEPS e/ou os potenciais em miniatura? Os experimentos necessários para tanto têm o mesmo fundo tecnológico que os descritos para o potencial de ação. Ou seja, fixa-se a voltagem no terminal sináptico e mede-se a resposta de corrente (*voltage-clamp*) quando da estimulação do nervo. As dificuldades aqui são um pouco maiores, já que será necessária a inserção de dois microeletrodos, muito próximos, na região da placa motora, cujas dimensões estão na faixa de uns poucos micrometros. Um microeletrodo servirá à medida do potencial e outro à passagem de corrente. A figura 4.10 ilustra o arranjo experimental e mostra alguns dados.

Como se pode observar na figura 4.10A, a região da placa é empalada com dois microeletrodos acoplados a um sistema de fixação de voltagem. Para cada nível de **voltagem fixada na membrana do músculo** aplica-se um **estímulo no nervo** e registra-se a **corrente que flui pelo pós-sináptico**. É importante perceber que, estando a voltagem fixada, variações na corrente que ocorrem no tempo são devidas a modificações na condutância da membrana pós-sináptica, induzidas pela ligação da ACh ao receptor pós-sináptico. Esse fenômeno é claramente visível nos traçados da figura 4.10B. À medida que o terminal pós-sináptico é hiperpolarizado de –40, –70, –95 e –120 mV aparecem correntes de

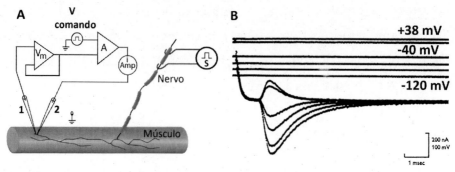

FIGURA 4.10 – Medindo correntes na placa motora. **A)** Dois microeletrodos são colocados muito próximos, na região da placa motora. O eletrodo 1 serve a medida de V_m, e o 2, para a passagem de corrente pela membrana indicada por Amp. V comando é a voltagem que se pretende impor à membrana, controlada através do amplificador A via retroalimentação; **s** é o estimulador do nervo. **B)** Correntes de placa motora registradas na preparação do nervo ciático/músculo sartório da rã. Cada registro de corrente (traçados inferiores) foi obtido com a voltagem fixada em um dado valor, +38 mV, +22 mV, –40 mV, –70 mV, –95 mV e –120 mV, respectivamente, como mostrado nos traçados superiores. A figura 4.10B foi modificada de Magleby e Stevens (1972).

entrada (negativas) com um pico proeminente e que decaem com o tempo, mesmo mantida constante a despolarização. Fenômeno semelhante ocorre com potenciais positivos, gerando correntes de saída. Portanto, pode-se concluir desses dados que o estímulo elétrico aplicado ao nervo acaba, em última análise, levando à abertura de canais iônicos no pós-sináptico, obviamente precedida de todos os fenômenos intermediários. Quais os íons que carregam as correntes observadas acima? Esta pergunta foi respondida de modo amplo por Takeuchi e Takeuchi em 1960. Esses autores alteraram as concentrações de Na^+, K^+ e Cl^- na solução de banho da preparação do nervo ciático/músculo sartório da rã e mediram as correntes sinápticas evocadas em cada condição. Durante cada estímulo no nervo o potencial elétrico no pós-sináptico era fixado em um dado valor. Parte dos resultados desses autores é mostrada na figura 4.11.

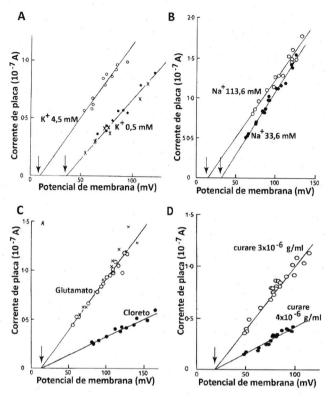

FIGURA 4.11 – Permeabilidade iônica da placa motora. Relações entre os valores de pico da corrente de placa plotados contra a voltagem (I-V) fixada no terminal pós-sináptico em preparação do ciático/sartório da rã, como descrito na figura 4.10. Deve-se notar que as voltagens aqui expressas têm o sinal invertido em relação à convenção adotada atualmente. **A)** Os círculos cheios representam medidas feitas em solução de Ringer contendo K^+ a uma concentração de 0,5 mM; em seguida a concentração de K^+ foi alterada para 4,5 mM (círculos abertos) e finalmente retornada para 0,5 mM (×). **B)** Relações I-V obtidas em duas concentrações de Na^+ na solução banhante: 113,6 mM (círculos abertos) e 33,6 mM (círculos cheios). **C)** Relações I-V obtidas com solução de Ringer normal (círculos cheios) e após exposição por 2 a 3 minutos à solução que teve o cloreto substituído por glutamato (círculos abertos) ou exposição por 15 minutos ao glutamato (×). **C)** Relações I-V de placas motoras submetidas a duas concentrações de tubocurarina: 3×10^{-6} g/ml (círculos abertos) e 4×10^{-6} g/ml (círculos fechados). Observe, em todos os casos, os potenciais de reversão indicados pelas setas. Tubocurarina foi utilizada em concentrações adequadas para diminuir a magnitude do PEPS abaixo do limiar, de modo a não haver potenciais de ação e contração do músculo. Modificada de Takeuchi e Takeuchi (1960).

Como discutido em Capítulo anterior, a relação corrente-voltagem (I-V) nos fornece dois parâmetros básicos: a condutância da membrana, reflexo da abertura e fechamento de canais iônicos e o potencial de reversão que serve para avaliar quais íons carregam corrente quando os canais são ativados. Em todos os casos mostrados na figura 4.11, as **relações I-V são lineares**, isto é, a condutância da placa motora não depende da voltagem através da membrana, mas sim do **ligante liberado** na fenda sináptica. A magnitude da condutância é dada pela inclinação da reta e **constante** em cada caso. Chama atenção os dados referentes a substituições do cloreto pelo glutamato. A expectativa seria maior condutância da placa na presença de cloreto que na de glutamato. A razão para essa disparidade é devido à utilização de maior concentração de cálcio no caso do glutamato que no do cloreto, causando maior liberação de transmissor. Além disso, a concentração de curare no caso do cloreto também foi maior. Essas diferenças são decorrentes das condições experimentais necessárias para observar o fenômeno e não interferem na análise dos resultados. Analisemos os dados dos potenciais de reversão: 1. quando se muda de uma concentração menor de potássio para uma maior há um claro deslocamento do potencial de reversão de cerca de 28 mV para valores mais próximos de 0 mV. Portanto, há que se concluir que o potássio permeia a membrana pós-sináptica; 2. diminuição na concentração de sódio de 113,6 mM para 33,6 mM provoca um deslocamento do potencial de reversão da ordem de 17 mV no sentido hiperpolarizante, como esperado pela diminuição do gradiente eletroquímico desse íon. Esse fato indica que também o sódio permeia a membrana pós-sináptica; 3. no caso da variação na concentração de cloreto, observa-se um resultado diferente dos anteriores, isto é, substituição do cloreto por glutamato não leva à alteração no potencial de reversão do sistema. Esses dados permitem concluir que esse íon não permeia significativamente a membrana pós-sináptica da placa motora e não participa da geração do PEPS; 4.

a figura 4.11D traz uma outra informação interessante. Aumentando-se a concentração de curare, que bloqueia a transmissão sináptica por ligação aos receptores de ACh, observa-se clara mudança na inclinação da relação I-V indicando diminuição da condutância, como esperado. No entanto, não há alteração no potencial de reversão. Isso indica claramente que a via de passagem dos íons sódio e potássio na membrana pós-sináptica é a mesma para os dois.

Em termos mais atuais isso significa dizer que os canais abertos pela ACh são **permeáveis tanto ao sódio quanto ao potássio,** não existindo vias distintas para cada um. Há também evidências mais recentes indicando que também o cálcio permeia os canais colinérgicos. Cálculos baseados nas correntes e potenciais de reversão indicam que, na verdade, a permeabilidade do canal nicotínico a sódio é ligeiramente maior que aquela ao potássio. A razão entre as permeabilidades a esses dois íons pode ser estimada a partir de um circuito equivalente da membrana pós-sináptica da placa motora, como feito por Takeuchi e Takeuchi (1960). Assumindo que somente o Na^+ e o K^+ têm suas condutâncias controladas pela ação da ACh e que o potencial na membrana da fibra muscular permanece constante (situação de fixação de voltagem), tem-se que no pico do PEPS a voltagem deve ser igual ao potencial de reversão observado nas relações I-V em condições controles mostradas na figura 4.11, isto é, ao redor de –15 mV. Portanto, nessas condições podemos dizer que a corrente de pico (I_{cp}) verificada na placa motora é igual a:

$$I_{cp} = \Delta g_{Na}(V - E_{Na}) + \Delta g_K(V - E_K) \tag{4.5}$$

Perceba que no potencial de reversão $I_{cp} = 0$, portanto:

$$\Delta g_{Na}(V - E_{Na}) = -\Delta g_K(V - E_K) \tag{4.6}$$

E,

$$\frac{\Delta g_{Na}}{\Delta g_K} = \frac{-V + E_K}{V - E_{Na}} \tag{4.7}$$

Dos dados da figura 4.11 tem-se ainda que $V_r = -15$ mV (reversão), $E_K = -99$ mV e $E_{Na} = 50$ mV. Substituindo-se esses valores na equação 4.7 tem-se que $\frac{\Delta g_{Na}}{\Delta g_K} = 1,29$. Ou seja, nas condições do experimento a permeabilidade dos canais colinérgicos ao Na^+ é cerca de 1,29 vez maior que aquela ao K^+. Note-se que os potenciais de equilíbrio do Na^+ e K^+ foram calculados por meio da equação de Nernst, considerando-se as concentrações desses íons no banho e aquelas estimadas para o intracelular da fibra muscular (Boyle e Conway, 1941). Em síntese tem-se, portanto, que a chegada de um potencial de ação no terminal pré-sináptico leva à liberação de ACh, responsável pela abertura de canais colinérgicos na membrana pós-sináptica com consequente aumento de sua condutância aos íons sódio e potássio e gênese de uma corrente de entrada, responsável pela despolarização característica do PEPS. Ressalte-se que embora o fenômeno seja aqui descrito para a placa motora, raciocínio semelhante pode ser aplicado para o entendimento de outros tipos de sinapses, inclusive aquelas do sistema nervoso central.

SINAPSES INIBITÓRIAS: O PIPS

A existência de sinapses inibitórias é um achado de extrema importância em fisiologia. É por meio delas, claramente demonstradas tanto em circuitos sinápticos centrais como na medula espinhal, que se previnem fenômenos de hiperexcitação. Na medula isso é evidente quando analisamos a contração da musculatura responsável pela movimentação dos membros inferiores, por exemplo. A excitação de um motoneurônio, com a consequente contração do músculo agonista, é sempre acompanhada de inibição do músculo antagonista, que relaxa, possibilitando um movimento coordenado com um propósito definido. A improvável contração concomitante dos dois tipos de músculos levaria o sistema a uma ineficiência funcional enorme. Não é surpresa, portanto, que sinapses inibitórias tenham sido descritas, em um primeiro momento, na medula espinhal. Embora os mecanismos operantes possam ser entendidos basicamente como o explicitado acima para as sinapses neuromusculares, há diferenças bastante importantes. Para analisarmos esse tipo de sinapse, imaginemos um experimento no qual se estimulam as fibras aferentes de um músculo extensor (quadríceps) e se medem as respostas de voltagem no motoneurônio espinhal que inerva o flexor (bíceps semitendinoso, no caso). Coombs et al. (1955) foram pioneiros nesse tipo de experimentos, realizados em gatos. Os autores ajustavam o potencial de membrana do músculo flexor por passagem de corrente, em vários níveis e, para cada nível, mediam as variações de voltagem evocadas por estimulação das fibras aferentes do extensor. Os resultados de um experimento típico são mostrados na figura 4.12.

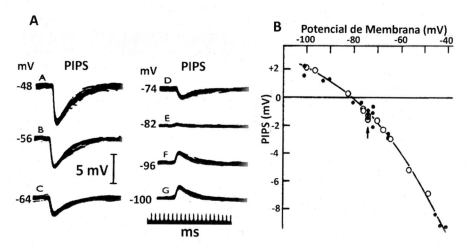

FIGURA 4.12 – Potenciais inibitórios pós-sinápticos (PIPS). **A)** Série de registros mostrando o efeito do potencial de membrana (mantido por passagem de corrente nos valores indicados à esquerda de cada traçado) nas respostas de um motoneurônio à estimulação das fibras aferentes Ia do músculo antagônico. **B)** Magnitudes de pico dos PIPS contra o potencial de membrana. Observar que tanto em **A** quanto em **B** o PIPS reverte de sinal ao redor de −80 mV. Na ausência de passagem de corrente, o potencial de repouso do motoneurônio era de −74 mV. Modificada de Coombs et al. (1955).

Anatomicamente, sabe-se que a inervação do motoneurônio advém tanto de uma via direta, quanto por meio de **interneurônios** que, por sua vez, são controlados pela via aferente do músculo antagonista. São esses interneurônios que, uma vez ativados pela via aferente, provocam as hiperpolarizações mostradas na figura 4.12. Chama a atenção nos PIPS o fato de que a magnitude de seus picos tende a aumentar à medida que o potencial de membrana do motoneurônio é levado para potenciais hiperpolarizantes em relação ao potencial de repouso de –74 mV, no caso. Ou seja, diferem dos PEPS por apresentarem uma polaridade exatamente invertida em relação a eles: **hiperpolarizam** em vez de despolarizarem a membrana pós-sináptica. Mais interessante ainda, os picos revertem sua polaridade à medida que o potencial de membrana é levado para valores mais hiperpolarizados que –82 mV, como mostrado nas figura 4.12A e B. Na verdade, o potencial de reversão observado situa-se, em média, cerca de 11 mV abaixo do potencial de repouso do motoneurônio. A questão agora é associarmos essa hiperpolarização à movimentação específica de um ou mais íons que a determinam. Como em outros casos, aqui também se procedeu a alterações nas concentrações de alguns íons e observaram-se os efeitos sobre a magnitude e potencial de reversão dos PIPS. Assim, a microinjeção de íons cloreto no intracelular, aumentando sua concentração, alterava o potencial de reversão do PIPS que seguia o **potencial de equilíbrio** desse ânion. Dados desse tipo levaram à conclusão de que a ativação das sinapses inibitórias dos motoneurônios espinhais levava a aumento da **condutância a cloreto**. Obviamente o transmissor também é específico e há demonstrações consistentes de que a glicina seja responsável por ativar os canais para cloreto presentes nesses motoneurônios. Outro transmissor de sinapses inibitórias é o ácido gama-aminobutírico (GABA) que também ativa os canais para cloreto. As sinapses inibitórias estão presentes não só em motoneurônios, mas também em múltiplas áreas do sistema nervoso central (SNC).

Importante salientar que sinapses GABAérgicas têm sido descritas também como excitatórias em fases iniciais do desenvolvimento do sistema nervoso. Postula-se que a concentração intracelular de cloreto mude com o tempo, alterando o potencial de reversão desse íon. Isso seria levado a efeito pela expressão diferencial de dois tipos de cotransportadores para cloreto: a isoforma NKCC1 que cotransporta Na^+-K^+-$2Cl^-$ e a isoforma KCC2, um cotransportador de K^+-Cl^-. NKCC1 leva a acúmulo de cloreto no intracelular e KCC2 o coloca resultantemente para o extracelular (Mikawa et al., 2002). Embora existam críticas a achados desse tipo (ver Bregestovski e Bernard, 2012), o princípio geral de funcionamento dessas sinapses continua o mesmo.

SINAPSES CENTRAIS

Nos parágrafos anteriores utilizamos a sinapse neuromuscular como exemplo de transmissão excitatória e a do motoneurônio (interneurônio) como exemplo de sinapse inibitória. Ambas se constituem em protótipos universais para o entendimento do processo de transmissão química e apresentam os mecanismos básicos que podem ser aplicados para o entendimento de outros tipos de sinapse. Assim, no SNC a maioria das sinapses excitatórias utiliza o **glutamato** e o **aspartato** como transmissores, cuja ligação a receptores **glutamatérgicos** nas membranas pós-sinápticas leva a aumento na condutância a cátions, incluindo o cálcio. A entrada de cátions pelo canal glutamatérgico é que produz a despolarização característica do PEPS e a consequente excitação do neurônio pós-sináptico. Do lado inibitório, o GABA se destaca como o transmissor mais presente. Dada sua complexidade morfológica e as inúmeras interações que se estabelecem entre os neurônios, é comum encontrar-se mais de um tipo de sinapse em uma mesma célula, incluindo diferentes tipos de sinapses excitatórias e inibitórias. Com o advento da técnica de *patch-clamp*, nos anos 1970/1980, e a possibilidade de sua aplicação em fatias de tecido nervoso, aumentaram, em muito, as informações sobre os vários tipos de transmissão presentes nas diferentes regiões e células do SNC. A figura 4.13 mostra a complexidade do registro de correntes sinápticas obtidas de um único neurônio, no caso proveniente do núcleo do trato solitário de rato. Vamos utilizá-la como exemplo para desvendar os

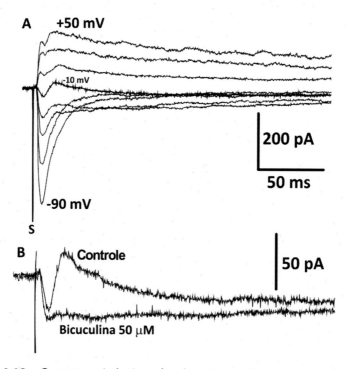

FIGURA 4.13 – Correntes sinápticas de vários tipos são evocadas em um único neurônio. **A)** Respostas pós-sinápticas evocadas em um neurônio do núcleo do trato solitário por estimulação do trato solitário. A célula teve o potencial fixado em valores entre −90 mV e +50 mV, como indicado, em passos de 20 mV, partindo de um potencial de 0 mV aplicado por 40 ms para inativar os canais para sódio. O traçado obtido a um potencial de −10 mV é mostrado amplificado em **B**, em uma situação controle e após bloqueio da corrente de saída com bicuculina, conforme indicado. Modificada de Batista (2004).

diversos tipos de respostas sinápticas evocadas em células nervosas. Aqui, as respostas pós-sinápticas foram evocadas por estimulação do trato solitário, no momento indicado por **S**.

As respostas constituem-se em um misto de correntes excitatórias (glutamatérgicas: NMDA e não NMDA) e inibitórias (GABA$_A$érgicas). A discriminação entre elas é normalmente feita com a utilização de ferramentas farmacológicas: bloqueiam-se os tipos que não interessam e observa-se aquilo que interessa. No exemplo acima, a utilização de bicuculina, um bloqueador de correntes GABAérgicas, acabou com a corrente de saída. restando apenas uma corrente de entrada, no caso do tipo glutamatérgica, como mostrado no traçado a –10 mV (Figura 4.13B).

Com esse tipo de análise experimental, é possível estudar cada componente das correntes pós-sinápticas isoladamente e caracterizá--lo eletrofisiologicamente. A figura 4.14 mostra um resultado desse tipo, onde o componente NMDA foi isolado graças ao uso de um coquetel farmacológico contendo bicuculina (bloqueia o componente GABAérgico), estricnina (bloqueia o componente glicinérgico) e DNQX (bloqueia o componente não NMDA glutamatérgico). Como se pode observar na figura 4.14A, as correntes excitatórias pós-sinápticas (CEPS) glutamatérgicas do tipo NMDA são ativadas e desativadas muito mais lentamente que as colinérgicas observadas na placa motora. Na verdade, o decaimento dessa corrente se faz na ordem de centenas de milissegundos. O agente DL-AP5 bloqueia essas correntes (*inset*) e tem sido utilizado, assim como as outras drogas citadas acima, para a detecção desse tipo de receptor em muitos estudos envolvendo a fisiologia de sistemas. A figura 4.14B mostra a relação I-V para essas correntes. De modo semelhante a outras correntes pós-sinápticas excitatórias, o potencial de reversão encontra-se próximo de zero. Isso indica que o canal do receptor NMDA é permeável a vários cátions, incluindo uma permeabilidade importante ao íon cálcio, além daque-

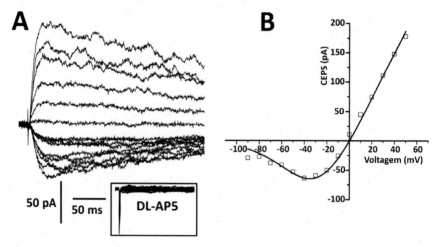

FIGURA 4.14 – Correntes excitatórias pós-sinápticas do tipo NMDA. **A)** Família de correntes evocadas por estímulos aplicados no trato solitário, em neurônios do NTS com a voltagem fixada em vários níveis a partir de −90 mV até +50 mV em passos de 10 mV. O *inset* mostra o bloqueio dessas correntes por DL-AP5. **B)** Relação I-V para as correntes mostradas em **A**. Retirada de Batista (2004). CEPS = correntes excitatórias pós-sinápticas.

la ao sódio e potássio. Essa relativamente elevada permeabilidade ao cálcio faz com que a estimulação desses receptores por tempos prolongados leve à morte celular, ou seja, os aminoácidos excitatórios que ativam o receptor glutamatérgico podem ser excitotóxicos.

Outro ponto importante é que a relação I-V é **não linear**, com clara dependência de voltagem na faixa de potenciais entre −100 e −20 mV. Diferentemente dos canais para sódio dependentes de voltagem, por exemplo, essa não é uma propriedade da proteína que forma o canal NMDA *per se*, mas imposta ao sistema pelos **íons magnésio**. Em potenciais bem hiperpolarizados o Mg^{+2} tende a entrar para o interior do canal, bloqueando-o. Com despolarizações (meio extracelular menos positivo), o Mg^{2+} deixa o interior do canal, permitindo a passagem de outros íons. Isso pode ser comprovado com a retirada do íon Mg^{2+} da solução de banho, o que leva a uma linearização da relação I-V.

Existe mais de um tipo de receptor ativado por ácido glutâmico no SNC. Aquele analisado na figura 4.14 é sensível ao ácido *N*-metil-*D*-aspártico (NMDA). Porém, dois outros tipos podem ser ativados por α-amino-3-hidroxi-5-metil-4-isoxazolepropionato (AMPA) e ácido caínico (cainato), respectivamente. Esses são conhecidos como receptores **não NMDA**. Utilizando, outra vez, bloqueadores farmacológicos é possível isolar-se a resposta dos receptores não NMDA. Para tanto, a preparação é tratada com bicuculina (bloqueia GABAérgicos), estricnina (bloqueia glicinérgicos) e DL-AP5 (bloqueia os receptores NMDA) e submetida ao mesmo protocolo eletrofisiológico já discutido anteriormente. Resultados desse tipo são mostrados na figura 4.15.

As correntes iônicas do tipo não NMDA apresentam-se com decurso temporal mais rápido que as NMDA, atingindo um pico e decaindo em questão de alguns milissegundos. São completamente bloqueadas por DNQX e sua relação I-V é linear, isto é, independente de voltagem. Como nos outros casos, o potencial de reversão situa-se próximo de zero, indicando que o canal é permeável a vários cátions, sem discriminar entre eles.

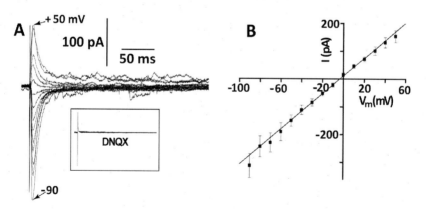

FIGURA 4.15 – Correntes pós-sinápticas do tipo não NMDA. **A)** Registros de correntes com o potencial fixado desde −90 mV até +50 mV (indicados na Figura) em presença de bloqueadores das correntes GABAérgicas, glicinérgicas e NMDA. **B)** Relação corrente-voltagem (I-V). Notar o potencial de reversão próximo a 0 mV e a linearidade da relação. Retirada de Batista (2004).

Finalmente, com o bloqueio dos receptores excitatórios, restam apenas os receptores inibitórios, como mostrado na figura 4.16. Esses são traçados típicos de correntes ionotrópicas GABAérgicas do tipo A (GABA$_A$). O tempo para atingir o pico é da ordem de milissegundos e o decaimento da corrente, descrito por uma única exponencial, faz-se em dezenas de milissegundos indo até zero.

A relação I-V também é linear, não apresentando dependência de voltagem. Ao contrário das correntes excitatórias, apresenta um **potencial de reversão mais baixo ou ao redor do potencial de repouso** da célula, sugerindo **permeabilidade ao cloreto**. Perceba que o aumento da permeabilidade preferencial ao cloreto faz com que o potencial de repouso se hiperpolarize, se o potencial de equilíbrio do cloreto estiver abaixo dele. Por outro lado, se o potencial de equilíbrio do cloreto estiver simplesmente próximo ao potencial de repouso, o aumento em sua condutância forçará o potencial de repouso a permanecer no seu valor, impedindo despolarizações e, portanto, excitação do neurônio pós-sináptico.

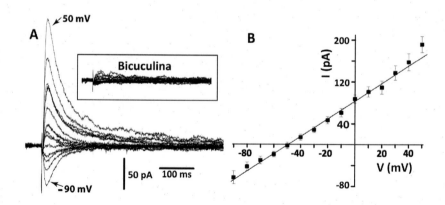

FIGURA 4.16 – Correntes inibitórias GABAérgicas. **A)** Traçados de correntes inibitórias do tipo GABA$_A$érgicas registradas com o potencial de membrana variando entre –90 mV e +50 mV (indicados nos traçados) em passos de 10 mV. Bicuculina bloqueia as correntes (*inset*). **B)** Relação I-V. Notar a linearidade e o potencial de reversão ao redor de –50 mV. Modificada de Batista (2004).

A figura 4.17 mostra, de modo resumido, as principais características cinéticas das várias correntes discutidas aqui. As correntes foram normalizadas quanto à amplitude para ressaltar o aspecto temporal dos fenômenos. A diferença mais marcante é notada quando se comparam as correntes NMDA, tanto com a não NMDA como com a GABAérgica. Ela sobe mais lentamente e persiste ativada por muito mais tempo, levando centenas de milissegundos para total desativação. As correntes GABAérgica e não NMDA apresentam subida e decaimento mais rápidos que a NMDA. Outro ponto interessante é que a velocidade de decaimento de todas essas correntes é praticamente independente do potencial. Isso pode ser percebido comparando-se os decaimentos observados em potenciais distintos, como ressaltado na figura 4.17.

Embora não discutido, aplicam-se a esses e outros receptores os mesmos princípios básicos de liberação do transmissor com base em fusão de vesículas, como discutido para o receptor colinérgico da placa motora. Há diferenças significativas no que diz respeito a **síntese e remoção** de

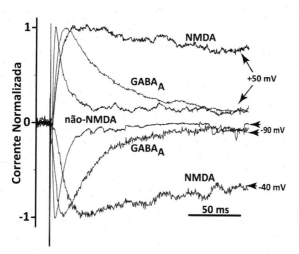

FIGURA 4.17 – Decurso temporal das correntes do tipo NMDA, não NMDA e GABAérgica. As correntes foram normalizadas para ressaltar o aspecto cinético. Os traçados representam correntes obtidas em potenciais distintos, como indicado ao lado de cada um deles. Modificada de Batista (2004).

cada transmissor na fenda sináptica. Essa deve ocorrer de modo bastante rápido para que o potencial pós-sináptico tenha um decurso temporal definido. Enquanto a ACh sofre hidrólise pela acetilcolinesterase, outros são recapturados pelas células. Assim sendo, existem transportadores específicos que retornam o transmissor para o terminal pré-sináptico no qual ele é reincorporado em vesículas para nova utilização. Esse é o caso dos transportadores para dopamina, glutamato, GABA, glicina e outros. Há evidências de que esses transportadores se utilizam do gradiente eletroquímico de Na^+ como fonte de energia para transportar os transmissores da fenda sináptica para o citoplasma.

Embora tenhamos focado atenção em poucos mediadores químicos, vários outros podem ser encontrados no SNC. De modo geral, eles podem ser agrupados em dois grupos, de acordo com o tempo para sua ação: **rápidos e lentos**. Os rápidos ligam-se a receptores chamados **ionotrópicos** e levam diretamente à abertura de **canais iônicos**, aumentando a condutância da membrana pós-sináptica a um ou mais íons e alterando de imediato o potencial da membrana celular. O quadro 4.1 apresenta uma lista parcial deles com suas principais características.

No entanto, uma série de outros neurotransmissores, exemplificados pela dopamina, histamina, norepinefrina, cálcio, adenosina, neuropeptídeos e algumas proteínas, agem indiretamente sobre a transmissão química. Esses mediadores ligam-se a **receptores metabotrópicos**, normalmente acoplados às proteínas G. Ativação dessas, inicia uma série de eventos intracelulares culminando com a produção de segundos mensageiros, como AMP cíclico, por exemplo. Esses, por sua vez, atuam sobre canais iônicos específicos, como aqueles para potássio e cálcio modulando seu funcionamento. Serve de exemplo o efeito muscarínico da ACh sobre canais para potássio, em que provoca sua abertura com consequente hiperpolarização e diminuição da frequência cardíaca.

QUADRO 4.1 – Mediadores químicos da transmissão sináptica rápida.

Nome	Fórmula estrutural	Ação
Acetilcolina		Excitatória em receptores nicotínicos Placa motora, gânglios autonômicos, sistema nervoso central
Serotonina 5-hidroxitriptamina		Excitatória Sistema nervoso central, tronco cerebral, sistema nervoso entérico
GABA Ácido γ-aminobutírico		Tipos A e C inibitórios, sistema nervoso central, medula
Glicina		Inibitória Principalmente na medula espinhal
Glutamato NMDA AMPA cainato		Excitatória Sistema nervoso central

INTEGRAÇÃO SINÁPTICA BÁSICA

De modo geral, cada neurônio do SNC estabelece comunicação com um número relativamente grande de outros neurônios. Contam-se aos milhares as sinapses existentes tanto entre os terminais dos axônios (axo-axônicas) como entre dendritos e corpo celular (axossomáticas) de uma única célula nervosa. Isso se faz de tal forma que a saída da informação de um dado neurônio é consequência de todas as aferências que chegam até ele, constituindo-se no somatório de todos os eventos estimulatórios e inibitórios. Portanto, pode-se ver a sinapse como um primeiro centro integrador de informações. Em sentido amplo, dois neurônios podem interagir de forma a determinar o funcionamento de um terceiro. Por exemplo, um terminal sináptico inibitório que atue sobre um neurônio excitatório de um terceiro pode fazer com que esse seja inibido também. Temos nesse caso um fenômeno chamado de **inibição pré-sináptica**. Caso o primeiro terminal sináptico seja excitatório, teremos o fenômeno contrário, chamado de **facilitação pré-sináptica**. Em ambos os casos o mecanismo operante é basicamente o mesmo: alteração na corrente de entrada de cálcio que determinará o quanto de transmissor será liberado na fenda sináptica e, portanto, a magnitude do PEPS na região pós-sináptica do neurônio sob controle. A figura 4.18 ilustra esses fenômenos.

Perceba que, na verdade, tanto a inibição como a facilitação pré-sinápticas são fenômenos que têm como base a **somação** dos potenciais, despolarizantes ou hiperpolarizantes, que chegam ao terminal pré-sináptico representado pelo neurônio 1.

IMPLICAÇÕES FISIOPATOLÓGICAS

Duas toxinas naturais, entre uma variedade delas, atuam sobre o processo de transmissão sináptica de modo muito drástico: a botulínica e a tetânica. Responsável pelo botulismo, as toxinas botulínicas dos tipos A e E ligam-se a SNAP-25; as dos tipos B, D e F interagem com a sinaptobrevina, impedindo a fusão das vesículas contendo os neurotransmissores e bloqueando a transmissão sináptica em motoneurônios. Com isso, produz-se um estado de paralisia. Do ponto de vista médico, essa toxina, quando usada em concentrações adequadas, serve ao controle de estados onde predominam espasmos musculares. Esteticamente, ela é utilizada particularmente em regiões da face, onde inibe a contração muscular, causando a suavização de rugas.

A toxina tetânica tem como alvo as sinaptobrevinas que também atuam no processo de fusão das vesículas contendo neurotransmissores. No

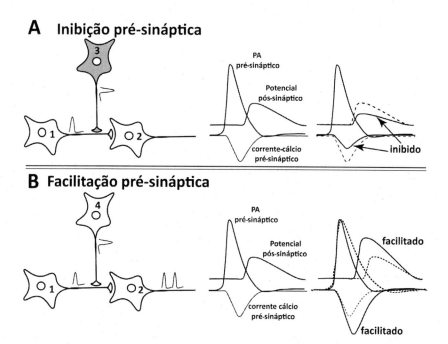

FIGURA 4.18 – Integração sináptica. **A)** Inibição pré-sináptica. O neurônio **1** faz com o **2** uma sinapse excitatória. Quando despolarizado pelo seu potencial de ação pré-sináptico, abre canais para cálcio gerando uma corrente de entrada, provocando a liberação de neurotransmissor e evocando um PEPS em **2**. Como esse é supraliminar, tem-se aí um potencial de ação pós-sináptico. No entanto, se o neurônio inibitório **3** for acionado ao mesmo tempo que o **1**, teremos somação de uma despolarização com uma hiperpolarização em **2**, com consequente diminuição da corrente de entrada de Ca^{2+}, redução na quantidade de transmissor liberada e um PEPS inibido no pós-sináptico, de menor magnitude que aquele do controle. **B)** Facilitação pré-sináptica. Nesse caso, a sinapse entre **1** e **4** é também excitatória, de modo que a despolarização no seu pré-sináptico, soma-se àquela provocada pelo PEPS devido a **4**. Tem-se maior entrada de cálcio no pré-sináptico de **1**, com consequente maior liberação de transmissor e um PEPS mais alargado em 2, facilitando a transmissão. Em todos os casos, as linhas tracejadas indicam o fenômeno em condições controles, para comparação.

entanto, após ligar-se à membrana pré-sináptica de motoneurônios, ela é transportada para a medula espinhal e transferida para interneurônios que bloqueiam a atividade de motoneurônios espinhais. Com a perda da função inibitória dos interneurônios, tem-se uma exacerbação da atividade motora, com o aparecimento de espasmos, típicos do envenenamento pela toxina tetânica.

Sinapses constituem-se em pontos críticos do sistema nervoso, portanto, alvo evidente de intervenções medicamentosas ou de drogas de adicção. A lista de compostos químicos utilizados com essas finalidades inclui desde a fluoxetina para o tratamento de depressão até cocaína, com efeitos anestésicos e utilizada para fins recreativos, com consequências muitas vezes desastrosas para os usuários.

SINAPSES ELÉTRICAS

Tema de intenso debate em meados do século XX, a existência de sinapses elétricas entre células do sistema nervoso de mamíferos é fato bem estabelecido hoje em dia. As chamadas sinapses eletrotônicas servem à **passagem direta** de correntes iônicas entre duas células, também chamadas de pré-sináptica e pós-sináptica, respectivamente. Diferentemente das sinapses químicas, a região de contato entre duas células eletricamente acopladas prescinde de uma "fenda sináptica", em vez disso as membranas plasmáticas dessas células estão em íntimo contato. Furshpan e Potter (1959) foram os primeiros a demonstrar a passagem direta de corrente entre duas células que compõem a sinapse gigante do nervo abdominal do lagostim. A utilização dessa preparação se deve ao fato de que as sinapses, por serem "gigantes", permitem a colocação de vários microeletrodos, podendo-se registrar os fenômenos elétricos tanto no pré-sináptico como no pós-sináptico ao mesmo tempo.

A figura 4.19 mostra resultados desses experimentos. Na figura 4.19A são mostrados potenciais de ação evocados por estimulação do

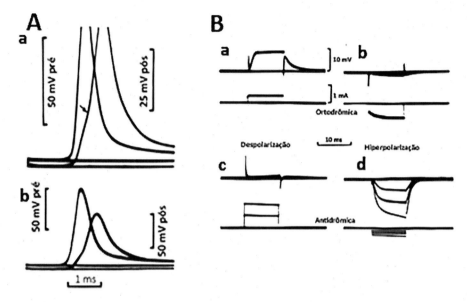

FIGURA 4.19 – Transmissão elétrica na sinapse do lagostim. **A)** Respostas pós-sinápticas à estimulação ortodrômica. Os painéis Aa e Ab foram registrados com ganhos diferentes. A seta indica o ponto de inflexão no potencial de ação pós-sináptico, ou seja, o ponto onde se atinge o limiar. Notar em ambos os casos o curtíssimo tempo de retardo entre as respostas. **B)** Respostas transinápticas à aplicação de pulsos de corrente tanto no sentido ortodrômico (Ba e Bb) como antidrômico (Bc e Bd). Os pulsos de corrente foram despolarizantes (Ba e Bc) ou hiperpolarizantes (Bb e Bd). Notar que as correntes apresentam o fenômeno da retificação. Modificada de Furshpan e Potter (1959).

terminal pré-sináptico, acompanhados por respostas no pós-sináptico que se instalam com um retardo muito pequeno, da ordem de 100 μs. Esse retardo é praticamente incompatível com os fenômenos todos envolvidos em uma sinapse química, de onde se pode concluir que, nesse caso, a transmissão é feita **eletrotonicamente**. Para confirmar que realmente existe a passagem direta de corrente de uma célula para outra, os autores realizaram outro experimento em que correntes foram aplicadas em uma das células e as repostas registradas na outra (Figura 4.19B). Assim, observou-se que corrente despolarizante aplicada no sentido ortodrômico levava à despolarização na célula pós-sináptica (Figura 4.19Ba). Por outro lado, essa mesma corrente despolarizante aplicada no pré-sináptico, isto é, no sentido antidrômico, não era acompanhada de resposta da célula pós-sináptica (Figura 4.19Bc). Os traçados em Bb e Bd complementam os achados descritos acima. Ou seja, correntes hiperpolarizantes aplicadas ortodromicamente, isto é, no pré-sináptico, não provocaram respostas no pós-sináptico (Bb), mas o faziam quando aplicadas antidromicamente (Bd).

Além desses experimentos demonstrarem, de modo bastante conclusivo, que realmente existe a passagem direta de corrente iônica entre dois neurônios, pode-se verificar que esse tipo de sinapse apresenta o fenômeno de **retificação**, ou seja, consegue impor direcionalidade ao processo de transmissão.

A procura por sinapses elétricas em sistema nervoso de mamíferos ganha impulso considerável com o descobrimento das **conexinas**, formadoras de *gap junctions*. De ocorrência bastante disseminada em vários tipos celulares, compreendem um grupo de proteínas especializadas em conectar eletricamente o citoplasma de duas células próximas. Formam canais iônicos pouco seletivos e que deixam passar segundos mensageiros e substâncias com massa molecular até mais ou menos 1.000 Daltons. A figura 4.20 mostra um experimento em que um grupo de células de Leydig, isoladas a fresco de testículos de camundongo, são observadas em campo claro (Figura 4.20A). Uma delas (seta) foi empalada com micropipeta de vidro por onde se injetou Lucifer Yellow, um corante que fluoresce quando iluminado com luz ultravioleta. A figura 4.20B mostra o mesmo grupo de células, agora em observação com epifluorescência. Como se pode observar, o corante injetado em uma única célula distribui-se por todas as outras do grupo, indicando que seus citoplasmas se encontram em franca comunicação.

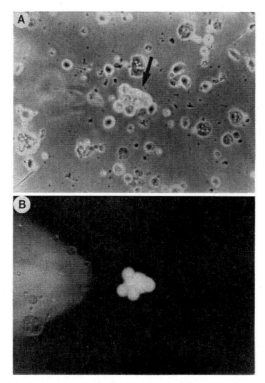

FIGURA 4.20 – Comunicação através de *gap junctions*. Células de Leydig de camundongos foram isoladas a fresco e colocadas em câmara com solução nutritiva. **A)** Grupo de células observado em campo claro. A seta indica uma única célula que foi injetada com Lucifer Yellow. **B)** Mostra esse mesmo grupo de células com iluminação ultravioleta. O corante distribuiu-se por todas as células do grupo. A sombra que se observa à esquerda da imagem é devida à micropipeta. Modificada de Varanda e Campos de Carvalho (1994).

Estudos eletrofisiológicos utilizando a técnica de *patch-clamp* mostram que correntes iônicas passam efetivamente de uma célula para outra, como mostrado na figura 4.21.

Para registro de correntes que passam pelas placas juncionais (região de contato entre as células onde se encontram as *gap junctions*) é necessário colocar-se microeletrodos simultaneamente nas duas células que se pretende estudar. Após isso, por meio do sistema eletrônico fixa-se

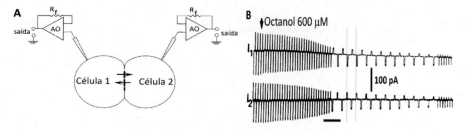

FIGURA 4.21 – Correntes iônicas passam de uma célula a outra. **A)** Arranjo experimental onde duas células são registradas simultaneamente. AO indica o amplificador de *patch-clamp* na configuração conversor corrente/voltagem; R_f é a resistência de *feedback* do sistema; saída indica o ponto onde se têm os sinais de corrente. **B)** Registro típico de correntes entre duas células de Leydig isoladas a fresco de testículos de camundongo. A barra horizontal indica o tempo e corresponde a 20 s para a parte mais lenta e 5 s para a parte mais rápida do registro. Octanol foi usado para bloquear a condução nas *gap junctions*. O experimento é feito fixando-se o potencial entre as células no mesmo valor, zero mV no caso, e aplicando-se pulsos de voltagem de 10 mV e 300 ms de duração alternadamente em cada célula. Observar que, quando se aplica o pulso na célula 1, sua resposta de corrente tem polaridade invertida ao observado na célula 2 e, obviamente, é de maior magnitude que o observado na célula 2. **B**, modificada de Varanda e Campos de Carvalho (1994).

a voltagem nas duas células no mesmo valor, de forma a não haver, em princípio, diferença de potencial entre elas. Feito isso, aplicam-se pulsos de voltagem em uma célula e mede-se a deflexão de voltagem em ambas as células. Claro que a resposta de corrente na célula onde o pulso está sendo aplicado tem amplitude maior que aquela na célula vizinha, pois nessa a corrente corresponde à soma das correntes que fluem pela membrana plasmática e aquela que passa para a outra célula. Na célula vizinha só teremos a corrente que passa pela junção. Conhecendo-se essa corrente, podemos calcular a condutância juncional por meio da lei de Ohm, ou seja: $G_c = \Delta I/\Delta V$, onde ΔI é a resposta de corrente medida nos traçados da figura 4.22B, e ΔV, o pulso de voltagem aplicado (10 mV no caso).

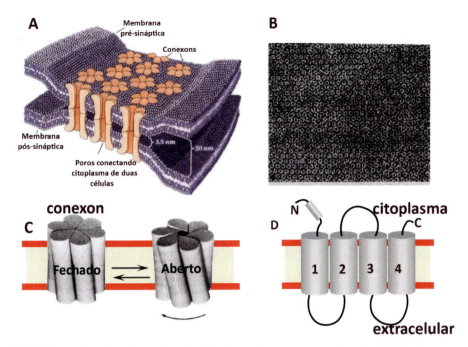

FIGURA 4.22 – Canais juncionais são formados por conexinas. **A**) Visão de uma placa juncional entre duas células. **B**) Fotomicrografia eletrônica de canais juncionais de célula hepática de ratos. As *gap junctions* aparecem como arranjos hexagonais com um poro central. Aumento original de 370.000 ×. **C**) Seis moléculas de conexina, que delimitam um poro no centro com cerca de 1,5 a 2 nm de diâmetro, formam um conexon. O processo de abertura ou fechamento do canal pode ser conseguido por movimento rotacional entre as subunidades de conexina. **D**) Cada molécula de conexina que compõe o conexon é formada por quatro segmentos transmembrana. **A**, modificada de Purves et al. (2004). **B** e **C**, modificadas de Unwin e Zampighi (1980).

A técnica pode ser aplicada, em princípio, a qualquer tipo de célula e serviu para a descoberta de que os canais juncionais possuem propriedades distintas, que os diferenciam de célula a célula. A associação entre resultados eletrofisiológicos e de biologia molecular permitiu o isolamento e sequenciamento das proteínas que formam as *gap junctions*, ou seja, as **conexinas**. Resultados de experimentos de difração de raios X associados à microscopia eletrônica mostram que essas proteínas formam canais por aposição de dois **hemicanais**, cada um presente em uma célula, os **conexons**. Cada conexon é formado por oligomerização intracelular de **seis unidades** de conexina. A união de dois conexons de células distintas forma um poro de comunicação entre elas. As conexinas, por sua vez, são proteínas que apresentam quatro alfa hélices que atravessam a membrana plasmática. Os terminais N e C situam-se no lado citoplasmático. A figura 4.22 sintetiza os conceitos apresentados acima.

As conexinas formam uma família multigênica com dezenas de membros classificados com base nas respetivas massas moleculares, possuindo desde 225 até 510 resíduos de aminoácidos. Distribuem-se, com alguma especificidade, por todos os tecidos do organismo. Por exemplo, conexina 43 (~ 43 kDa) é encontrada no tecido cardíaco e também em células de Leydig. Cada canal pode ser formado por um único tipo de conexina ou por mais de um, conferindo propriedades funcionais distintas em cada caso.

Desde um ponto de funcional, o processo de abertura e fechamento dos canais juncionais pode ser controlado pelos níveis de Ca^{2+} e pH intracelulares e pela voltagem transjuncional. Há evidências de que concentrações altas de cálcio e acidez causem seu fechamento. Fisiologicamente, as conexinas são importantes no desenvolvimento, servem para manter grupo de células como sincício metabólico, amplificando a ação de hormônios, por exemplo, e acoplar eletricamente grupos de células. Essa comunicação direta entre os citoplasmas propicia uma distribuição rápida de correntes iônicas dentro de um grupo de células excitáveis, onde se requer sincronização. Nesse sentido, tem-se demonstrado a presença de comunicação elétrica direta entre células de várias regiões do cérebro de mamíferos, embora em menor número quando comparado às sinapses químicas. A figura 4.23 mostra resultados de um experimento eletrofisiológico com células do córtex cerebral de camundongos.

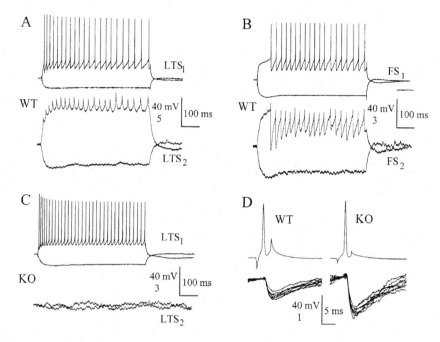

FIGURA 4.23 – Acoplamento elétrico entre células do neocórtex de camundongos. **A** e **B**) Registros da atividade elétrica em interneurônios do tipo LTS (*Low Treshold piking*) e FS (*Fast Spiking*) de camundongos selvagens (WT), respectivamente. Os subíndices 1 e 2 indicam as células de cada par, respectivamente. **C**) Registros em células de camundongos *knockout* para conexina 36 (Cx36). **D**) A atividade de sinapses químicas está preservada nos camundongos *knockout* para Cx36. Extraída de Deans et al. (2001).

Como se pode observar, a atividade elétrica provocada em uma célula (LTS$_1$ ou FS$_1$) distribui-se eletrotonicamente para a célula vizinha (LTS$_2$ ou FS$_2$), praticamente sem nenhum atraso. A perda de magnitude do sinal transmitido é devida à filtragem de sinais de alta frequência imposta pelos canais juncionais. Por outro lado, células LTS de animais *knockout* não estão conectadas eletricamente, já que os sinais elétricos gerados por estimulação de LTS$_1$ não são vistos em LTS$_2$ (traçados em C). Interessantemente, coexistem nessas células sinapses químicas e elétricas, que juntamente determinam o seu estado funcional.

5 Canais Iônicos

Wamberto Antonio Varanda

INTRODUÇÃO

A presença de uma bicamada lipídica na membrana plasmática é fato bastante aceito desde a publicação dos resultados de Gorter e Grendel (1925) que concluíram seu trabalho com a seguinte frase: *It is clear that all our results fit in well with the supposition that the chromocytes are covered by a layer of fatty substances that is two molecules thick.* Assim sendo, muitos trabalhos subsequentes dedicaram-se a descrever a membrana celular levando em conta esse componente francamente apolar, porém anfipático, e vários modelos estruturais foram propostos, culminando com aquele conhecido como "mosaico fluido" (Singer e Nicolson, 1972).

Portanto, a membrana celular é vista como uma bicamada composta por fosfolipídios, francamente **apolar**, cuja constante dielétrica é da ordem de 3, banhada por soluções aquosas com constante dielétrica acima de 70. Como consequência desse fato, pode-se predizer que a energia necessária para tirar um eletrólito, ou uma substância qualquer com característica hidrofílica, dessas soluções e incorporá-la à bicamada, onde poderá se difundir de um lado a outro, é muito alta, como discutido no Capítulo 2. Isso torna a bicamada lipídica muito pouco permeável a íons e moléculas polares.

Por outro lado, esse componente fosfolipídico anfipático, com suas faces polares voltadas para as soluções aquosas do intra e extracelular e as cadeias hidrocarbônicas constituindo o interior da bicamada, confere à membrana plasmática a propriedade de armazenar cargas elétricas entre suas duas faces, ou seja, ela se comporta como um **capacitor**. Esse fato está intimamente associado à presença de uma diferença de potencial elétrico através da membrana que pode variar no tempo. Por outro lado, a separação de cargas responsável pela gênese dessa diferença de potencial elétrico só é possível graças à dissipação da energia acumulada nos gradientes eletroquímicos dos diferentes íons presentes nas soluções que banham a membrana. Esses gradientes tendem a gerar correntes elétricas (iônicas) devido à movimentação resultante de cargas através da membrana celular. No entanto, essa movimentação só será significativa se ocorrer por meio de vias especializadas, embutidas na bicamada lipídica, com características hidrofílicas. Ou seja, criada essa via, os íons tendem a adentrar a membrana, agora protegidos do ambiente hidrofóbico das cadeias hidrocarbônicas dos fosfolipídios. Ideias desse tipo já permeavam os trabalhos de Hodgkin e Huxley nos idos de 1950, e nos anos posteriores por uma série de outros pesquisadores envolvidos com a descrição dos fenômenos da excitabilidade elétrica e química de neurônios e músculos. De fato, a partir dos anos 1960 observou-se que correntes iônicas macroscópicas podiam ser especificamente bloqueadas por toxinas e diversas outras substâncias, sugerindo fortemente a presença na membrana celular de vias específicas para a movimentação de íons. Outro fato interessante que serviu para se supor os canais iônicos como entidades presentes na membrana celular foi a observação de que correntes de placa motora, induzidas pela aplicação de ACh ao terminal pós-sináptico, caracterizavam-se por apresentar um "ruído" de base que foi associado à ocorrência de "eventos unitários" de abertura e fechamento induzidos pela ligação da ACh ao seu receptor. Katz e Miledi

(1970) foram pioneiros na aplicação da técnica de análise de ruído na descrição de eventos unitários da placa motora.

Por outro lado, estudos de reconstituição de sistemas de transporte em bicamadas planas também demonstraram que a incorporação de proteínas ou polipeptídeos tornava as bicamadas altamente condutoras. Nesse sentido, os experimentos de Hladky e Haydon (1972) com gramicidina (um dodecapeptídeo) foram os primeiros a demonstrar eletrofisiologicamente a ocorrência de saltos discretos na corrente iônica que atravessava a bicamada lipídica, resultantes da formação de canais unitários pelo peptídeo.

Tentativas iniciais de medição de correntes de canais unitários em células esbarraram no problema da relação sinal/ruído. Como as correntes que se pretendiam medir eram da ordem de 10^{-12} A, o ruído elétrico superimposto ao sinal era proporcionalmente muito grande, basicamente devido ao vazamento de corrente na junção entre a micropipeta utilizada na medida e a superfície da membrana celular. Esse problema é claramente evidenciado na primeira publicação sobre o assunto em 1976 (Neher e Sakmann, 1976), como mostrado na figura 5.1.

Trabalhos posteriores dedicaram-se a encontrar uma solução que levasse a um contato mais íntimo entre a ponta da micropipeta de re-

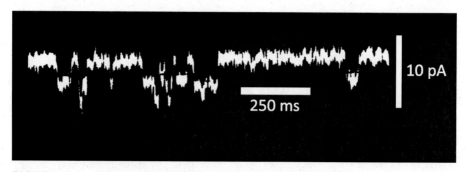

FIGURA 5.1 – Registro de correntes unitárias carreadas pelo canal colinérgico de músculo desnervado de rã. Extraída de Neher e Sakmann (1976). Ver mais detalhes no artigo original.

gistro e a membrana celular, na tentativa de minimizar o vazamento de corrente nessa junção. A resolução desse problema foi comunicada em um artigo de 1981, no qual os detalhes da técnica de *patch-clamp* foram explicitados, incluindo maneiras de se aumentar a resistência do selo entre a micropipeta e a membrana para níveis ao redor de 10^9 Ohms, donde o adjetivo Giga Selo (Hamill et al., 1981). A partir de então, um sem-número de diferentes células foi submetido a essa técnica e vários tipos de canais iônicos passaram a ser descobertos e caracterizados eletrofisiologicamente. Detalhes da técnica serão discutidos em item posterior.

CANAIS IÔNICOS SÃO FORMADOS POR PROTEÍNAS MULTIMÉRICAS

Da discussão anterior pode-se concluir que os **canais iônicos** devem ser formados por proteínas integrais de membrana, isto é, que conectam duas soluções eletrolíticas: os lados intracelular e extracelular. Sua importância para o funcionamento da célula e manutenção da vida pode ser percebida pela simples constatação de que cerca de 1/3 do genoma humano codifica proteínas de membrana. De um ponto de vista puramente prático também se verifica que as proteínas formadoras de canais ocupam o segundo posto entre aquelas mais submetidas a estudos visando à descoberta e ao efeito de drogas utilizadas na terapêutica. São constituídas de vários domínios funcionais e apresentam um **poro** com características hidrofílicas por onde passam os íons. Nesse sentido, os canais podem ser vistos como catalisadores que blindam os íons, e em alguns casos substâncias polares, do ambiente hidrofóbico da bicamada lipídica. Isso facilita a partição dessas substâncias na fase da membrana, permitindo que se difundam através dela.

A elucidação dos mecanismos de funcionamento dos canais iônicos tem-se valido de um conceito central em biologia, o da **relação estrutura--função**. Ou seja, admite-se que uma dada função é suportada e torna-se possível graças a uma estrutura particular, seja ela macroscópica ou molecular, do agente que a realiza. Há um corolário interessante advindo desse fato: modificações impostas à estrutura devem resultar em desvios de função (patologias). Desse modo, os primeiros estudos moleculares das proteínas formadoras de canais iônicos procuraram entender a estrutura dessas macromoléculas quando na membrana celular. Embora as técnicas e conceitos de eletrofisiologia tenham se constituído no modo mais empregado no estudo de canais iônicos e suas correntes, a junção delas com técnicas comumente empregadas em biologia molecular abriu novos horizontes, particularmente no que diz respeito ao funcionamento desses sistemas em escala molecular. Tornou-se possível associar sequências específicas de aminoácidos a funções específicas dos canais. Mutações pontuais nessas sequências passaram a ser investigadas e associadas a patologias, por exemplo.

Assim, estudos realizados ao redor dos anos 1980 dedicaram-se inicialmente em descrever a sequência primária de aminoácidos de vários canais iônicos. Primeiro a ter sua sequência determinada, o canal/receptor de ACh (AChR) foi isolado do órgão elétrico de *Torpedo* e a proteína submetida à análise da sequência aminoacídica do terminal amino. Do trabalho inicial de Raftery et al. (1980) concluiu-se que o AChR era composto por 4 subunidades com massa molecular total de 270 ± 30 kDa. Note-se que os trabalhos envolvendo sequenciamento direto da proteína descrevem apenas sequências parciais. Isso se deve à presença de segmentos francamente hidrofóbicos, difíceis de serem sequenciados. Em anos subsequentes, o grupo de Numa, utilizando técnicas de DNA recombinante, apresenta a sequência completa de aminoácidos do AChR (Noda et al., 1984; Kubo et al., 1985; Noda et al., 1982; Numa et al., 1983) e posteriormente aquela do canal para sódio.

INTERLÚDIO: CLONAGEM GENÉTICA

Dada a importância da técnica no estudo de canais iônicos, e também de vários outros sistemas biológicos, apresentam-se em seguida os passos essenciais para o entendimento da origem dos dados que suportam muitos dos seus aspectos funcionais, tanto normal como patológico.

Em princípio, a técnica de clonagem busca isolar um segmento de DNA codificador da proteína de interesse, sua inserção em um vetor e a incorporação desse em um hospedeiro (usualmente bactérias) para que seja transcrito e a proteína produzida.

Assim sendo, e tomando-se como exemplo o AChR, o processo pode ser resumido nas seguintes etapas:

1. A maneira clássica de se elucidar a sequência primária de uma proteína qualquer consiste em purificá-la e determinar a sequência de aminoácidos de suas partes. Isso pode ser feito por meio de espectroscopia de massa ou da reação de Edelman. Essas técnicas podem ser aplicadas com relativo sucesso quando se utilizam oligopeptídeos, isto é, sequências que contenham poucos aminoácidos. Tratando-se de moléculas de alta massa molecular, como são os canais iônicos e receptores em geral, o sequenciamento por esses métodos torna-se impraticável, particularmente no que diz respeito a porções da molécula que contenham sequências de aminoácidos hidrofóbicos. No caso do AChR, sua purificação é bastante facilitada dada a existência de toxinas, como a α-bungarotoxina, que se ligam à molécula de forma bastante forte, possibilitando sua detecção por meio de técnicas de cromatrografia. Ou seja, as toxinas servem como marcadores da proteína em estudo. Uma vez isolada, os pesquisadores passaram a determinar a sequência de partes da macromolécula e descobriram que ela era

composta por 5 subunidades: com duas cadeias α, uma β, uma γ e uma δ, resultando em uma massa molecular total de 290.000 Daltons.

2. A partir desses dados bioquímicos os pesquisadores passaram a sequenciar os 50 primeiros aminoácidos de cada cadeia e demonstraram que se tratava de sequências homólogas, porém não iguais. Determinaram, ainda, que os sítios de ligação da α-bungarotoxina se situavam nas subunidades α. Ver, por exemplo, Raftery et al. (1980), Claudio (1989) e Changeaux (1992).

3. De posse desses dados, o grupo de Numa (Noda et al., 1982) isolou RNAm do órgão elétrico da arraia *Torpedo californica*. Em seguida utilizando Transcriptase Reversa (DNA polimerase) produziram cDNA a partir do RNAm.

4. Nesse ponto são produzidas cópias de cDNA, porém com milhares de sequências com poucos kD, codificando inúmeros oligopeptídeos. Esses clones constituem uma biblioteca de cDNA e devem codificar, no caso, também a proteína originalmente transcrita no RNAm. O problema agora é isolar esse clone, entre os milhares produzidos, que codifica a proteína de interesse. Perceba que os cDNAs produzidos não contêm sequências intrônicas, já que foram produzidos a partir do RNAm, que contém diretamente a sequência de nucleotídeos codificando a proteína.

5. O próximo passo consiste em incorporar-se os cDNA em um vetor que pode ser um plasmídio. Esse, por sua vez, é incorporado em bactérias (*E. coli*, por exemplo), que são colocadas em meios apropriados para crescimento. Interessantemente, pode-se, também, incorporar no plasmídeo um gene de resistência a antibiótico, de modo que somente irão sobreviver aquelas bactérias onde o plasmídeo foi incorporado com sucesso. Temos agora um

sem-número de colônias de bactérias, cada uma expressando seu próprio cDNA. Como escolher entre essas colônias todas aquelas que expressam exatamente o cDNA codificador da nossa proteína de interesse, ou seja, o AChR?

6. A resposta a essa pergunta envolve recorrermos ao conhecimento de partes da molécula originalmente sequenciadas pelos bioquímicos. Assim, conhecendo-se essas pequenas sequências sintetizam-se DNAs de fita simples com 15 a 18 bases de comprimento, que codificam as sequências citadas acima e que contenham nucleotídeos marcados radioativamente. Por meio de hibridização a 40 °C podem-se, agora, identificar as colônias de bactérias que expressam somente o cDNA para o AChR.

7. Sendo radioativas essas colônias são selecionadas e devem conter, então, somente os plasmídeos que incorporaram originalmente o cDNA de interesse. Colocadas para crescer, essas colônias produzirão quantidades apropriadas de cDNA que poderá ter sua sequência de bases determinada e, por consequência, aquela de aminoácidos por ele codificada.

Perceba que as bactérias contendo cDNAs específicos podem ser utilizadas para a produção em larga escala de uma dada proteína. O exemplo mais marcante desse fenômeno talvez seja o de bactérias produtoras de insulina para uso humano.

Há duas outras implicações interessantes desse tipo de estudos: a) de posse de quantidades apreciáveis da proteína de interesse ela pode ser reconstituída em sistemas apropriados, como bicamadas lipídicas planas, e ter seu funcionamento estudado; b) o cDNA também pode ser utilizado para a obtenção do mRNA codificador da proteína, que transfectado em sistemas heterólogos, como linhagens de células em cultura, levará à produção da proteína de interesse, permitindo seu estudo por meios eletrofisiológicos, como é o caso dos canais iônicos em geral; c) podem-se, ainda, introduzir modificações pontuais na sequência de bases e, portanto, naquela de aminoácidos que compõem a proteína e estudar o papel de sequências particulares na sua estruturação e funcionamento. Isso é amplamente utilizado no estudo de canais iônicos, tanto para a detecção de partes envolvidas em funções específicas como para o entendimento de mutações naturais nessas proteínas que levam a patologias graves.

ESTRUTURAÇÃO DA PROTEÍNA NA MEMBRANA CELULAR

Dada a sequência primária de aminoácidos na proteína formadora do canal, a pergunta que surge diz respeito ao modo como esses se estruturam na membrana celular. Alguns dados derivados de várias proteínas bem estudadas são importantes nesse entendimento e fornecem algumas pistas. A presença de cisteínas, por exemplo, pode indicar a formação de pontes dissulfeto, conferindo certa rigidez à cadeia. Sítios de fosforilação estão normalmente associados à presença de resíduos de serina e treonina. Partes da cadeia voltadas para o extracelular podem constituir-se em sítios de glicosilação como nos grupamentos NH_2 dos resíduos de asparagina.

Observação atenta da sequência pode indicar a localização específica de sequências de aminoácidos com características físico-químicas semelhantes. Com esse intuito, Kyte e Doolittle (1982) propuseram uma maneira bastante interessante de se analisar uma sequência de aminoácidos. Esses autores concentraram suas atenções nas cadeias laterais das moléculas de aminoácidos e propuseram uma classificação baseada nas propriedades de hidrofilicidade/hidrofobicidade dos resíduos. Em princípio, os 20 aminoácidos podem ser classificados em 4 grupos: apolares, polares neutros, ácidos e básicos. Kyte e Doolittle criaram uma escala de hidropaticidade onde o aminoácido mais hidrofóbico (isoleucina) recebeu um índice de 4,5, e o mais hidrofílico (arginina), um valor de –4,5. O restante recebeu índices variando entre esses dois extremos. A tabela 5.1 apresenta parte dos dados desses autores.

TABELA 5.1 – Índices de hidropaticidade dos resíduos de aminoácidos de acordo com a classificação de Kyte e Doolittle (1982). Entre parênteses encontram-se as abreviações, de três letras e de letra única, comumente utilizadas para identificar os aminoácidos. As barras verticais apresentam gradientes de cinzas simplesmente como recurso para se visualizar a gradação de hidropaticidade entre os aminoácidos.

Aminoácido	Índice hidropaticidade	
Isoleucina (Ile; I)	4,5	Muito
Valina (Val; V)	4,2	
Leucina (Leu; L)	3,8	
Fenilalanina (Phe; P)	2,8	
Cisteína (Cys; C)	2,5	
Metionina (Met; M)	1,9	
Alanina (Ala; A)	1,8	Pouco
Glicina (Gly; G)	–0,4	Pouco
Treonina (Thr; T)	–0,7	
Serina (Ser; S)	–0,8	
Triptofano (Trp; W)	–0,9	
Tirosina (Tir; Y)	–1,3	
Prolina (Pro; P)	–1,6	
Glutamina (Gln; Q)	–3,5	
Asparagina (Asn; N)	–3,5	
Ácido Aspártico (Asp; D)	–3,5	
Ácido Glutâmico (Glu; E)	–3,5	
Histidina (His; H)	–3,2	
Lisina (Lys; K)	–3,9	
Arginina (Arg; R)	–4,5	Muito

Portanto, conhecendo-se a sequência primária de aminoácidos de uma proteína qualquer, pode-se, tentativamente, procurar sequências de resíduos com características semelhantes e fazer inferências sobre a estrutura assumida pela cadeia de aminoácidos. Vamos utilizar como exemplo a sequência aminoacídica da subunidade α do receptor colinérgico, dado ter sido esse o primeiro canal/receptor a ser clonado e ter sua sequência primária conhecida. Os dados principais são mostrados na figura 5.2. Da sequência apresentada, pode-se chegar às seguintes conclusões: 1. os primeiros 24 resíduos do terminal amino constituem o peptídeo sinal. Como se pode notar, contém muitos aminoácidos hidrofóbicos (marcados em negrito na Figura 5.2), sendo 7 leucinas (Leu). O terminal carboxílico é finalizado com uma glicina (neutra). Sequências desse tipo são frequentemente observadas em proteínas que, após processamento pelo retículo endoplasmático, serão incorporadas a vesículas e direcionadas para a membrana plasmática, como é o caso das subunidades formadoras do receptor colinérgico; 2. em seguida à serina marcada com o número 1, tem-se o início propriamente dito da proteína. Os próximos 200 aminoácidos, aproximadamente, conferem a essa porção da molécula uma característica essencialmente hidrofílica. A sequência Asn-Cys-Thr (posição 141-143) pode ser um sítio de glicosilação, assim como outras sequências onde a Thr é substituída por Ser; 3. existem 7 resíduos de Cys na molécula toda. Cys são conhecidas por formar pontes dissulfeto. Pelo menos duas dessas Cys encontram-se próximas ao sítio de ligação da acetilcolina. Dada a presença de vários aminoácidos polares e mesmo carregados, pressupõe-se que essa parte da molécula se situe prioritariamente no ambiente aquoso extracelular; 4. chama a atenção, em seguida, 4 sequências de aminoácidos, sombreadas em cinza. A primeira delas (M1) apresenta 22 aminoácidos (resíduos 211-232); a segunda (M2), 19 aminoácidos (resíduos 243-261); a terceira (M3), 22 aminoácidos (resíduos 277-298); e a quarta (M4), 19 aminoácidos

```
                          -20                                      -10                                         -1
        Met  Ile Leu Cys Ser Tyr Trp His Val  Gly Leu Val  Leu Leu Leu Phe Ser Cys Cys Gly Leu Val  Leu Gly

    1                                          10                               20
  Ser  Gly His Gly Thr  Arg L eu Val  Ala Asn Leu Leu Gly  Asn Tyr  Asn Lys  Val  Ile Arg Pro Val Glu  His His  Thr

            30                               40                               50
  His  Phe Val Asp Ile Thr Val Gly Leu Gln  Leu Ile Gln Leu  Ile Ser Val  Asp Glu Val Asn Gln  Ile Val Glu Thr

          60                               70
  Asn Val Arg Leu Arg Gln Gln Trp  Ile Asp Val Arg Leu Arg  Trp Asn Pro Ala  Asp Tyr Gly Gly  Ile Lys Lys Ile

        80                               90                               100
  Arg Leu Pro Ser Asp Asp Val Trp Leu Pro  Asp Leu Val Leu Tyr Asn  Asn Ala Asp Gly Asp Phe Ala Ile Val His

              110                               120                               130
  Met Thr Lys  Leu  Leu Leu Asp Tyr Thr Gly Lys  Ile  Met Trp Thr Pro Pro Ala  Ile  Phe  Lys  Ser  Tyr  Cys  Glu Ile

                140                               150
  Ile Val Thr His Phe Pro Phe Asp Gln Gln  Asn Cys Thr  Met  Lys Leu  Gly Ile Trp Thr Tyr Asp Gly Thr Lys Val

            160                               170                               180
  Ser  Ile  Ser Pro  Glu Ser Asp Arg Pro Asp Leu Ser Thr Phe  Met  Glu Ser Gly Glu Trp Val Met Lys Asp Tyr Arg

              190                               200
  Gly Trp Lys His Trp Val Tyr Tyr Thr Cys Cys Pro Asp Thr Pro Tyr Leu Asp  Ile Thr Tyr His Phe Ile Met Gln

      210                               220    M1                         230
  Arg Ile  Pro Leu Tyr  Phe Val Val Asn Val Ile Ile Pro Cys Leu  Leu  Phe Ser Phe Leu Thr Gly Leu Val Phe Tyr

            240                               250   M2                           260
  Leu Pro Thr Asp Ser Gly  Glu Lys Met  Thr  Leu  Ser  Ile Ser  Val Leu  Leu Ser Leu Thr  Val  Phe Leu Leu Val Ile

                  270                               280    M3
  Val  Glu Leu Ile Pro Ser Thr Ser Ser Ala Val Pro Leu Ile Gly Lys Tyr Met  Leu Phe Tyr Thr Met Ile  Phe  Val

        290                               300                               310
  Ile Ser Ser Ile Ile  Ile Thr Val Val Val Ile Asn Thr  His His Arg Ser Pro Ser Thr His Thr Met Pro Gln Trp

                          320                               330
  Val Arg Lys Ile Phe  Ile Asp Thr Ile Pro Asn Val Met Phe  Phe Ser Thr Met Lys Arg Ala Ser Lys Glu Lys Gln

            340                               350                               360
  Glu Asn Lys  Ile Phe Ala Asp Asp Ile Asp Ile Ser Asp  Ile Ser Gly Lys Gln Val Thr  Gly Glu Val Ile Phe Gln

                  370                               380
  Thr Pro Leu Ile Lys Asn Pro Asp Val Lys Ser Ala Ile Glu Gly Val Lys Tyr Ile Ala Glu His Met Lys Ser Asp

    390                               400                               410   M4
  Glu  Glu Ser Ser Asn Ala Ala Glu Glu Trp Lys Tyr Val Ala Met Val Ile Asp His Ile Leu Leu Cys Val Phe Met

        420                               430
  Leu Ile Cys Ile Ile Gly Thr Val Ser Val  Phe Ala  Gly Arg Leu  Ile Glu Leu Ser Gln Glu Gly
```

FIGURA 5.2 – Sequência de aminoácidos da subunidade α do receptor colinérgico deduzida a partir da sequência de bases do RNAm obtido de clonagem do cDNA de *Torpedo californica*. O resíduo número 1, que dá início à sequência primária do AChR, é uma serina seguida por mais 436 resíduos na ordem apresentada. As sequências sombreadas em cinza indicam regiões com aminoácidos hidrofóbicos. Os números acima de certos aminoácidos, espaçados em décadas, servem simplesmente para a orientação das respectivas posições na cadeia. Modificada de Noda et al. (1982).

(resíduos 409-427). Essas sequências apresentam duas características comuns: têm um tamanho ao redor de 20 resíduos e possuem vários aminoácidos hidrofóbicos. Interessantemente, sequências com cerca de 20 aminoácidos formam uma alfa-hélice com cerca de 30 angstroms de comprimento, suficiente para atravessar a bicamada lipídica de lado a lado. O caráter essencialmente hidrofóbico desses segmentos sugere, ainda, que essas alfa-hélices devem encontrar-se imersas no interior da bicamada; 5. a sequência entre os segmentos M3 e M4 deve situar-se no intracelular, dados seu caráter hidrofílico e a presença de possíveis sítios de ligação para fosfatos, como Ser e Thr.

O arranjo topológico dessa, ou qualquer outra sequência de aminoácidos na membrana celular, pode ser visualizado por meio de um gráfico do **índice de hidropaticidade** de cada resíduo aminoacídico, contra sua posição na cadeia primária, como originalmente sugerido por Kyte e Doolittle (1982). Esses autores tomaram o valor do índice de hidrofobicidade/hidrofilicidade associado a cada um dos aminoácidos mostrados na tabela 5.1 e os graficaram em função da posição numérica do respectivo resíduo de aminoácido na sequência primária da proteína. Resultados desse tipo para a subunidade α do receptor colinérgico são mostrados na figura 5.3.

Fica claro, de início, o caráter francamente hidrofóbico das 4 regiões chamadas de M1, M2, M3 e M4. Isso leva à suposição de que formem alfa-hélices e atravessem a bicamada lipídica de lado a lado. Por essa razão, sequências com essas características, presentes na topologia dos canais iônicos, são comumente associadas a regiões envolvidas na formação do poro do canal. Interessante observar que, apesar da franca hidrofobicidade dessas sequências, existem alguns aminoácidos como a serina e a treonina que supostamente devem alinhar-se no interior do poro, conferindo a esse a necessária hidrofilicidade para a movimentação dos íons. Experimentos de mutação pontual nesses aminoácidos com substituições de serina por alanina (menos hidrofóbica) resultam em franca

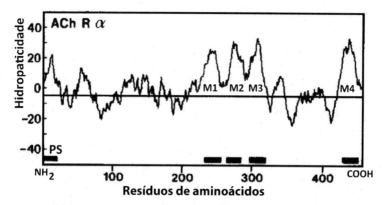

FIGURA 5.3 – Índice de hidropaticidade dos resíduos de aminoácidos da subunidade alfa do receptor colinérgico contra a respectiva posição na sequência primária. Valores positivos indicam caráter mais hidrofóbico, e negativos, aqueles mais hidrofílicos, conforme dados da tabela 5.1. Números na abscissa correspondem àqueles ocupados pelos resíduos na sequência primária. As regiões M1, M2, M3 e M4 estão indicadas embaixo de cada pico correspondente e pelas barras horizontais acima da abscissa. PS indica a sequência do peptídeo sinal. NH_2 e COOH indicam os terminais amino e carboxi, respectivamente. Modificada de Schofield et al. (1987).

diminuição na condutância do canal iônico, assim como na sua afinidade para bloqueadores, como QX222, que, por serem hidrofílicos, devem entrar na fase aquosa do canal para bloqueá-lo.

Embora tenhamos apresentado alguns detalhes da subunidade α, é importante salientar que o receptor/canal colinérgico é uma proteína pentamérica composta pelas subunidades α (2 subunidades), β, γ e δ de massas moleculares crescentes, resultando em massa molecular total ao redor de 290.000 Da. Apesar de diferentes entre si, guardam extensa identidade aminoacídica e apresentam, com frequência, os mesmos aminoácidos em posições idênticas da sequência primária. Ressalte-se, como veremos adiante, que vários outros canais iônicos também são constituídos por mais de uma subunidade e, além disso, podem apresentar subunidades acessórias, importantes para modular seu funcionamento. Esses aspectos serão tratados na discussão dos tipos específicos de canais iônicos.

ESTRUTURA TRIDIMENSIONAL DOS CANAIS IÔNICOS NA MEMBRANA CELULAR

A próxima pergunta é: como as proteínas formadoras de canais iônicos arranjam-se tridimensionalmente no interior da bicamada lipídica? Ilustraremos esse ponto utilizando, ainda, a subunidade α do receptor/canal colinérgico e começaremos por analisar a sequência primária mostrada na figura 5.2. Obviamente, segmentos com características hidrofílicas (ver Tabela 5.1 e Figura 5.3), como é o caso dos cerca de 200 primeiros aminoácidos do terminal N, devem situar-se em um ambiente aquoso. Note que praticamente metade de todos os aminoácidos constituintes da subunidade se situa no exterior. Isso é esperado, dada a existência nesse trecho de sítios de glicosilação, dos sítios de ligação de α-bungarotoxina e de ACh. Por outro lado, a existência de sítios de fosforilação na sequência entre os segmentos M3 e M4 sugere que esse grupo de aminoácidos esteja posicionado no intracelular. Além disso, experimentos com a subunidade δ mostram que a formação de dímeros por essas subunidades pode ser impedida com a utilização de enzimas, que permanecem no lado extracelular e quebram pontes dissulfeto, sugerindo que o terminal COOH esteja também do lado extracelular. Por sua vez, os segmentos com características hidrofóbicas determinam a estrutura secundária por meio da formação de alfa-hélices que atravessam a bicamada lipídica de lado a lado, como sugerido pelos perfis de hidropaticidade mostrados na figura 5.3. O arranjo desses segmentos particulares na membrana determina, por sua vez, a estrutura terciária da subunidade, como ilustrado na figura 5.4A.

Embora essa disposição dos vários segmentos de aminoácidos tenha sido deduzida a partir de dados referentes à subunidade α, ela também se aplica às outras subunidades, dada a grande identidade molecular entre elas. A formação de um canal ocorre quando todas as subunidades inte-

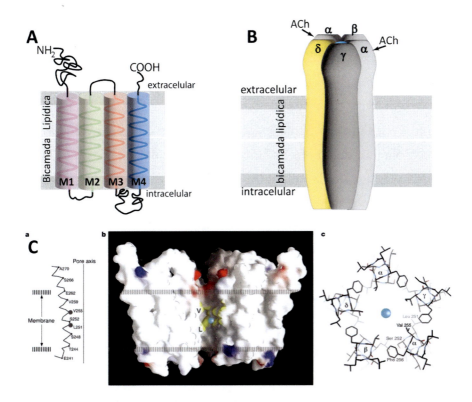

FIGURA 5.4 – Arranjo topológico da subunidade α do receptor/canal colinérgico na membrana. **A**) Topologia da subunidade α mostrando o possível arranjo na bicamada lipídica baseado na sequência primária de aminoácidos (Figura 5.2) e na distribuição dos respectivos índices de hidropaticidade (Figura 5.3). Os segmentos M1, M2, M3 e M4 são ilustrados como formadores de alfa-hélices, atravessando a membrana de lado a lado. Ilustração fora de proporção. **B**) Cada receptor/canal de ACh é composto por 5 subunidades (2α, β, γ e δ). Embora diferentes, apresentam grande homologia. **C**) Modelo atômico da região do canal. **C**a) Sequência de aminoácidos da região M2, formadora da alfa-hélice, da subunidade α. As esferas cheias indicam a posição dos aminoácidos hidrofóbicos Val265 e Leu251. **C**b) Superfície molecular da região do poro com a subunidade frontal removida para visualização. As regiões em vermelho e azul correspondem a áreas contendo cargas negativas e positivas, respectivamente. As regiões em amarelo indicam as posições correspondentes a Val265 e Leu251. **C**c) Arranjo simétrico das cadeias laterais das 5 subunidades. As esferas colocadas em **C**b e **C**c correspondem a um íon sódio desenhado em proporção aos outros elementos moleculares do canal. As linhas de traços indicam os limites da bicamada lipídica. Figura 5.4**C** retirada de Miyazawa, et al. (2003).

ragem na membrana, dando forma à estrutura quaternária do complexo receptor/canal colinérgico. Esse fato é ilustrado na figura 5.4B. Perceba que o canal iônico é formado pelas paredes internas das 5 subunidades e os poucos aminoácidos hidrofílicos de cada segmento conferem ao interior do canal as condições necessárias para a entrada de íons nesse ambiente, vencendo as interações que eles faziam com as moléculas de água nas soluções de ambos os lados da membrana. Destacam-se, ainda, os sítios de ligação da ACh, presentes nas subunidades alfa. A figura 5.4C mostra com mais realismo o modelo atômico do canal colinérgico no estado fechado. Na figura 5.4Ca, tem-se parte da sequência de aminoácidos do segmento M2, com destaque para a Val255 e a Leu251. A figura 5.4Cb foi construída a partir de imagens de microscopia eletrônica de membranas pós-sinápticas de *Torpedo marmorata* em estado cristalino (Miyazawa et al., 2003). A obtenção dessa visão molecular em escala envolveu a tomada de inúmeras imagens e seu tratamento computacional. Nesta figura, a subunidade frontal foi retirada para dar destaque ao interior do canal. A figura 5.4Cc confirma o arranjo das subunidades em uma simetria pentamérica ao redor do canal e todas estão em contato com os lipídios da bicamada. Embora essa técnica revele aspectos mais detalhados da estrutura do canal, resultados semelhantes haviam sido obtidos por outros autores, unindo técnicas eletrofisiológicas e substituições de aminoácidos específicos em segmentos determinados da subunidade. Assim, Akabas et al. (1994) realizaram substituições de todos os aminoácidos no segmento compreendido entre Glu241 e Glu262 da subunidade M2 por cisteínas e a expressaram juntamente com as outras subunidades em oócitos da rã *Xenopus*. Em seguida, trataram os oócitos com o reagente metanotiossulfonato de amônio adicionado ao extracelular, que reage especificamente com sulfidrilas. Como o reagente é carregado positivamente e, portanto, altamente hidrofílico, a reação se dará apenas com aqueles grupamentos expostos no lúmen do canal. Por meio de medidas de correntes iônicas de canais mutados e selvagens expressados em oócitos, concluíram que 10 dos resíduos (ver Figura 5.4Ca) do segmento estudado estão efetivamente posicionados no interior da luz do canal.

Na discussão acima utilizou-se o canal colinérgico como exemplo de estudo de canais iônicos devido ao fato de ter sido ele o primeiro a ser clonado e ter sua estrutura bastante conhecida. Estudos similares têm sido realizados com um grande número de canais de diferentes tipos, sempre para se verificar qual/quais porções da proteína são responsáveis por funções específicas desempenhadas por eles. A combinação de biologia molecular, eletrofisiologia, microscopia eletrônica, difração de raios X e outras técnicas têm contribuído sobremaneira para essa finalidade. Finalmente, cumpre ressaltar que tais estudos têm levado ao entendimento de inúmeras patologias, frequentemente associadas ao mau funcionamento dessas proteínas da membrana celular.

DETECÇÃO ELÉTRICA DE CANAIS IÔNICOS: A TÉCNICA DE *PATCH-CLAMP*

Como deve ter ficado claro dos parágrafos anteriores, os canais iônicos constituem-se em vias com características hidrofílicas, por onde os íons podem migrar de um lado a outro da membrana e, portanto, gerar correntes. Medidas de correntes iônicas macroscópicas passando pela membrana eram fortes indicativos de que deveriam existir vias para a migração de íons através da bicamada lipídica, embora classicamente não estivessem associadas à presença de proteínas específicas. Em princípio, a detecção de correntes iônicas fluindo por um só canal, ou vários, pode ser resolvida utilizando-se a lei de Ohm, ou seja:

$$I_i = g_i \left(V_m - E_i \right) \qquad (5.1)$$

Portanto, dada uma força eletromotriz de um íon i qualquer [(V_m – E_i) onde V_m é o potencial de repouso da célula e E_i o potencial de equilíbrio do íon através de uma membrana], poderemos medir uma corrente I_i desde que a membrana apresente uma certa condutância g_i ao íon em questão. Mais ainda, dados (V_m – E_i) e medida I_i podemos calcular g_i e observar como esse parâmetro pode ser influenciado por vários fatores como voltagem, mediadores químicos, distensão da membrana, drogas ativadoras ou bloqueadoras, temperatura etc.

Desse modo, Neher e Sakmann conseguiram resolver o problema de detecção de correntes minúsculas, passando por canais unitários, utilizando a técnica de fixação de voltagem e incorporando duas manobras interessantes aos seus experimentos: 1. redução considerável da área a ter a voltagem fixada, conseguida por meio da aposição de uma micropipeta de vidro com diâmetro de boca ao redor de micrometros à superfície da membrana celular. Isso deveria garantir que a medida se realizasse apenas em um fragmento de membrana (*patch*) que contivesse um ou poucos canais iônicos; 2. fazendo com que a boca da micropipeta de vidro aderisse fortemente à membrana celular. Essa manobra assegura que não haja vazamento considerável de corrente nessa junção, garantindo um nível de ruído baixo e compatível com a medida que se pretendia fazer. A isso deram o nome de Giga Selo (*Giga Seal*). Surgia, dessa forma, a técnica de *patch-clamp* que possibilitou, pela primeira vez, a medida de correntes unitárias diretamente em membranas celulares. Erwin Neher e Bert Sakmann ganharam o prêmio Nobel de Fisiologia ou Medicina em 1991 por suas descobertas. Para entender a técnica vamos utilizar o esquema elétrico mostrado na figura 5.5.

A membrana celular é estruturada pela bicamada lipídica, onde se inserem as proteínas formadoras dos canais iônicos, representadas por resistências (R_i). Embora a figura 5.5 mostre somente alguns, obviamente existem muitos canais e de diferentes tipos na membrana, cada um

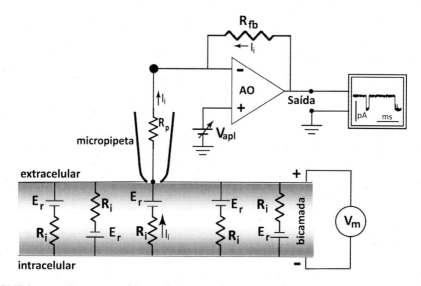

FIGURA 5.5 – Esquema elétrico básico da técnica de *patch-clamp*. A membrana celular é vista como uma bicamada lipídica (delimitada pela região sombreada entre as linhas paralelas) onde estão inseridos inúmeros canais iônicos, representados por resistências (R_i, ou seu inverso g_i) associadas aos respectivos potenciais de equilíbrio (E_r). I_i representa a corrente do íon (i) passando pelo seu respectivo canal. AO representa um amplificador operacional. Os sinais colocados em seu interior referem-se às entradas inversora (–) e não inversora (+), respectivamente. R_p é a resistência da micropipeta assentada sobre a membrana; R_{fb} é a resistência de *feedback*. V_{apl} refere-se à voltagem a ser aplicada através da membrana e pode ser controlada pelo experimentador. A saída do sistema de medida é, geralmente, conectada a um conversor analógico/digital e o sinal armazenado em computador para análise posterior. V_m indica o potencial de repouso da célula.

seletivo a seu íon em particular. Para medir a corrente específica que passa por um desses canais, tudo que precisamos fazer, desde um ponto de vista elétrico, é isolar a resistência (ou condutância) por onde a corrente está passando e desviá-la para um dispositivo de medida (um amperímetro). No caso do estudo de células diretamente, isso seria feito com o auxílio de uma micropipeta de vidro com diâmetro de ponta da ordem de micrometros (indicada na Figura 5.5) cheia com uma solução condutora e possuindo uma certa resistência R_p. A conexão da micropipeta ao sistema eletrônico é feita, geralmente, por meio de eletrodos de prata/cloreto de prata. O sistema de medida é constituído essencialmente por um amplificador operacional (AO) configurado no modo conversor corrente/voltagem. Ou seja, por meio dele pode-se detectar uma corrente e transformá-la em voltagem, que agora pode ser lida por uma placa conversora analógica/digital e armazenada em computador. Perceba que a saída do AO é uma voltagem que obrigatoriamente será proporcional à corrente que chega até ele. Essa proporcionalidade, lei de Ohm, é informada ao computador que mostrará os resultados na unidade correta, pA por exemplo. De maneira simplista, pode-se dizer que o funcionamento do AO se baseia na manutenção de uma diferença de potencial igual a zero entre as suas duas entradas (–) e (+). Como a resistência entre elas é muito grande, não roubam corrente do sistema. Em havendo um desbalanço de potencial entre elas o amplificador injetará corrente via R_{fb} de modo a compensar qualquer diferença que apareça. Portanto, a chegada de I_i ao terminal (–) fará com que uma corrente em sentido contrário e de mesmo módulo passe por R_{fb}, somando-se a I_i proveniente da pipeta e anulando-a. Obviamente, haverá uma queda de voltagem em R_{fb} proporcional à magnitude da corrente e que poderá ser medida na saída do AO. A proporcionalidade entre a corrente sendo medida e a voltagem é simplesmente garantida pela lei de Ohm. Perceba, ainda, que há uma bateria variável conectada à entrada (+) que pode aplicar nesse terminal uma voltagem, de escolha do experimentador. Dessa forma, pode-se, em princípio, aplicar qualquer voltagem à preparação, possibilitando analisar seu papel no funcionamento dos canais iônicos. O Apêndice 5-I analisa com um pouco mais de detalhes o funcionamento de amplificadores operacionais mostrando alguns circuitos com as configurações mais comuns.

Vamos analisar um pouco mais o circuito da figura 5.5. Idealmente, a corrente deve passar pelo canal iônico e entrar direto na pipeta, sem perdas para o extracelular na junção entre sua parede de vidro e a membrana. Isso é conseguido se o selo entre a pipeta e a membrana tiver uma resistência muito grande, da ordem de 10^9 Ohms, de onde o nome de Giga Selo. Garantida essa condição, I_i somente retornará à terra após passar pelo AO. Outra condição deverá ser ainda satisfeita: a pipeta precisa ter uma resistência R_p bem menor que R_i para garantirmos que não haja queda significativa de voltagem em R_p, o que se somaria (ou subtrairia) à voltagem que se pretende aplicar através da membrana. Por isso, as micropipetas são fabricadas no laboratório com diâmetros de ponta apropriados ao tipo de experimento a ser realizado. Assim, quando se pretende medir a atividade de um único canal iônico necessitamos de uma micropipeta com diâmetro muito reduzido, para limitar ao máximo a área de membrana que deverá conter só um e não vários canais. Nesse caso, como a resistência do canal também é grande, a pipeta poderá ter uma resistência também alta, da ordem de 10^{11} Ohms.

Do ponto de vista elétrico, o sistema deve satisfazer uma outra condição para que possamos medir alguma corrente com precisão, isto é, deve ter um ganho. E isso é conseguido por meio da seleção adequada de R_{fb}. Note que a voltagem a ser percebida pelo AO será aquela determinada pela corrente que passa em R_i e deverá ser igual a:

$$V_{in} = R_i.I_i \tag{5.2}$$

Por outro lado, a voltagem na saída do AO será:

$$V_{out} = R_{fb}.I_i \tag{5.3}$$

Sendo I_i o mesmo nos dois casos, pode-se escrever:

$$V_{out} = V_{in}.\frac{R_{fb}}{R_i} \tag{5.4}$$

Ou seja, a proporcionalidade entre V_{out} e V_{in} será dada pela razão entre a resistência de *feedback*, R_{fb}, e a resistência do canal iônico, R_i. Logo, a razão $\frac{R_{fb}}{R_i}$ determinará o ganho do sistema. Por esse motivo, os sistemas de medida apresentam-se, normalmente, com R_{fb} de valor elevado, de forma que o ganho seja maior que 1.

Desde um ponto de vista prático, o primeiro passo para medidas de correntes iônicas, utilizando-se a técnica de *patch-clamp*, consiste em encostar uma micropipeta de vidro, com o auxílio de micromanipuladores e sob visão microscópica, à membrana celular sem perfurá-la. Isso é mostrado no painel central da figura 5.6, onde uma célula de Leydig é mantida em câmara de perfusão montada sobre a platina de um microscópio.

Ao mesmo tempo que a micropipeta é aproximada da superfície celular, pulsos de voltagem são aplicados em curtos intervalos, medindo-se a resposta de corrente que passa pela sua boca. Dessa forma, tem-se uma medida contínua da resistência da micropipeta que pode ser visualizada em osciloscópio ou na tela do computador. A aproximação da micropipeta à membrana plasmática fará com que sua boca seja progressivamente "obstruída" pela membrana celular, aumentando sua resistência. Normalmente um selo da ordem de alguns Gigaohms, estável no tempo, é conseguido com leve sucção aplicada à micropipeta. Ressalte-se que essa selagem à membrana celular é bastante estreita, de modo que não há vazamento significativo de corrente através da junção entre a micropipeta e a membrana, como já mencionado anteriormente. Nessa condição temos uma configuração básica da técnica, chamada de *cell-attached* (acolada à membrana), como mostrado no painel superior da figura 5.6. Podem-se, então, registrar correntes unitárias passando pelos canais circunscritos pela área da boca da micropipeta. Se essa área for relativamente pequena haverá a possibilidade de isolarmos um único canal; se a área for grande pode-se ter múltiplos canais. Essa configuração é particularmente interessante quando se deseja analisar o controle do

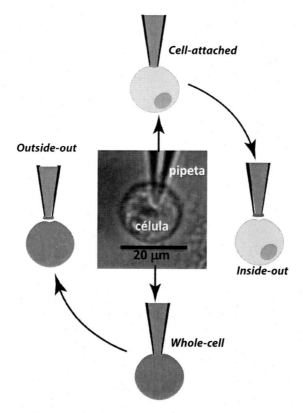

FIGURA 5.6 – Configurações da técnica de *patch-clamp*. No centro, tem-se microfotografia de uma célula de Leydig com a micropipeta de *patch* acolada à superfície da membrana. O esquema superior mostra a configuração chamada de *cell-attached*, com a pipeta simplesmente acolada a célula. Retração da pipeta leva a rompimento da membrana e separação de um fragmento, constituindo-se na configuração *inside-out* (face interna da membrana para fora) (painel à direita). O painel inferior mostra a configuração *whole-cell* (célula inteira) onde a membrana é rompida, tendo-se acesso ao intracelular. Perceba que o conteúdo da pipeta passa a determinar a composição do intracelular. Finalmente, se nesta configuração retrairmos a pipeta, um pedaço da membrana é isolado, só que a face da membrana originalmente voltada para o extracelular fica agora voltada para a solução de banho, daí o nome de *outside-out* (face externa da membrana para fora)*. Isto está esquematizado no painel à esquerda.

---

*Os termos *cell-attached*, *inside-out* e *outside-out* não têm correspondentes diretos em português. Embora na legenda da figura 5.6 se tenha colocado, entre parênteses, uma possível tradução, usaremos no texto preferencialmente os termos em inglês.

funcionamento do canal pela maquinária bioquímica intacta da célula, por exemplo, quando da ação de algum hormônio. Se agora a pipeta for retraída da superfície celular e o fragmento de membrana que contenha o(s) canal(is) de interesse for retirado da célula, tem-se a configuração chamada de *inside-out* (intracelular para fora) (painel direito da Figura 5.6). Nesse caso, o lado intracelular da proteína formadora do canal fica em contato com a solução de banho e o lado extracelular fica em contato com a solução interna da pipeta. Essa configuração permite que se façam alterações na composição da solução de banho, de modo a se averiguar o efeito de drogas e/ou íons sobre o canal a partir de sua face intracelular. Por outro lado, se após a obtenção do Giga Selo uma sucção de maior intensidade for aplicada à micropipeta, pode-se romper a área de membrana circunscrita por sua boca, ganhando-se acesso ao intracelular. Nessa condição registra-se o somatório de todas as correntes que passam pelo conjunto de todos os canais presentes na membrana celular e que estejam abertos em dado instante. Essa é chamada de configuração *whole-cell* (de célula toda) e a corrente terá magnitude muito maior que a de um único canal. Nesse caso (painel inferior da Figura 5.6) a solução presente no interior da pipeta irá se difundir para o intracelular e, praticamente, determinará a composição desse ambiente. Isso pode ser interessante quando se deseja controlar a composição do intracelular. O registro de correntes macroscópicas requer a correção tanto da resistência em série do sistema, como da capacitância da célula, sob risco de erros graves na sua quantificação. As razões e as maneiras de se proceder a essa correção são descritas no final deste capítulo.

Finalmente, se após atingir a configuração *whole-cell* a pipeta for retraída da célula, a membrana é rompida e os fragmentos se fecham novamente (lembre-se de que a membrana é relativamente hidrofóbica devido aos fosfolipídios), só que por causa disso a face extracelular da membrana fica voltada para a solução de banho e a face intracelular para a solução da pipeta. Essa configuração é interessante quando se deseja estudar efeitos de substâncias que atuam sobre os canais a partir do lado extracelular, como é o caso de ATP atuando sobre canais purinérgicos, por exemplo. A escolha de qual configuração utilizar depende, obviamente, do tipo de pergunta que se pretende responder.

REGISTROS DE CANAIS UNITÁRIOS

A pergunta que se faz agora é: que informações básicas podem ser evidenciadas a partir de um registro temporal de correntes iônicas que passam por um único canal? Para ilustrar esse ponto, analisaremos passo a passo os resultados mostrados na figura 5.7, obtidos de um experimento típico na configuração *inside-out*, onde se tinha somente um canal no *patch* de membrana.

O primeiro ponto que chama a atenção nos traçados da figura 5.7A é que a corrente se apresenta em **saltos**, isto é, ela só é encontrada em dois níveis: um ao redor de 0 pA e outro ao redor de 9 pA, como indicado pelas setas à direita dos traçados. Cada um desses níveis é associado a um estado do canal que chamamos de **fechado** (0 pA) ou não condutor e **aberto** (9 pA) ou condutor. A transição entre esses estados caracteriza a **cinética** do canal, determinada pelos **diferentes estados conformacionais** assumidos temporalmente pela proteína que o forma. Portanto, esse tipo de traçado revela o funcionamento de uma única molécula proteica que se encontra inserida na membrana celular. Nesse caso em particular, o registro foi feito em concentrações iguais de K^+ em ambos os lados da membrana e submetido a uma voltagem de -30 mV aplicada ao lado extracelular. Trata-se, portanto, de uma **despolarização**. Nos registros mostrados os saltos de corrente têm sempre a mesma magnitude e repetem-se no tempo. No entanto, percebe-se que os eventos de aber-

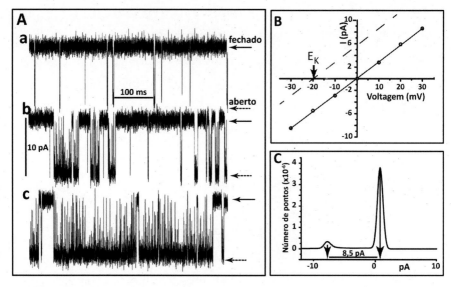

FIGURA 5.7 – Analisando correntes unitárias. **A)** Registros típicos de correntes passando por um único canal presente no *patch*. Experimento realizado em células de Leydig de camundongos. As concentrações de K⁺ são as mesmas em ambos os lados do canal e igual a 150 mM. Os estados aberto e fechado do canal são indicados pelas setas à direita dos traçados. **a, b** e **c** referem-se a registros realizados em concentrações de cálcio iguais a 10^{-7}, 10^{-6} e 3×10^{-6} M, respectivamente, na solução de banho, isto é, em contato com o lado intracelular do canal. As escalas de amplitude de corrente e tempo aplicam-se a todos os registros. Sinais adquiridos a 20 kHz e filtrados em 5 kHz (passa baixo). **B)** Relação entre corrente unitária I (pA) e voltagem (mV). Este gráfico é construído observando-se o canal nas várias voltagens indicadas pelos pontos colocados sobre a reta em linha cheia. A imposição de um gradiente de potássio através do *patch* faz com que a relação se desloque para a esquerda e cruze a ordenada no valor do potencial de reversão para o K⁺, 20 mV no caso (linha tracejada). **C)** Histograma de todos os pontos observados no registro com a concentração de cálcio igual a 10^{-6} M.

tura se tornam mais frequentes à medida que a concentração de cálcio é aumentada no lado intracelular. Conclui-se, portanto, tratar de canais para potássio ativados por cálcio. Na verdade, eles também respondem a despolarizações da membrana e nesse sentido são, também, **dependentes de voltagem**. Como saber se existe **somente um canal** ativo no *patch* ou mais de um? Em um primeiro momento essa pergunta pode ser respondida simplesmente analisando-se um registro de longa duração. Se não se observarem saltos de corrente que sejam múltiplos de um valor unitário podemos imaginar tratar-se de um único canal. Além disso, sabendo-se de sua dependência de voltagem e da concentração de cálcio, podem ser aplicadas grandes despolarizações e altas concentrações desse íon para aumentar a probabilidade de ocorrerem aberturas e, consequentemente, de observar saltos múltiplos de corrente.

Outra informação importante na caracterização de um canal diz respeito a sua condutância. Em outras palavras, quantos íons passam pelo canal por unidade de tempo? Esta pergunta pode ser respondida tomando-se a corrente unitária dada em pA e transformando-a em número de íons utilizando-se o número de Faraday (96.500 Coul/mol) e o número de Avogrado ($6,03 \times 10^{23}$ íons por mol). Em geral, os canais iônicos carreiam ao redor de 10^8 íons por segundo. Aliás, esse número pode ser utilizado para identificarmos uma dada proteína como canal e não **carregador**, já que este transporta um número de íons ou moléculas muito menor por segundo. Para calcularmos a condutância do canal fazemos uso da lei de Ohm, expressa pela equação 5.1 mostrada acima, ou seja:

$$g_K = \frac{I_K}{(V_m - E_K)} \qquad (5.5)$$

Portanto, observando-se a corrente unitária (I_i) em vários níveis de voltagem aplicados à membrana (V_m) podemos construir um gráfico I-V (corrente em função da voltagem), como mostrado na figura 5.7B. Em um primeiro passo, nossas medidas foram realizadas em concentrações iguais de potássio banhando ambas as faces do canal. Essa situação é descrita pela reta aposta aos pontos experimentais. Como mostrado e esperado, quando a voltagem é zero a corrente também é zero, isto é, nessa situação E_K é zero, já que não existe gradiente químico para o potássio através da membrana. A imposição de um gradiente de concentração ao sistema faz a reta deslocar-se para valores de voltagens positivos ou negativos, dependendo do sentido do gradiente. A título de exemplo, a reta tracejada mostra uma situação em que um gradiente de potássio correspondente a 150 mM de um lado e 67,7 mM do outro é imposto através do canal (valores escolhidos simplesmente por conveniência). A reta que descreve a relação I-V agora cruza a abscissa em –20 mV e esse é o valor do potencial de equilíbrio do potássio (E_K) nessa situação. Você pode usar esses dados e a equação de Nernst para concluir que esse é um canal seletivo a potássio? Quando V_m é igual a E_K a corrente é zero e chamamos esse ponto em particular de **potencial de reversão** do sistema, como discutido anteriormente no Capítulo 2. Outro ponto que merece destaque é o fato de a relação I-V para o canal unitário ser **linear**, ou seja, o **canal unitário é ôhmico**. Isso quer dizer que sua condutância é constante e não depende do potencial aplicado através da membrana. Por meio da inclinação da reta que descreve os pontos experimentais podemos calcular a condutância do canal: ao redor de 300 pS. Trata-se, portanto, de um maxicanal para potássio ativado por cálcio. Estudos desse tipo são feitos para a maioria dos canais iônicos e a condutância unitária varia entre os vários tipos, sendo que no geral se situa ao redor de poucos pA.

Outra característica evidente nos traçados acima é que o canal pode passar mais ou menos tempo no estado aberto ou naquele fechado, dependendo de fatores que possam controlar sua cinética. No caso temos um canal cuja cinética é dependente de cálcio, portanto a probabilidade de encontrá-lo no estado aberto aumenta com a concentração desse íon, como se pode visualizar nos traçados da figura 5.7Aa, Ab e Ac. Uma primeira maneira de quantificar esse fenômeno é calcular qual o percentual de tempo que o canal fica aberto ou fechado. Isso é mostrado na figura 5.7C para a concentração de cálcio de 10^{-6} M e com a voltagem em –30 mV. Essa distribuição é chamada de **distribuição de amplitudes** de todos os pontos (*all points amplitude distribution*) e consiste em medir-

-se o valor em pA de cada ponto que compõe o traçado e construir um histograma com eles. Verifica-se que os pontos se distribuem ao redor de dois picos, um ao redor de 0 pA e outro ao redor de –8,5 pA, que podem ser descritos por gaussianas. Claro está que a área sob cada pico é proporcional ao número de pontos existentes no estado que o canal esteve e é proporcional ao **tempo** que o canal nele permaneceu, em relação ao tempo total de observação. Portanto, sabendo-se a área sob cada pico e dividindo-se pela área total (soma das áreas dos dois picos), tem-se a porcentagem de tempo que o canal permaneceu naquele estado de interesse, ou seja, a probabilidade de encontrar o canal naquele estado particular. No caso em estudo, percebe-se que a área sob o pico em 0 pA é bem maior que aquela em –8,5 pA, indicando que o canal permaneceu a maior parte do tempo de nossa observação no estado fechado. Fazendo--se as contas para esse caso chegamos à conclusão que o canal permaneceu cerca de 10% do tempo no estado aberto e 90% no estado fechado. Portanto, pode-se dizer que a probabilidade de ele ser encontrado no estado aberto (P_o) é 0,1 e no estado fechado (P_c) de 0,9. Análises semelhantes são feitas para as várias concentrações de cálcio e/ou voltagens, podendo ser aplicadas a outros tipos de canais iônicos.

CINÉTICA DOS CANAIS IÔNICOS: UM MODELO SIMPLES

A descrição acima visou mais diretamente a quantificação de aspectos relacionados à condução dos canais, sem preocupação efetiva com a evolução temporal dos eventos, ou seja, a **cinética** que determina as transições estruturais da proteína entre os estados conformacionais aberto e fechado. Uma primeira aproximação a esse problema pode ser feita utilizando-se um modelo onde o canal transite somente entre dois estados: um único estado aberto (**A**) e um único estado fechado (**F**). Isso significa que não existem estados intermediários e o canal estará obrigatoriamente no estado fechado ou naquele aberto. Além disso, assume-se que as transições são abruptas e independem do estado prévio onde se encontrava o canal, isto é, podem ser descritas por um sistema de Markov. A figura 5.8 ilustra o modelo:

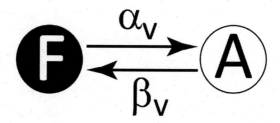

FIGURA 5.8 – Esquema cinético de dois estados. F = estado fechado; A = estado aberto; α_v e β_v são as constantes de velocidade que levam ao estado aberto e fechado, respectivamente.

Importante ressaltar que os canais iônicos normalmente apresentam mais de um estado aberto e fechado, com cinéticas muito complexas. Aqui a utilização desse modelo simples serve a dois propósitos: 1. entender os conceitos que regem a cinética de canais iônicos utilizando-se de ferramentas matemáticas compreensíveis para a maioria; e 2. introduzir a noção de **constantes de velocidade**, α_v e β_v, que regem as transições entre os estados e que, no caso, são **dependentes de voltagem**, uma propriedade apresentada por vários tipos de canais iônicos. Resultados de simulação desse modelo em computador podem ser visualizados na figura 5.9.

De modo semelhante ao mostrado na figura 5.7, a corrente apresenta saltos com magnitudes constantes. Imposição de voltagens diversas mostra que esses saltos são proporcionais a elas, como esperado para um canal com condutância constante, no caso igual a 100 pS (calculado pela lei de Ohm). As concentrações iônicas assumidas no modelo são as

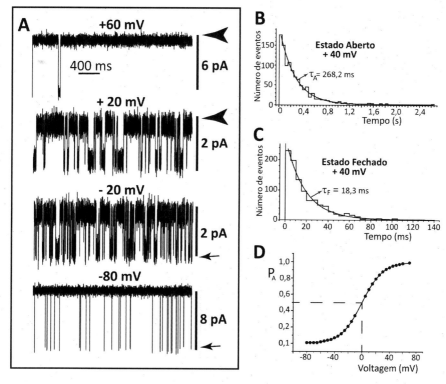

FIGURA 5.9 – Simulação computacional da cinética de um canal com somente dois estados. **A)** Registros temporais de correntes unitárias para um canal simulado com o programa IonChannelLab (*simulating complex ion channel kinetics with IonChannelLab*. Channels, 2010). Detalhes sobre como construir um modelo markoviano desse tipo podem ser encontrados em Zafirelli et al. (2021). A voltagem foi fixada nos valores indicados sobre cada traçado. As setas indicam os estado aberto do canal para as voltagens de +20 mV e +60 mV e para as voltagens de –20 mV e –80 mV, respectivamente. Assumiram-se concentrações iguais de cátions nas duas soluções que banham o canal e simetria na dependência de voltagem. Os sinais das voltagens referem-se àqueles do lado intracelular do canal. A escala de tempo aplica-se a todos os registros. **B** e **C)** Distribuições dos tempos de abertura e fechamento do canal observados a +40 mV. **D)** Probabilidades de se encontrar o canal no estado aberto (P_A) contra as voltagens impostas ao canal. A curva ajustada aos pontos experimentais é explicitada na equação 5.12.

mesmas em ambos os lados do canal, portanto, o potencial de reversão é igual a zero. Disso resulta que os saltos de correntes para voltagens de mesma magnitude, mas sinais contrários, têm o mesmo módulo (compare os traçados a −20 e a +20 mV) com sentidos diferentes. Assim, para as voltagens negativas as aberturas do canal são para baixo, enquanto para as voltagens positivas são para cima. Outro aspecto qualitativo que emerge dos traçados é que os tempos de permanência em dado estado são francamente dependentes da voltagem aplicada. Enquanto em +60 mV (uma despolarização) o canal permanece aberto quase o tempo todo apresentando apenas um evento de fechamento durante a observação, em −80 mV (uma hiperpolarização) acontece o contrário, isto é, ele permanece fechado a maior parte do tempo. Ou seja, a cinética de funcionamento desse canal é **dependente de voltagem**.

Como quantificar esse fenômeno? Nossa análise inicia-se com medidas dos **tempos médios de abertura** ($\bar{t}_A$) e **fechamento** ($\bar{t}_F$). Isto é, fazendo-se o somatório dos tempos em que o canal permanece em cada estado e dividindo-se pelo tempo total de duração do registro (obviamente há que se ter um número mínimo de eventos para que a medida tenha algum significado). Note que, para um canal com apenas dois estados, os tempos médios de abertura ou fechamento correspondem às constantes de tempo das funções densidade de probabilidade para os estados, como mostrado na figura 5.9B e C. Se o canal apresentar mais de um estado aberto e/ou fechado essas funções terão mais de um termo exponencial e a discriminação de cada um deles torna-se matematicamente mais complicada e não será discutida aqui. De acordo com o modelo apresentado na figura 5.8, a constante α_v é responsável por fazer com que o canal saia do estado fechado e vá para o aberto e a constante β_v responsável pelo fenômeno inverso. Em outras palavras, o tempo médio que o canal passa em dada conformação ($\bar{t}_A$ ou $\bar{t}_F$) é igual à recíproca da soma de todas as constantes de velocidade que o tiram daquela conformação. Na verdade, as constantes de velocidade indicam o número de vezes que o canal transita de um estado a outro por segundo.

Como no caso de nosso canal só temos duas constantes de tempo podemos escrever:

$$\bar{t}_A = \tau_A = \frac{1}{\alpha_v} \quad e \quad \bar{t}_F = \tau_F = \frac{1}{\beta_v} \qquad (5.6)$$

Logo, medidas dos tempos médios de permanência em dado estado, para cada voltagem, permitem a determinação das constantes de velocidade em cada caso.

Assim sendo, as **probabilidades de encontrar o canal em dado estado** podem ser escritas como:

$$P_A = \frac{\tau_A}{\tau_A + \tau_F} \quad e \quad P_F = \frac{\tau_F}{\tau_A + \tau_F} \qquad (5.7)$$

Substituindo-se as respectivas constantes de tempo pelas definições apresentadas nas equações (5.6) resulta em:

$$P_A = \frac{\alpha_v}{\alpha_v + \beta_v} \quad e \quad P_F = \frac{\beta_v}{\alpha_v + \beta_v} \qquad (5.8)$$

Como afirmado acima, as constantes de velocidade que caracterizam a cinética desse canal são dependentes de voltagem. Mecanisticamente isso implica assumir que a proteína formadora do canal deve apresentar regiões com cargas que se constituem em **sensores de voltagem,** capazes de responder a variações no campo elétrico através da membrana. Ou seja, variações no campo elétrico fazem com que essas cargas se movam e causem as mudanças conformacionais necessárias para levar o canal de um estado aberto para o fechado e vice-versa. Tais sensores se relacionam ao que é conhecido com o nome de *gating charge* (q), cuja magnitude é normalmente expressa em relação à carga do elétron ($q_e = 1,602 \times 10^{-19}$ C), ou seja:

$$q = z \cdot q_e \qquad (5.9)$$

Onde z representa o **número efetivo de cargas** movidas durante o processo de abertura ou fechamento do canal e é dependente do tipo particular de canal em consideração.

Por sua vez, as constantes de velocidade dependem tanto da voltagem como das *gating charges* de uma forma exponencial. Na verdade, o produto $(V_m \cdot z \cdot q_e)$ é a **energia potencial elétrica** que, somada à **energia potencial térmica**, faz com que a proteína vença a barreira energética que separa os distintos estados conformacionais e transite entre eles (fechado para aberto e vice-versa). Levando em conta essas considerações, pode-se demonstrar que as constantes de velocidade dependem exponencialmente do potencial através da membrana, como expresso nas equações 5.10 e 5.11 (para detalhes da derivação dessas equações ver Smith (2002), e Sigg (2014)).

$$\alpha_v = \alpha_0 . \exp\frac{(\delta z q_e V_m)}{kT} \tag{5.10}$$

$$\beta_v = \beta_0 . \exp\left[\frac{-((1-\delta)z q_e V_m))}{kT}\right] \tag{5.11}$$

Onde: α_0 e β_0 são as constantes de velocidade quando $V_m = 0$ mV; k é a constante de Boltzmann; T, a temperatura em °K; δ, a fração do campo elétrico dentro da membrana que deverá ser vencida pelas cargas para que o canal se abra; e $(1-\delta)$, o mesmo parâmetro para o fechamento do canal.

Perceba que carga se movimentando no espaço e no tempo é a própria definição de corrente. Ora, se a movimentação das cargas de *gating* deve preceder a abertura de um canal iônico, esse fenômeno deve originar uma "**corrente de *gating***" que precederá o aparecimento da corrente iônica fluindo pelo canal quando de sua abertura.

Assim sendo, e introduzindo-se as relações 5.10 e 5.11 na equação que relaciona a probabilidade de abertura do canal com as constantes de velocidade, definida em 5.8, tem-se explicitamente que:

$$P_A = \frac{1}{1+\exp(\frac{-zqe(V-V_{1/2})}{kT})}$$ (5.12)

Onde, $V_{1/2}$ é a voltagem em que $P_A = 0,5$.

Essa equação é conhecida **como distribuição de Boltzmann** e descreve adequadamente os pontos experimentais mostrados na figura 5.9D, obtidos por meio da análise dos traçados de correntes unitárias, onde se mediu P_A em função das voltagens aplicadas ao sistema.

Em síntese, análises como as mostradas na figura 5.9D constituem-se em elementos fundamentais e amplamente empregados para se entender o funcionamento dos mais diversos tipos de canais iônicos. Associadas a outras técnicas como biologia molecular, por exemplo, permitem fazer inferências bastante diretas relacionando a estrutura a função de proteínas, inclusive com implicações fisiopatológicas.

A MEMBRANA PLASMÁTICA POSSUI MUITOS CANAIS IÔNICOS: CORRENTES MACROSCÓPICAS

As análises anteriores tiveram como foco o funcionamento de um único canal iônico. No entanto, a membrana celular apresenta grande número de canais iônicos e de vários tipos. Portanto, a pergunta que se faz agora é: como explicar as correntes que passam pela membrana toda com base no funcionamento de um único canal?

O primeiro fato a ser considerado é que a corrente total (I_{total}) que passa por uma membrana em dada condição é resultado do somatório das várias correntes que passam por todos os canais que se encontram **abertos no momento da observação**. Esse fato pode ser visualizado a partir de experimentos em que se medem as correntes que passam pela área total da membrana que circunscreve a célula. Como se pode observar na figura 5.10, a aplicação de pulsos de voltagem, utilizando-se a configuração *whole-cell* da técnica de *patch-clamp*, evoca correntes macroscópicas, cujas magnitudes e decursos temporais (cinética) são francamente dependentes do potencial aplicado.

Embora os resultados da figura 5.10 refiram-se a um tipo de canal para potássio ativado por cálcio, ele também é ativado por voltagem, e este é o parâmetro sendo analisado aqui e que servirá para exemplificar o fenômeno. Correntes macroscópicas resultantes da movimentação iônica através de canais de **um único tipo** podem ser observadas experimentalmente utilizando-se procedimentos farmacológicos (bloqueadores, por exemplo), expressão do canal de interesse em sistemas heterólogos (como é o caso da Figura 5.10), protocolos especiais de voltagem etc.

A simples observação visual das correntes (Figura 5.10B) chama a atenção por pelo menos três motivos: 1. elas apresentam um decurso temporal que reflete a velocidade com que os canais passam do estado fechado para o aberto. Como consequência, a taxa de subida da corrente no tempo é dependente do potencial aplicado. Isso difere bastante dos registros de correntes unitárias, que sempre apresentam saltos de magnitudes constantes no tempo; 2. as magnitudes das correntes são bem maiores que aquelas do canal unitário, nA em vez de pA, já que refletem o somatório das correntes unitárias que atravessam a área total da membrana plasmática, por isso a técnica (Figura 5.10A) é conhecida como *whole-cell patch-clamp*; 3. as magnitudes das respostas de correntes dependem das respectivas voltagens aplicadas e a relação I-V não é mais linear, como mostrado na figura 5.10C, em franco contraste com a relação I-V das correntes unitárias.

Claro que o mesmo tipo de fenômeno é observado na relação G_{norm} *versus* V (Figura 5.10D). Quantitativamente, esses dados experimentais são adequadamente descritos por relações de Boltzmann, que fornecem parâmetros sobre o grau de dependência de voltagem do sistema e a vol-

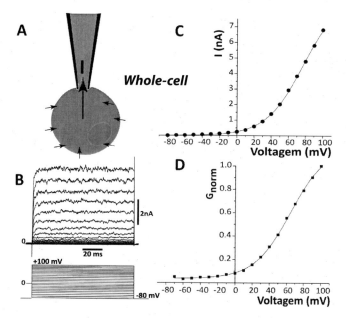

FIGURA 5.10 – Correntes macroscópicas. **A)** Técnica de registro de célula inteira. O conteúdo da pipeta de *patch* dialisa o intracelular e coleta a corrente (I) que passa pelos canais iônicos (setas dirigidas para o intracelular; poderiam ser para fora também). **B)** Registros de correntes em células CHO expressando o cDNA hslo-α para a subunidade α do canal para potássio ativado por cálcio. As concentrações de potássio são as mesmas dentro e fora da célula e o intracelular continha 10^{-6} M de cálcio. A célula foi mantida em –80 mV e pulsos de voltagem foram aplicados durante o tempo indicado, partindo de –80 até +100 em passos de 10 mV. O painel inferior mostra o protocolo de voltagem aplicado à célula. **C)** Relação I-V para os registros mostrados em **B**. Notar que, no caso, as correntes revertem em –80 mV, que é o potencial mantido na célula durante o tempo entre os pulsos de voltagem. **D)** Relação entre a condutância normalizada (G_{norm}) e a voltagem para as mesmas correntes. A linha contínua em ambos os gráficos **C** e **D** representam as equações 5.19 e 5.20, respectivamente, ajustadas aos pontos experimentais. $V_{1/2} = 64$ mV e $zq_e/kT = 0,053$ mV^{-1}.

tagem onde P_A é 0,5, ou seja, quando as constantes microscópicas α_v e β_v apresentam os mesmos valores.

Em termos formais, os resultados da figura 5.10 são descritos partindo-se do fato de que a corrente total resulta do somatório das correntes unitárias, ou seja:

$$I_{total} = \sum_1^n i_{sc} \qquad (5.13)$$

Parte-se, aqui, do princípio de que I_{total} apresenta um comportamento que deve refletir aquele dos respectivos canais unitários. Como descrito anteriormente, a corrente que passa por um canal unitário pode ser descrita pela lei de Ohm, conforme a equação (5.1). Ou seja:

$$i_{sc} = g_{sc}(V_m - E_i) \qquad (5.14)$$

Onde i_{sc} é a corrente de canal unitário; g_{sc}, a condutância de um único canal; V_m, o potencial de membrana; e E_i, o potencial de reversão (ou de equilíbrio) do íon que se esteja considerando.

Se considerarmos g_{sc} uma constante, i_{sc} deve apresentar uma dependência linear da força eletromotriz ($V_m - E_i$). No entanto, análise da figura 5.9D mostra que a probabilidade de se encontrar o canal aberto (P_A) é uma função da voltagem através da membrana. Isso significa que no estado estacionário nem todos os canais estarão abertos ao mesmo tempo, mas sim transitando entre os estados fechado e aberto, de modo que uma certa fração deles estará conduzindo e outra não. A relação entre essas frações, mais uma vez, é dependente da voltagem. Portanto, a descrição da corrente total que passará pela membrana deverá incorporar esse fato e será dada por:

$$I_{total} = N.P_A.i_{sc} \qquad (5.15)$$

Ou,

$$I_{total} = N.P_A.g_{sc}(V_m - E_i) \qquad (5.16)$$

Onde N é o número total de canais de uma dada espécie presente na membrana e i_{sc} foi definida na equação 5.14. Claro está que a **corrente máxima** (I_{total}^{max}) ocorrerá quando **todos** os canais estiverem no estado aberto, situação em que $P_A = 1$; isto é: $I_{total}^{max} = i_{sc}.N$.

Perceba que devido P_A ser dependente da voltagem, I_{total} também o será e para levar esse fato em conta este termo será reescrito como I^V_{total} e a equação (5.16) fica sendo:

$$I^V_{total} = N.P_A.g_{sc}(V_m - E_i) \qquad (5.17)$$

Além disso, o produto $N.g_{sc}$ nada mais é que a condutância máxima da membrana, quando todos os canais estiverem abertos $P_A = 1$. Levando em conta esse fato, pode-se escrever:

$$I^V_{total} = P_A.G_{max}.(V_m - E_i) \qquad (5.18)$$

Por outro lado, levando-se em conta a explícita dependência de voltagem de P_A, como definida pela equação (5.12), a equação (5.18) transforma-se em:

$$I^V_{total} = \frac{1}{1+\exp(\frac{-zq_e(V-V_{1/2})}{kT})} \cdot G_{max} \cdot (V_m - E_i) \qquad (5.19)$$

Essa equação mostra que a corrente que passa pela fração de canais abertos em dada voltagem deve ser função do número total de canais presentes na membrana ($G_{max} = N.g_{sc}$), da força eletromotriz ($V_m - E_i$) e de um termo ($\frac{zq_e}{kT}$) que, em última análise, descreve o quão dependente de voltagem é o sistema. $V_{1/2}$ é a voltagem em que metade dos canais se encontra no estado aberto e a outra no fechado.

Por conveniência pode-se rearranjar os termos da equação (5.19) e normalizar a condutância em cada voltagem (G_v) pela condutância máxima (G_{max}) do sistema. Isto resulta em:

$$\frac{G_v}{G_{max}} = G_{norm} = \frac{1}{1+\exp(\frac{-zq_e(V-V_{1/2})}{kT})} \qquad (5.20)$$

Importante salientar que existem outras formas de controle do funcionamento dos canais iônicos, como transmissores, tensão na membrana, segundos mensageiros etc. Em qualquer caso, quem controla o fenômeno é sempre a célula, com a finalidade de levar a cabo um requisito fisiológico qualquer.

Correção da resistência em série e capacitância celular em experimentos de patch-clamp

Medidas de correntes iônicas na configuração de célula inteira da técnica de *patch-clamp* requerem alguns cuidados especiais, sob risco de produzirem resultados absolutamente díspares e com grande margem de erros. Resultados obtidos sem os devidos cuidados têm aparecido na literatura, particularmente em trabalhos onde "apenas um registro" é mostrado a título de ilustração conveniente de um dado fenômeno. Dois desses problemas serão aqui analisados: erros devido à não correção da capacitância da membrana celular e erros devido à não correção da chamada **resistência em série**. O circuito elétrico apresentado na figura 5.11 servirá de base à análise que se fará.

De início, é importante notar que a corrente total que passa pelo sistema pode ser dividida em duas porções: uma que flui pela capacitância da membrana (I_c) e outra que flui pelo seu elemento resistivo (I_m), ou seja:

$$I_i = I_m + I_c \tag{5.21}$$

Essas correntes tendem a se somar no tempo, de modo que, à medida que o capacitor é progressivamente carregado, I_c diminui e I_m aumenta. Claro está que, após o carregamento completo do capacitor, I_c será igual a zero e a corrente I_i, medida na condição estacionária, será simplesmente igual a I_m.

A resistência em série (R_s) é definida como o somatório de todas as resistências que se interpõem entre a entrada do conversor corrente--voltagem (amplificador de *patch*) e a membrana celular, por onde fluem

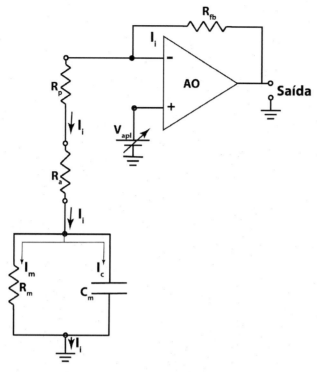

FIGURA 5.11 – Esquema elétrico da montagem experimental para medidas de correntes em células. AO é um amplificador operacional configurado como conversor corrente-voltagem e já discutido anteriormente neste capítulo e no Apêndice 5-I. R_a = resistência de acesso; R_p = resistência da micropipeta; V_{apl} = voltagem de comando a ser aplicada na célula; I_i = corrente que flui pelo sistema e que se deseja medir; R_m = resistência da membrana; C_m = capacitância da membrana celular; I_m e I_c = correntes que fluem pela resistência e capacitância da membrana, respectivamente.

as correntes iônicas. No circuito da figura 5.11 fica evidente que R_s deve corresponder à soma das resistências da micropipeta (R_p) e de qualquer resistência que se apresente entre a boca da micropipeta e o acesso efetivo ao intracelular (R_a), ou seja,

$$R_s = R_p + R_a \qquad (5.22)$$

Portanto, a resistência total percebida pelo circuito de medida, chamada de resistência de entrada (R_{in}), será igual à soma de R_s e a resistência da membrana (R_m). Ressalte-se que R_m é o parâmetro que realmente interessa conhecer em experimentos de fixação de voltagem, já que descreve a condutância da membrana e, portanto, sobre as vias de passagem dos íons (canais iônicos). Desse modo, podemos escrever:

$$R_{in} = R_s + R_m = R_p + R_a + R_m \tag{5.23}$$

Isso posto, fica fácil verificar no circuito da figura 5.11 que a corrente I_i que circula no sistema provocará quedas de voltagens em cada uma das resistências citadas e não só na membrana celular, que é o ponto de real interesse. Por outro lado, perceba que a voltagem de escolha do experimentador a ser imposta pelo amplificador (V_{apl}) à membrana será dividida entre as resistências da pipeta, de acesso e da membrana, já que estão em série e funcionam como um divisor de tensão, ou seja:

$$V_{apl} = V_p + V_a + V_m \tag{5.24}$$

A equação (5.24) é clara: V_{apl} só será integralmente aplicada à membrana celular se V_p e V_a forem iguais a zero, o que se constitui em uma impossibilidade experimental. A equação (5.24) pode ser escrita em termos de resistências e respectivas correntes, aplicando-se a lei de Ohm em cada caso:

$$V_{apl} = R_p I_i + R_a I_i + R_m I_i \tag{5.25}$$

Ou,

$$V_{apl} = (R_p + R_a) I_i + R_m I_i \tag{5.26}$$

E de acordo com a equação (5.22):

$$V_{apl} = R_s I_i + V_m \tag{5.27}$$

Logo:

$$V_{apl} = V_s + V_m \tag{5.28}$$

Onde, V_s é a queda de voltagem na resistência em série, e V_m, a queda de voltagem através da membrana celular.

Torna-se evidente, portanto, a existência de um erro intrínseco nas medidas utilizando fixação de voltagem com o amplificador de *patch-clamp*. Isso porque a tensão que deveria estar sendo aplicada integralmente à membrana é contaminada com uma fração que se expressa em R_s. Obviamente, esse "erro" será maior ou menor dependendo do valor de R_s e da corrente I_i. Por exemplo, se estivermos realizando medidas de correntes unitárias (canais únicos), isso não deve constituir-se em problema, já que I_i terá um valor muito pequeno (poucos pA) e a queda de voltagem em R_s será insignificante. Por outro lado, I_i torna-se de magnitude considerável (nA) quando as medidas são feitas na configuração de célula inteira (*whole-cell*).

Como proceder à correção desse desvio para minimizá-lo? Para tanto, há que se ter uma estimativa do valor de R_s. Isso é feito com base nos resultados experimentais ilustrados na figura 5.12 e que mostram o decurso temporal da resposta de corrente a um pulso de voltagem qualquer.

No instante em que o pulso de voltagem (V_{apl}) é ligado, praticamente toda corrente que fluir pelo sistema seguirá pela via do capacitor da membrana, já que nessa condição ele será carregado (ou descarregado). A essa corrente chamamos de corrente capacitiva de pico (I_{pc}), como indicado na figura 5.12. Portanto, nesse instante inicial (t = 0) não haverá corrente fluindo pela resistência da membrana e a equação 5.26 pode ser reescrita como:

$$V_{apl} = (R_p + R_a) \cdot I_i = R_s \cdot I_i \qquad (5.27)$$

Como a resistência da pipeta (R_p) é conhecida *a priori*, e I_{pc} pode ser medida como indicado na figura 5.12, é possível avaliar-se R_a e proceder a correção para minimizar seus efeitos, de modo que V_{apl} seja efetivamente a voltagem aplicada através da membrana da célula. Essa estra-

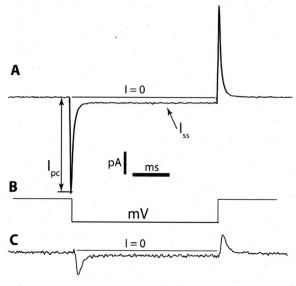

FIGURA 5.12 – Traçados de correntes observados em uma célula qualquer. **A)** Respostas de correntes sem correção alguma. **B)** Pulso de voltagem aplicado à célula. **C)** Resposta de corrente após correção incompleta da capacitância da membrana feita pelo amplificador. As escalas de correntes, voltagem e tempo possuem magnitudes arbitrárias e servem apenas para ilustrar qualitativamente o fenômeno em discussão. I_{pc} = corrente de pico observada imediatamente após ligar-se o pulso de voltagem; I_{ss} = corrente no estado estacionário; I = 0 indica o nível zero de corrente.

tégia é utilizada pelos amplificadores de *patch* que possuem um circuito especialmente desenhado para fazer esse tipo de compensação. Por esse motivo, o experimentador deve sempre utilizar uma micropipeta com a menor resistência possível, em comparação com a resistência da membrana, de modo a tornar insignificantes erros desse tipo.

Outro ponto que merece destaque se relaciona à capacitância da membrana, que impõe ao sistema um atraso na imposição efetiva da voltagem através da membrana. Isto é, apesar de representarmos o pulso de voltagem com uma subida instantânea, na verdade ele está sujeito a um atraso com constante de tempo $\tau = R_s \cdot C_m$, dado o arranjo mostrado no circuito da figura 5.11. Também nesse caso os amplificadores de *patch* possuem maneiras de se proceder à correção de C_m. Perceba que ao corrigir C_m tem-se, automaticamente, uma avaliação de sua magnitude, o que pode ser utilizado para a estimativa da área de membrana da célula em estudo.

Torna-se, portanto, importante que experimentadores utilizando a técnica de *patch-clamp* em seus laboratórios estejam alertas para os fatos descritos acima e tenham em mente a necessidade de se proceder às correções tanto de R_s como de C_m para não incorrerem em erros primários em seus registros. Erros desses tipos tendem a refletir-se nos decursos temporais das correntes que serão medidas, bem como em suas magnitudes.

Apêndice 5-I

Introdução a Amplificadores Operacionais

Os amplificadores operacionais (AO) foram primeiramente projetados para resolver operações aritméticas, daí o seu nome, no campo da computação analógica. Em última análise, constituem-se em fontes de voltagem não constantes, isto é, dependentes da entrada e arranjo que adquirem no circuito de interesse. Posteriormente, com configurações adequadas, foram incorporados à instrumentação eletrofisiológica, servindo como voltímetros, amperímetros, filtros, integradores de sinais etc. Aqui iremos analisar as principais características dos AO que os tornam úteis para o entendimento das medidas elétricas encontradas comumente no campo eletrofisiológico. O texto é voltado mais para estudantes com formação centrada no campo biológico, mas que se interessam pela eletrofisiologia em seus vários aspectos.

Idealmente, um AO, como o esquematizado na figura 5.13, deve apresentar três características fundamentais: 1. **resistência de entrada** (R_e) infinita, de tal modo que o instrumento não drene nenhuma corrente da fonte (uma célula, por exemplo) que gera o sinal sendo avaliado. Chamamos esse sinal de **voltagem de entrada** (V_e – diferença de potencial elétrico entre os pontos **e** e **e'**). 2. a **resistência de saída** (R_s) deve ser zero, de modo que possa ser conectada a diversos aparelhos, onde o

218 • ELETROFISIOLOGIA CELULAR

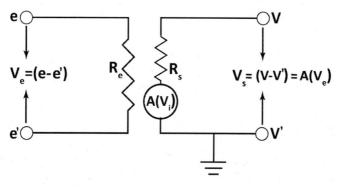

FIGURA 5.13 – Amplificador operacional ideal. Setas servem apenas para indicar os pontos onde se têm as voltagens indicadas. Veja texto para definição dos termos utilizados na figura.

sinal (V_s – voltagem de saída) será adequadamente lido (osciloscópios, conversores analógicos digitais etc.). Ou seja, o AO não deve interferir em tais aparelhos. 3. o **ganho** (A) de um AO ideal é, em uma situação de alça aberta (sem ligação entre entrada e saída), infinito. Levando em conta essas considerações, pode-se escrever que $V_s = A(V_e)$. Obviamente, amplificadores operacionais reais fogem de alguma maneira do comportamento ideal. No entanto, diversos tipos de correções podem ser aplicados de modo a tornar seu uso bastante disseminado.

Nota: utilizaremos neste texto o termo resistência, preferencialmente à impedância, com vistas a facilitar o entendimento do circuito. Claro está que isso é uma particularização.

Em termos físicos, o AO apresenta-se, normalmente, com 8 pinos. A figura 5.14 mostra aqueles de maior interesse aqui. Primeiramente nota-se que as entradas do AO estão conectadas aos pinos 2 e 3, marcados com o sinal de – e +, respectivamente. O sinal – indica a **entrada inversora** do AO. Isto é, sinais elétricos aplicados nessa entrada aparecerão na saída (pino 6) com a polaridade invertida. Por outro lado, a marca + aposta ao pino 3 indica que essa é a entrada não inversora. Sinais aplicados nesse ponto aparecerão na saída com a mesma polaridade da

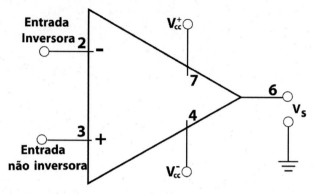

FIGURA 5.14 – Símbolo eletrônico de um AO típico. A pinagem aqui representada corresponde ao CI 741, por ser bastante popular. Ver texto para detalhes.

entrada. Os pinos 4 e 7 recebem a tensão de alimentação V_{cc}^- e V_{cc}^+, respectivamente. Como regra geral, são alimentados com voltagens de corrente direta na faixa de ± 9 V até ± 15 V. Além disso, apresentam um *offset* de baixa magnitude na entrada e as correntes de saída situam-se na faixa de µA a poucos mA.

O AO se comporta como um amplificador diferencial de alto ganho e pode ser configurado de diferentes maneiras, dependendo dos componentes utilizados e do modo como são conectados a ele. Assim, resistores e capacitores podem ser ligados de modos distintos aos pinos do AO, resultando em instrumentos capazes de realizar diversas funções com inúmeras aplicações práticas. A seguir, apresentam-se algumas configurações de interesse em eletrofisiologia, com as respectivas análises dos circuitos.

AO como seguidor de voltagem (casador de impedância)

Essa configuração encontra ampla aplicação em eletrofisiologia quando se pretende avaliar diferenças de potenciais em células. Nesse caso, tem-se uma voltagem de baixa magnitude (mV) presente na membrana celular, que apresenta resistência relativamente alta. A transferência dessa voltagem para um instrumento onde possa ser visualizada (osciloscópio, computador etc.) precisa ser feita sem distorções, seja na cinética seja na amplitude. Em outras palavras, o sinal deve ser transferido de uma fonte com alta impedância para um sistema de registro com baixa impedância. O esquema da figura 5.15 mostra o circuito equivalente da montagem.

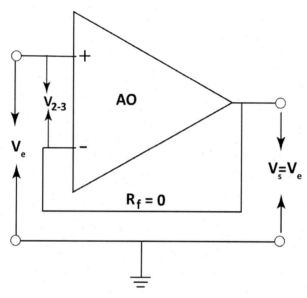

FIGURA 5.15 – Seguidor de voltagem. As setas têm o mesmo significado que aquelas da figura 5.13. Ver texto para detalhes.

Nessa configuração, V_e é aplicada ao terminal não inversor (+) do AO, de modo que não haverá mudança de fase (polaridade) do sinal na saída. Essa ligação faz com que exista uma retroalimentação negativa de tal forma que a diferença de potencial indicada por V_{2-3}, entre o terminal – e +, seja igual a zero, isto é, esses terminais são mantidos sempre no mesmo potencial e não há corrente fluindo para dentro do terminal inversor. Essa é uma regra de ouro do AO, quando existe uma alça de retroalimentação no sistema. Portanto, pode-se escrever:

$V_e = V_+$, já que esse é o ponto onde a entrada é conectada;

$V_+ = V_-$, os terminais – e + são mantidos sempre no mesmo potencial;

$V_- = V_s$, pois estão conectados diretamente, já que $R_f = 0$;

Logo: $V_e = V_s$

Além disso, o ganho do sistema é muito próximo da unidade. Para entender esse ponto vamos assumir que o ganho (G) seja de 10.000 para um AO qualquer e que, por se tratar de um AO real, exista uma pequena diferença entre V_e e V_s. Nessas condições, o ganho do circuito será:

$$G = \frac{V_s}{(V_e - V_s)} \qquad (5.27)$$

Ou seja:

$$10.000 = \frac{V_s}{(V_e - V_s)} \quad e \quad 10.000(V_e - V_s) = V_s$$

O que resulta em:

$$V_s = \left(\frac{10.000}{10.001}\right)V_e$$

Percebe-se, portanto, que para todos os efeitos práticos V_s, voltagem na saída, será igual a V_e (voltagem na entrada), que agora poderá ser lida por um outro sistema qualquer sem perda de qualidade. O ganho unitário do sistema é garantido pela ligação direta do terminal inversor (–) ao pino de saída do AO.

AO como inversor

Essa configuração implica fazermos uma alça de retroalimentação entre o terminal não inversor e a saída. Desse modo, o sinal de entrada é aplicado ao terminal inversor e a saída terá uma polaridade invertida em relação a ele. Além disso, o circuito funciona como um medidor de corrente (Ampère) com a saída em volts. Isso é bastante interessante, já o circuito pode ser conectado a outros instrumentos de medida para ser visualizado e quantificado. Os detalhes das ligações podem ser vistos na figura 5.16.

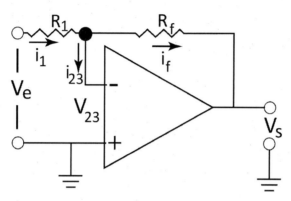

FIGURA 5.16 – Inversor corrente-voltagem.

Nessa configuração, V_e é ligada a uma resistência R_1, dando origem a uma corrente i_1 (lei de Ohm). Como o terminal não inversor é mantido em terra nesse caso, o terminal inversor também será mantido nesse potencial, de modo que i_{23} será igual a zero. A corrente i_1 deverá, obrigatoriamente, fluir pela R_f causando aí uma queda ôhmica igual a V_s. Ora, se o terminal inversor é mantido no mesmo potencial que o não inversor e este está ligado à terra, ele funciona como **terra virtual**, e, portanto, V_{23} só pode ser igual a 0. Para calcular o ganho desse sistema notamos que:

$$i_1 = \frac{V_e}{R_1} \text{ e } i_f = \frac{V_s}{R_f} \qquad (5.28)$$

Por outro lado, $i_1 = i_f$ (não há corrente resultante fluindo entre os terminais – e +). Essa constatação resulta em:

$$\frac{V_s}{V_e} = \frac{R_f}{R_1} \qquad (5.29)$$

Esta equação é a própria expressão do ganho do sistema que é determinado pela razão entre a resistência de *feedback* situada entre os terminais inversor e o de saída e a resistência da fonte de corrente ligada a ele. Esse assunto já havia sido abordado quando da discussão da técnica de *patch-clamp*. Torna-se óbvio que R_f deverá ser maior que R_1 para que o sistema tenha um ganho maior que 1.

Embora estejamos falando de corrente, a saída será dada em volts e a correspondência entre essas variáveis é determinada simplesmente pela lei de Ohm. Por exemplo, considere $i_1 = 10^{-12}$ A (1 picoA) e $R_f = 10^9$ Ohms (1 GigaOhm). A voltagem de saída do inversor será:

$$V_s = 10^{-12} . 10^9 = 10^{-3} V = 1 \, mV$$

Portanto, o ganho desse circuito será igual a 1 mV para cada pico-Amp de corrente que se aplica à entrada inversora.

AO como somador

A soma é uma das operações mais comuns que pode ser realizada por um AO. Para tanto, basta que o ponto de soma esteja conectado ao terra virtual, isto é, à entrada inversora, como mostrado na figura 5.17.

A análise desse circuito é bastante simples, bastando lembrar dos conceitos básicos discutidos nos itens anteriores. Assim sendo, é intuitivo que as correntes que fluem em cada uma das resistências de entrada podem ser determinadas simplesmente utilizando-se a lei de Ohm em cada caso. Portanto, as seguintes relações podem ser escritas:

$$i_1 = \frac{V_1}{R_1} \qquad i_2 = \frac{V_2}{R_2} \qquad i_3 = \frac{V_3}{R_3} \text{ e } i_f = \frac{V_s}{R_f}$$

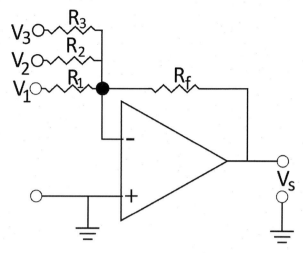

FIGURA 5.17 – AO como somador.

Como não há corrente entre os terminais – e +, i_f corresponderá obrigatoriamente ao somatório das correntes explicitadas acima, isto é:

$$i_f = i_1 + i_2 + i_3$$

Em termos de voltagem tem-se:

$$V_s = R_f \left(\frac{V_1}{R_1} + \frac{V_2}{R_2} + \frac{V_3}{R_3}\right) \quad (5.30)$$

Neste caso pode-se constatar que V_s, voltagem de saída do sistema, fica sendo igual ao somatório das voltagens de entrada balanceadas pelos valores relativos das resistências em cada caso e a resistência de *feedback*. Claro está que se as resistências foram todas iguais: $V_s = V_1 + V_2 + V_3$.

AO como integrador

Os conceitos básicos a serem lembrados aqui se referem à movimentação de cargas no tempo, que define corrente, e o acúmulo de cargas no tempo levado a efeito pelos capacitores. Assim sendo, pode-se propor o circuito apresentado na figura 5.18, no qual a resistência de *feedback* foi substituída por um capacitor de *feedback* (C_f). Válidas todas as condições discutidas anteriormente, o sinal que se quer integrar é ligado à entrada inversora por meio de uma resistência (R_1).

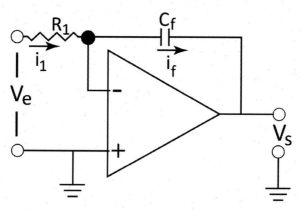

FIGURA 5.18 – AO como integrador.

Portanto, V_s será a voltagem presente no capacitor de *feedback* e deve depender do tempo, já que i_f irá sair de um valor qualquer e atingirá um valor igual a zero, quando o capacitor estiver completamente carregado para aquela voltagem aplicada na entrada (V_e). Com esses argumentos em mente podemos escrever:

$$i_1 = \frac{V_e}{R_1} \text{ e } i_f = -C_f \frac{dV_s}{dt}$$

Como não há corrente fluindo entre os terminais – e +, i_1 deverá ser igual a i_f em todos os instantes, ou seja:

$$\frac{V_1}{R_1} = -C_f \frac{dV_s}{dt} \tag{5.30}$$

Rearranjando, temos:

$$dV_s = -\frac{V_1 dt}{C_f R_1} \tag{5.31}$$

Integração da equação (5.31) entre os limites t_0 e t resulta em:

$$\int_0^t dV_s = -\frac{1}{C_f R_1} \int_0^t V_1 dt$$

ou seja:

$$V_s = -\frac{1}{C_f R_1} \int_0^t V_1 dt \qquad (5.32)$$

A equação (5.32) mostra que a voltagem de saída do sistema será igual a uma constante ($\frac{1}{C_f R_1}$), que pode ser tomada como a constante de tempo do sistema, e a integral no tempo do sinal de entrada. Claro que, se o capacitor for colocado na entrada inversora e a resistência ligada entre esse ponto e a saída, o circuito se comportará como um diferenciador.

Existem muitas outras possibilidades de circuitos utilizando AO que podem ser utilizados em várias outras situações experimentais e que não foram tratadas aqui, indo desde filtros, até amplificadores diferenciais, *booster* de frequência etc.

6 Diversidade de Canais Iônicos

Carlos Alberto Zanutto Basseto Jr
Wamberto Antonio Varanda

INTRODUÇÃO

Desde um ponto de vista puramente teleológico, a abertura ou fechamento dos canais iônicos resulta em apenas três fenômenos elétricos distintos na membrana celular: despolarização, hiperpolarização ou manutenção do potencial em um dado valor. Claro que essas diferentes ações dependem dos gradientes eletroquímicos impostos entre ambos os lados dos canais e, portanto, do sentido da corrente resultante que passa por eles. Apesar dessa aparente simplicidade funcional, os canais iônicos participam de muitos processos bioquímicos e fisiológicos necessários à manutenção da vida em todos os seus aspectos e apresentam uma variedade de tipos moleculares e mecanismos de funcionamento. Mais de uma centena de canais iônicos já foi identificada. No entanto, não existe um critério definitivo sobre como agrupá-los em diferentes grupos. Classicamente eles foram nomeados com base na seletividade a um dado íon: canais para sódio, canais para potássio, canais para cálcio e canais para ânions.

Esses podem ser subdivididos de acordo com o mecanismo básico de ativação: dependentes de voltagem, dependentes de ligantes, ativados por segundos mensageiros, temperatura, pressão etc., ou ainda agrupados com base em algumas propriedades biofísicas particulares. Existem, no entanto, alguns canais que não se encaixam nos pré-requisitos básicos enumerados acima e apresentam seletividade a cátions, com baixa discriminação entre sódio, potássio e cálcio.

Vamos, em um primeiro momento, combinar o critério da **seletividade** com aquele da **ativação** (*gating*) e descrever alguns canais mais comuns em cada caso. Como a dependência de voltagem é uma característica bastante marcante de vários canais iônicos, iniciaremos a discussão por meio desse grupo.

CANAIS DEPENDENTES DE VOLTAGEM

A superfamília dos canais dependentes de voltagem, isto é, daqueles canais que respondem à **variação no campo elétrico** através da membrana, alterando sua **probabilidade de abertura ou fechamento**, possui pelo menos 143 membros. Há uma grande homologia entre as subunidades α que os compõem. Alguns membros são ativados não só por voltagem, mas também por outras moléculas, como, por exemplo, nucleotídeos naqueles ativados por hiperpolarização e nucleotídeos cíclicos (HCN) e cálcio em canais para potássio ativados por cálcio (K_{Ca}).

Entre os canais dessa superfamília, destacam-se os canais para sódio, os para potássio e os para cálcio. De modo geral, pode-se dizer que são esses canais os responsáveis diretos por nossas atividades intelectuais, estados de humor, contração muscular, batimento cardíaco etc. Eles exercem suas funções determinando processos que levam a despolarização/repolarização/hiperpolarização das membranas das células excitáveis. Isso se faz por meio da abertura controlada desses canais pela voltagem. Dada a gama de funções, a diversidade de canais e sua presença obrigatória em todos os tecidos, os canais iônicos constituem-se em alvos de muitas toxinas naturais e de drogas utilizadas com fins terapêuticos.

Como respondem à variação de campo elétrico, os canais dependentes de voltagem possuem em sua estrutura **regiões eletricamente carregadas** que funcionam como **sensores de voltagem**, além de uma região que se constitui no **poro** condutor do canal. Esse serve à passagem dos íons e apresenta **seletividade** a eles. A subunidade proteica formadora do poro e do sensor de voltagem é chamada de subunidade α. A função dos canais pode ser modulada por subunidades reguladoras, associadas à subunidade α. Na sequência vamos analisar os canais citados acima e utilizá-los para o entendimento dos demais.

Canais para sódio dependentes de voltagem

Com base em estudos eletrofisiológicos, tem-se demonstrado a existência de uma gama de canais para sódio dependentes de voltagem (Na_v), com características cinéticas distintas. No entanto, há um padrão geral de ativação/inativação que pertence a praticamente todos eles. Isto é, os Na_v abrem-se quando ativados por despolarização. Após esse processo, no entanto, eles migram para um estado não condutor chamado de **inativado**. A permanência nesse estado depende da voltagem e de tempo, de tal modo que eles só ficarão aptos a abrir novamente se o potencial da membrana for repolarizado. Essa propriedade já foi parcialmente discutida no Capítulo 3. Iremos repetir aqui alguns conceitos que podem ser vistos na figura 6.1. Como mostrado em 6.1A, as correntes macroscópicas de célula inteira são ativadas por despolarizações, porém decaem a praticamente zero, mesmo mantendo-se o potencial despolarizante. Além disso, é bastante evidente que o decaimento das correntes é tanto mais rápido quanto maior o grau de despolarização da membrana. No geral, os decaimentos podem ser descritos por funções exponenciais de

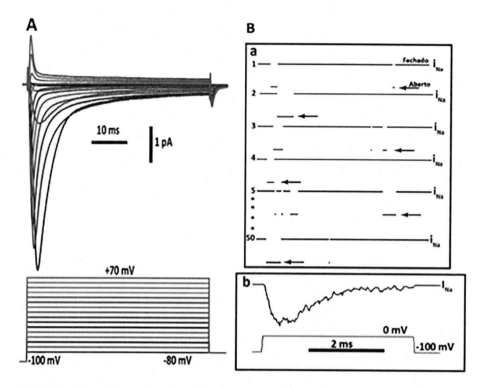

FIGURA 6.1 – Correntes de sódio inativam. **A)** Família de correntes de sódio de célula inteira (*whole-cell*) registrada em um neurônio do gânglio da raiz dorsal de rato. Os traçados inferiores indicam as voltagens aplicadas à célula, de –80 mV a +70 mV em passos de 10 mV, pelo tempo indicado. Antes da aplicação dos pulsos a célula foi hiperpolarizada para –100 mV por alguns ms a fim de remover a inativação. **B)** Equivalente qualitativo em termos de canal unitário ativado com uma despolarização de –100 mV para 0 mV durante 5 ms. As setas nos diversos traçados do painel **Ba** indicam o estado aberto do canal. Os números ao lado de cada traçado indicam o número da observação onde foi aplicado o pulso de voltagem. O total aqui foi de 50 aplicações sucessivas, sempre partindo de –100 mV, para remover a inativação, até 0 mV onde o canal se abre. O painel **Bb** mostra o decurso temporal da corrente macroscópica média (I_{Na}) esperada quando se somam todas as correntes unitárias (i_{Na}) observadas em **Ba**. Traçados apresentados em **B** foram obtidos pela simulação do comportamento de canais para sódio com o programa *Voltage-Gated Na Channel Simulation* disponível em nerve.bsd.uchicago.edu/NaHTML/stochasticNa.html, utilizando-se o modelo de Hodgkin e Huxley.

primeira ordem, com constantes de tempo mais rápidas à medida que o potencial se torna mais despolarizado. Ou seja, não só a abertura do canal é dependente de voltagem, a inativação também o é.

Os traçados da figura 6.1Ba mostram o equivalente em termos de correntes unitárias, isto é, em um **único canal**. Embora os resultados das correntes unitárias tenham sido obtidos de simulação computacional e os de correntes macroscópicas de células do gânglio da raiz dorsal, o que interessa aqui é compará-los qualitativamente. Assim, percebe-se que as correntes de canal único mostram eventos de abertura preferencialmente nos milissegundos iniciais do pulso despolarizante, sendo que, após isso, os canais se tornam não condutores ou com aberturas muito curtas. Esse comportamento é o que determina aquele observado nas correntes macroscópicas, tanto é assim que se fizermos uma média das correntes unitárias no tempo, obtidas após a aplicação de vários pulsos despolarizantes, teremos um traçado cujo decurso temporal é semelhante ao medido macroscopicamente (Figura 6.1Bb). Portanto, em termos cinéticos os Na_v podem ser representados, de maneira bastante simplificada, por pelo menos 3 estados: fechado (F), aberto (A) e inativado (I), como mostrado na figura 6.2.

Perceba que a transição do estado fechado para o aberto depende de variação na voltagem no sentido despolarizante (ΔV). A partir daí os canais entram automaticamente no estado inativado e só saem dele com a repolarização da membrana, indo para o estado conforma-

FIGURA 6.2 – Esquema simplificado dos estados funcionais assumidos por um Na_v.

cional fechado. Embora as setas no diagrama acima tenham sido colocadas em um único sentido, há evidências de que os canais podem eventualmente transitar no sentido contrário. Esse fato não será discutido aqui.

Estruturalmente, os canais para sódio são constituídos por uma subunidade α com alta massa molecular, ao redor de 260 kDa, compreendendo cerca de 2.000 aminoácidos, e subunidades regulatórias chamadas de β. A descrição detalhada dos componentes moleculares desse canal teve grande impulso com trabalhos publicados pelo grupo de Numa et al. no início dos anos 1980. A partir de uma biblioteca de cDNA obtida da eletroplaca da enguia *Eletrophorus electricus* esses autores clonaram e determinaram a sequência primária da proteína formadora do canal (Noda et al., 1984). Por meio da análise de hidropaticidade sugeriram que ele se estrutura ao redor de **4 domínios**, cada um possuindo 6 segmentos transmembrana (Figura 6.3A). Dado esse arranjo, os canais para sódio são considerados heterotetraméricos. Ambos os terminais amino e carboxílico se situam na região intracelular. O segmento transmembrana 4 (S4) chama a atenção por ser carregado positivamente, devido à presença de argininas e lisinas. Esse segmento, juntamente com os S1, S2 e S3, constituem o **sensor** de voltagem. Os resíduos positivamente carregados presentes em S4 se movem em resposta à variação no campo elétrico e iniciam as mudanças conformacionais que levam à abertura ou fechamento do canal. O movimento realizado por S4 é transmitido ao poro por meio de um *linker* (S4-S5 *linker*), que acopla o sensor de voltagem ao poro. O movimento concertado desses resíduos carregados dentro da membrana gera uma corrente capacitiva não linear, medida pela primeira vez por Armstrong e Bezanilla (1973). Essas, já referidas anteriormente, são chamadas de correntes de *gating*.

Entre os segmentos S5 e S6 existe uma alça com carga resultante negativa, conhecida como P *loop*, e formadora do **filtro de seletividade**

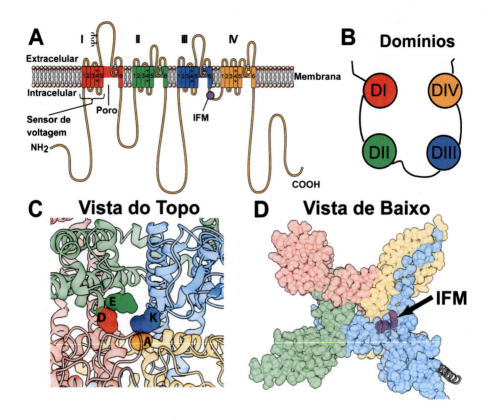

FIGURA 6.3 – Aspectos da estrutura do canal para sódio dependente de voltagem. **A**) Topologia da proteína formadora do canal na membrana. I – vermelho, II – verde, III – azul e IV – laranja, indicam os 4 domínios, cada um com 6 segmentos transmembrana numerados de 1 a 6. O segmento S4 apresenta carga resultante positiva, sendo associado ao sensor de voltagem. Os segmentos S5 e S6, ligados pela alça, formam o poro do canal. Prevalecem aqui cargas negativas ou aminoácidos polares sem carga. **IFM** indica a região responsável pela inativação do canal. Ψ indica sítios de glicosilação. **B**) Mostra como os 4 domínios se arranjam na membrana para formar um canal funcional. Cada domínio está representado por uma cor particular seguindo o mesmo critério mostrado em **A**. **C**) Estrutura em alfa-hélices vista do topo, evidenciando o poro do canal com a região do filtro de seletividade (DEKA *ring*). **D**) Visualização do canal com os átomos representados por esferas, visto de baixo (intracelular), com destaque para o motivo IFM (inativação) situado longe do poro condutor. **A**, modificada de Caterall (2001). **C** e **D** construídas a partir de Pan et al. (2018), de acordo com dados depositados no *Protein Data Base* utilizando o *software* ChimeraX1.5 (Pettersen et al., 2021). Número de acesso PDB: 6agf.

do poro do canal. Cada domínio do canal contribui com um resíduo particular para formar um anel: o domínio I contribui com aspartato (D – carga negativa); o domínio II, com glutamato (E – carga negativa); o domínio III, com uma lisina (K – carga positiva); e o domínio IV, com uma alanina (A – neutro), de onde o nome *DEKA ring*. Esses aminoácidos são parte da estrutura que determina a seletividade do canal (Figura 6.3C). Interessantemente, essa região é similar à sequência de resíduos que formam o filtro de seletividade dos canais para cálcio. Mutações pontuais nessa região afetam significativamente a seletividade desses canais (Heinemann et al., 1992).

A alça entre o segmento 6 (S6) do domínio III e segmento 1 (S1) do domínio IV (alça DIII-DIV *linker*) possui uma sequência típica de aminoácidos que é conservada em quase todos os canais para sódio dependentes de voltagem, composta por isoleucina (I), fenilalanina (F) e metionina (M), conhecida como IFM. Essa região constitui-se na **partícula de inativação** responsável, como o próprio nome diz, por levar o canal ao estado inativado. Embora muito estudada, seu funcionamento exato ainda não está totalmente esclarecido. Em trabalhos pioneiros, Bezanilla e Armstrong utilizaram proteases e concluíram que a inativação se dava a partir de uma região citoplasmática (Armstrong e Bezanilla, 1977; Bezanilla e Armstrong, 1977). Esses experimentos levaram à formulação da teoria *ball and chain*, onde a partícula de inativação entraria no poro e o ocluiria. Trabalhos mais recentes, no entanto, com a utilização de microscopia eletrônica de congelamento (CRYO-EM), sugerem que a partícula de inativação IFM se situa muito longe do poro, sendo pouco provável que seu simples deslocamento leve à oclusão do canal (Figura 6.3D) (Pan et al., 2018).

Resultados de experimentos eletrofisiológicos combinados com os de bioquímica e biologia molecular têm demonstrado a presença dos canais para sódio em praticamente todos os tecidos excitáveis. Pelo menos

9 isoformas foram clonadas e todas as subunidades α podem ser funcionalmente expressas em sistemas heterólogos sem a necessidade de subunidades acessórias. Apesar de diferenças eletrofisiológicas importantes e do local de expressão entre as isoformas, há extensa homologia na composição aminoacídica dos 9 membros que compõem a família. Para mais informações o leitor pode utilizar ferramentas de alinhamento genético, disponíveis em plataformas eletrônicas, como a Clustal W e a UniProt, para verificar a homologia entre aqueles canais. Diferentemente de outros canais iônicos, como os para potássio por exemplo, as sequências de aminoácidos nos canais para sódio dependentes de voltagem possuem alto grau de identidade, o que permite colocá-los em uma única família. De acordo com a nomenclatura, os canais iônicos são identificados pelo símbolo químico que identifica a espécie permeante (Na^+ no caso), seguida por uma letra subscrita que caracteriza sua principal característica de ativação (v para voltagem) e após isso um número que caracteriza sua posição na subfamília genética (1, no caso) seguido por outro número que identifica sua isoforma específica. Assim, temos $Na_v1.1$, até $Na_v1.9$. A figura 6.44 mostra as inter-relações entre todas as isoformas dentro dessa única subfamília de canais. Além dos canais listados, existe uma subunidade Na_x já clonada a partir de tecidos de ratos, camundongos e humanos, cuja funcionalidade não foi, ainda, demonstrada (Goldin et al., 2000).

Como se pode observar, os $Na_v1.1$, $Na_v1.2$, $Na_v1.3$ e $Na_v1.7$ são os que apresentam maior identidade de aminoácidos, sendo expressos majoritariamente em neurônios. Esses apresentam alta afinidade pela tetrodotoxina (TTX), ao contrário dos $Na_v1.5$, $Na_v1.8$ e $Na_v1.9$ que são resistentes a ela e que mostram mais de 74% de identidade entre si. Essa sensibilidade diferenciada a TTX tem sido utilizada como um primeiro critério para se analisar os tipos de canais para sódio expressados em um dado tecido.

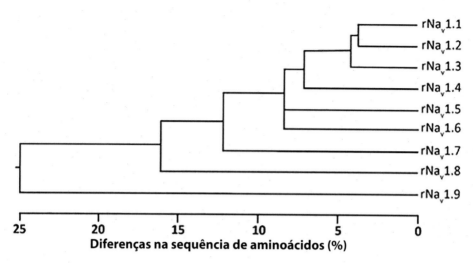

FIGURA 6.4 – Comparação na identidade dos aminoácidos e relações filogenéticas das subunidades α dos canais para sódio dependentes de voltagem. Modificada de Goldin et al. (2000).

Dada a ampla distribuição dos Na_v, tanto do ponto de vista filogenético como em diferentes tecidos de um mesmo animal, e sua vital importância na determinação dos processos de excitabilidade celular, eles têm sido alvo natural de toxinas e de grande interesse por parte da indústria farmacêutica como alvos terapêuticos. São descritos 6 sítios de ligação para diferentes toxinas, bloqueadores e ativadores desses canais. Dos antagonistas dos Na_vs, a tetrodotoxina é seguramente a mais conhecida e seu mecanismo de ação envolve o bloqueio físico do canal aberto, impedindo o acesso do íon sódio e sua condução pelo canal. Vários outros bloqueadores apresentam o mesmo tipo de ação. Alguns ativadores ligam-se ao canal e aumentam a probabilidade de encontrá-lo no estado aberto, originando correntes mais persistentes no tempo. Já algumas toxinas naturais retardam o processo de inativação, também fazendo com que a corrente de sódio se prolongue. Como essa é uma corrente de entrada, a célula permanecerá despolarizada por um tempo maior. O quadro 5.1 lista as principais características e distribuição tecidual dos Na_vs.

QUADRO 5.1 – Principais características dos canais para sódio ativados por voltagem.

Tipo	Distribuição	Bloqueadores	Agonistas	Modificadores da inativação
$Na_v1.1$	SNC, SNP, cardiomiócitos	TTX, STX, anestésicos locais, antiepilépticos, drogas antiarrítmicas	Veratridina, batracotoxina, aconitina, graianotoxina, toxinas escorpiônicas β	Toxinas escorpiônicas β, toxinas de anêmonas--do-mar, δ-conotoxinas
$Na_v1.2$	SNC, medula espinhal	TTX, STX, anestésicos locais, antiepilépticos, antiarrítmicos	Veratridina, batracotoxina, aconitina, graianotoxina, toxinas escorpiônicas β, kurtoxina	Toxinas escorpiônicas β, toxinas de anêmonas--do-mar, δ-conotoxinas
$Na_v1.3$	SNC, medula espinhal, cardiomiócitos	TTX, STX, anestésicos locais, antiepilépticos, antiarrítmicos	Veratridina, batracotoxina, aconitina, graianotoxina, toxinas escorpiônicas β	Toxinas escorpiônicas β, toxinas de anêmonas--do-mar, δ-conotoxinas
$Na_v1.4$	Músculo esquelético	TTX, STX, μ-conotoxina GIIIA, μ-conotoxina PIIIA, anestésicos locais, antiepilépticos, antiarrítmicos	Veratridina, batracotoxina, aconitina, graianotoxina, toxinas escorpiônicas β	Toxinas escorpiônicas β, toxinas de anêmonas--do-mar
$Na_v1.5$	Músculo esquelético não inervado, cardiomiócitos, músculo liso intestinal, SNC, SNP	Resistente a TTX, STX, anestésicos locais, antiepilépticos, antiarrítmicos	Veratridina, batracotoxina, aconitina	Toxinas escorpiônicas β, toxinas de anêmonas--do-mar, δ-conotoxinas
$Na_v1.6$	SNC, cardiomiócito, células da glia, gânglios da raiz dorsal	TTX, STX, anestésicos locais, antiepilépticos, antiarrítmicos	Veratridina, batracotoxina	Toxinas escorpiônicas β, toxinas de anêmonas--do-mar

238 • ELETROFISIOLOGIA CELULAR

Tipo	Distribuição	Bloqueadores	Agonistas	Modificadores da inativação
$Na_v1.7$	Células de Schwann, neurônios simpáticos, gânglios da raiz dorsal, células neuroendócrinas	TTX, STX, anestésicos locais, antiepilépticos, antiarrítmicos	Veratridina, batracotoxina	Toxinas escorpiônicas β, toxinas de anêmonas-do-mar
$Na_v1.8$	Gânglios da raiz dorsal, SNC, medula espinhal	Resistente a TTX, lidocaína	Desconhecidos	Desconhecidos
$Na_v1.9$	Gânglios da raiz dorsal, neurônios sensoriais periféricos	Resistente a TTX, tetracaína	Desconhecidos	Desconhecidos
Nax	Coração, útero, músculo esquelético, astrócitos, gânglios da raiz dorsal	Desconhecidos	Desconhecidos	Desconhecidos

Os $Na_v1.7$, $Na_v1.8$ e $Na_v1.9$, presentes em neurônios periféricos do trigêmeo e gânglios da raiz dorsal, são de interesse particular devido a sua participação no fenômeno da dor. Esse fato tem sido demonstrado em experimentos de eletrofisiologia acoplados àqueles de biologia molecular e genética. Para uma discussão mais extensa sobre o tema ver, por exemplo, Bagal et al. (2014).

Não menos importantes, mas que serão apenas citados aqui, existem outros tipos de canais para sódio. Servem de exemplo os sensíveis a pH, conhecidos como *acid sensing ion channel* (ASICs). São ativados por diminuição do pH no extracelular e encontrados em neurônios. Da mesma família são também os *epithelial Na channels* (ENACs), canais para sódio presentes nos epitélios de alta resistência, como os dutos coletores do rim de mamíferos, e sensíveis à amilorida, que os bloqueia. Além desses, há os chamados canais para sódio vazantes (NALCN), que participam na manutenção da concentração intracelular de sódio e auxiliam nos processos de excitabilidade celular (Ren, 2011).

Canais para cálcio ativados por voltagem

O cálcio tem sido chamado de íon da vida e da morte, especialmente devido ao seu papel no processo de fecundação do óvulo pelo espermatozoide e no de morte celular por apoptose, respectivamente. Suas funções, porém, não se restringem a essas: participam da ativação de segundos mensageiros, da contração muscular, geram potenciais de ação em células da musculatura lisa e neuroendócrinas, servem de ativadores de outros canais etc. Dada a presença de fosfato inorgânico no intracelular, participante de várias reações metabólicas, e a relativa insolubilidade dos sais de cálcio, sua concentração nesse ambiente é normalmente baixa, da ordem de 10^{-7} M com a célula em repouso. Não por acaso, existem vários tipos de transportadores de cálcio na membrana plasmática, além dos canais iônicos, e sistemas de compartimentalização intracelular, como mitocôndrias e retículo sarcoplasmático, que garantem essa baixa concentração. Isso contrasta com a concentração no extracelular da ordem de 1-2 mM. Considerando um potencial de repouso da ordem de −70 mV, percebe-se a existência de um enorme gradiente eletroquímico que favorece sua entrada para o intracelular, gerando correntes de entrada despolarizantes quando da abertura de seus canais. A necessária presença de Ca^{2+} para a sobrevida e funcionamento adequado de órgãos isolados foi percebida por Sydney Ringer no início dos anos 1880. Graças a um "erro" de seu assistente, Ringer percebeu que a água de torneira utilizada em experimento com coração isolado da rã, em vez de água destilada, estendia o período de viabilidade do órgão. À época, a concentração de cálcio na água londrina chegava ao redor de 1 mM. A partir de vários experimentos dessa época surgiu a famosa solução de Ringer, extensivamente utilizada em laboratórios de fisiologia no mundo todo. Os achados de Ringer foram publicados em uma série de artigos no *Journal of Physiology* e sua importância, não só histórica, mas também fisiológica, pode ser apreciada em artigo de Miller (2004). O envolvimento do íon cálcio na geração da excitabilidade celular foi demonstrada, pela primeira vez, por Fatt e Ginsborg (1958) em células musculares de crustáceos. Observaram que a retirada de sódio não impedia o disparo de potenciais de ação, mas que a presença de Ca^{2+} era essencial para sua manutenção. Desde então, inúmeros trabalhos têm demonstrado a presença de potenciais de ação dependentes de cálcio em vários tipos celulares, incluindo as células β do pâncreas. Com o estabelecimento da técnica de fixação de voltagem tornou-se possível a medida de correntes de cálcio e o estudo de sua cinética, associando-a inequivocamente à abertura de canais para cálcio. Desse modo, observou-se que as correntes de cálcio possuem pelo menos dois comportamentos distintos, como pode ser visto na figura 6.5. Em alguns casos as correntes são ativadas por **despolarizações pequenas** a partir do potencial de repouso; em outros, necessitam-se de **despolarizações grandes**. Por essa razão, essas correntes com características próprias passaram a caracterizar os chamados *low voltage activated* (LVA) de um lado, e os *high voltage activated* (HVA) de outro. Os LVA apresentam condutância unitária de 8 ps, e os HVA, ao redor de 20 pS.

Análise dos resultados apresentados na figura 6.5A e B mostra que a corrente do tipo HVA começa a ser ativada em voltagens ao redor de –30 mV a –20 mV, atingindo um pico entre +10 mV e +15 mV (seta). Além disso, os canais inativam-se de modo relativamente lento e sua cinética requer pelo menos duas exponenciais para sua descrição. De modo surpreendente, a inativação dos HVAs é levada a efeito pelo próprio íon cálcio que entra nos canais. Já os canais LVA, mostrados na figura 6.5C

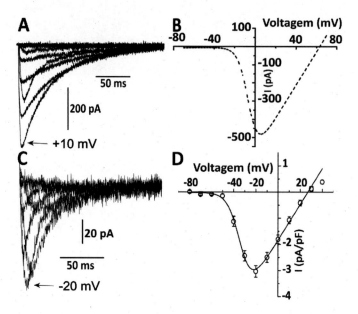

FIGURA 6.5 – Tipos de correntes de cálcio. **A)** Correntes do tipo HVA registradas em cardiomiócitos de coelho em resposta a pulsos de voltagem desde −70 mV a + 70 mV em passos de 20 mV. **B)** relação I-V para as correntes mostradas em **A**. **C)** Correntes do tipo LVA registradas em células de Leydig de camundongos em resposta a pulsos de voltagem desde −80 a +40 mV em passos de 10 mV e relação I-V correspondente em **D**. Notar a voltagem na qual os picos de correntes são alcançados em cada caso (indicadas pelas setas), caracterizando os canais HVA e LVA, respectivamente. Modificada de del Corsso, Costa e Varanda (2012).

e D, apresentam correntes que começam a ser ativadas em potenciais mais positivos que −60 mV, atingindo um pico em voltagens ao redor de −30 mV. Diferentemente dos HVA, essas correntes apresentam um típico entrelaçamento e inativam-se mais rapidamente.

Os canais para cálcio foram inicialmente isolados e clonados de músculo esquelético onde têm papel essencial no acoplamento excitação/contração. Isto é, acoplam eventos que ocorrem na membrana plasmática, como o potencial de ação, a eventos intracelulares que culminam com a contração do músculo. Os canais para cálcio são sensíveis a várias di-hidropiridinas (DHP), por isso anteriormente chamados de receptores de DHP, que podem tanto bloqueá-los, como é o caso da nifidipina, nisoldipina, isradipina e izodipina, quanto ativá-los, como é o caso do Bay K8644. Graças à alta afinidade das DHP pelo canal, onde se ligam fortemente, essa propriedade foi usada para seu isolamento, purificação bioquímica e clonagem pelo grupo de Numa et al. (Tanabe et al., 1987; Takahashi et al., 1987). Esses pesquisadores utilizaram preparações de túbulos T, onde os canais são abundantes, e izodipina como ligante. Do processo de purificação resultou um complexo que foi desdobrado em 5 componentes denominados: α_1, com cerca de 170 kDa; α_2, com cerca de 150 kDa; β, com cerca de 52 kDa; δ, com cerca de 20 kDa; e γ, com cerca de 32 kDa. Como as DHP bloqueadoras do canal ligavam-se à fração α_1, essa proteína foi associada à parte que forma o canal iônico. Da análise de hidropaticidade da sequência primária de aminoácidos propôs-se a distribuição topológica da proteína na membrana celular mostrada na figura 6.6.

Como no caso dos canais para sódio dependentes de voltagem, a subunidade α_1 constitui-se no "sensor de voltagem", possuindo aminoácidos carregados. Do mesmo modo, a alça entre os segmentos 5 e 6 forma, com esses, o poro do canal. A figura 6.6B mostra um possível arranjo do complexo heteromultimérico formador dos canais HVA. Essa subfamília apresenta 7 isoformas da subunidade α_1 como indicado na figura. Os $Ca_v1.1$, $Ca_v1.2$, $Ca_v1.3$ e $Ca_v1.4$ são classificados como do tipo L, existindo ainda os tipos P/Q, N e R. A figura 6.6C mostra o arranjo esperado para as subunidades α_1 que compreendem os tipos $Ca_v3.1$, $Ca_v3.2$, $Ca_v3.3$, componentes da família LVA. Estes últimos são conhecidos como canais para cálcio do tipo T. A classificação inicial dos canais para cálcio foi realizada combinando-se técnicas de eletrofisiologia (ver Figura 6.5) com a utilização de bloqueadores farmacológicos específicos. Subsequentemente, com o uso de técnicas de clonagem e expressão,

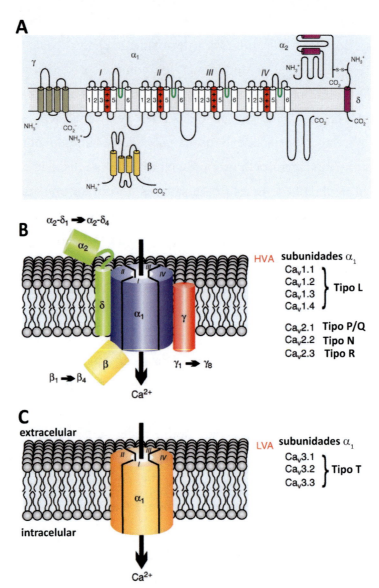

FIGURA 6.6 – Esquema do possível arranjo das subunidades dos canais para cálcio dependentes de voltagem na membrana. **A)** Topologia das subunidades formadoras do complexo proteico, α_1, com 4 domínios de 6 segmentos transmembrana cada e as subunidades auxiliares β, α_2, δ e γ. **B)** Arranjo dos 4 domínios formadores da subunidade α_1 e suas interações com as subunidades reguladoras. Esse arranjo é suposto para os canais dos tipos listados à direita. **C)** Arranjo proposto para as isoformas dos canais LVA, listados à direita, que apresentam somente a subunidade α_1. Modificada de Carbone (2008).

separaram-se as famílias não só com base em aspectos funcionais, mas também em termos de identidade na composição aminoacídica. Assim, percebe-se grande homologia entre os membros da subfamília HVA e acentuada divergência entre os HVA e LVA.

Os $Ca_v1.1$ têm distribuição preferencial em músculo esquelético onde atuam no processo de excitação/contração; os $Ca_v1.2$ encontram-se em cardiomiócitos e musculatura lisa onde participam da gênese dos potenciais de ação e na contração. A função dos $Ca_v1.2$ em células cardíacas é muito estudada devido a sua resposta à estimulação β-adrenérgica. Quando isso ocorre, tem-se aumento dos níveis intracelulares de cAMP, ativação da PKA e aumento na intensidade das correntes de cálcio, levando a aumento na frequência cardíaca, força de contração e duração do potencial de ação. A ativação dos $Ca_v1.3$ é também importante em cardiomiócitos; em neurônios onde participam da transdução de sinais auditivos e em processos de secreção, como no pâncreas; os $Ca_v1.4$ são encontrados no olho (transdução visual) e sistema imune (sinalização das células T). Todos eles são bloqueados por di-hidropiridinas, como o verapamil, por exemplo. Os $Ca_v2.1$, $Ca_v2.2$ e $Ca_v2.3$ (P/Q, N e R, respectivamente) localizam-se preferencialmente em neurônios onde participam dos processos de liberação de neurotransmissores. Podem ser bloqueados especificamente por várias toxinas de origem animal, como algumas conotoxinas (extraídas do molusco *Conus geographus*) e ω-AgaIV e ω-AgaVI, extraídas da aranha *Agenelopsis aperta*, que atuam sobre os canais dos tipos P/Q e N, respectivamente. Todos os canais do tipo HVA são bloqueados por Cd^{2+} de modo não seletivo. Esse fato tem sido utilizado como primeiro passo para a identificação dos canais para cálcio e sua participação, ou não, em processos fisiológicos.

Os canais do tipo T atuam particularmente em neurônios, onde determinam ritmos marca-passo ou disparos repetitivos de potenciais de ação. Além disso, participam de processos de secreção hormonal. Podem ser bloqueados por Ni^{2+} em baixas concentrações e por mibefradil, porém sem grande seletividade.

Existem outros canais para cálcio localizados intracelularmente. Trata-se dos receptores de rianodina (um bloqueador do canal) e daqueles ativados por IP3 (trisfosfato de inositol). O IP3, uma molécula solúvel, é liberado pela ação de um ligante que atua sobre o receptor acoplado à proteína G. O receptor de rianodina, situado nas membranas do retículo sarcoplasmático, é ativado quando ocorre a entrada de cálcio pelos Ca$_v$ da membrana plasmática ou pela liberação do retículo via receptor de IP3. Participam do **mecanismo de liberação de cálcio induzido pelo cálcio.** Ativação de qualquer desses receptores/canais leva sempre a aumento na concentração de cálcio intracelular, seja em células musculares (esqueléticas e lisas), seja células cardíacas, neurônios e células secretoras. Participam, portanto, de processos de contração, de transcrição gênica, da liberação de hormônios etc.

Canais para potássio

Os canais para potássio quando abertos, de modo diverso do descrito acima para os canais para sódio ou cálcio, tendem a provocar hiperpolarização da membrana plasmática. Ou seja, dado o gradiente eletroquímico do potássio, levam ao aparecimento de uma corrente de saída, portanto hiperpolarizante. Estão diretamente envolvidos na regulação da excitabilidade celular com efeitos sobre o potencial de repouso, na duração e na frequência de disparo de potenciais de ação.

A importância funcional dos canais para potássio é alvo de estudos desde os trabalhos de Hodgkin e Huxley ao redor dos anos 1950, com a demonstração de que correntes de potássio participavam do processo de repolarização observada ao término do potencial de ação. Por se manifestarem após as correntes de sódio e com cinética bem mais lenta, foram chamados à época de canais para potássio tardios e retificadores (*delayed rectifier*). Embora os canais para potássio tenham a ver essencialmente com o potencial de repouso das células, sua diversidade molecular é muito grande. Mais de 50 genes humanos que codificam as subunidades formadoras de canais para K^+ foram clonados nos últimos anos. Baseados em suas propriedades farmacológicas, cinéticas de ativação e desativação, inativação e estrutura molecular, podem ser divididos em 4 grandes classes: canais para potássio dependentes de voltagem (K_v) e os ativados por cálcio (K_{Ca}), canais para potássio retificadores de entrada (K_{ir}) e canais de dois poros (K_{2P}). Essa diversidade e o grande número de indivíduos podem ser deduzidos, em aproximação conservadora, da análise do esquema apresentado na figura 6.7.

A divisão dos canais entre os vários grupos é feita principalmente com base na sua topologia na membrana, e a distribuição entre as

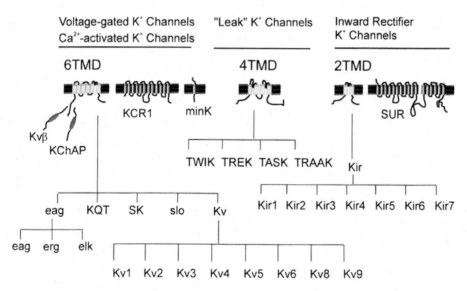

FIGURA 6.7 – Distribuição de canais para K^+ em suas principais famílias. Modificada de Coetzee et al. (1999). Ressalte-se que, após essa publicação, vários outros tipos desses canais já foram descritos. A título de informação, a família dos K_v compreende, atualmente, pelo menos 12 membros.

famílias, com base no grau de identidade da cadeia primária de aminoácidos. Perceba que cada família pode ser subdividida em várias subfamílias, cada uma com vários membros. Na verdade, a figura 6.7 serve aqui a um propósito didático, já que atualmente existe um número bem maior de canais para potássio descritos. Para exemplificar, o grupo dos canais para potássio ativados por voltagem K_v1 possuía na data da publicação do artigo referido na figura 6.7, 7 membros; hoje já são 8 membros e 12 famílias. O mesmo é válido para os outros grupos, de tal forma que se estima a existência de pelo menos 140 tipos diferentes desses canais.

Os canais pertencentes à família dos K_v (dependentes de voltagem) apresentam 6 segmentos transmembrana e, a exemplo dos canais para sódio e cálcio discutidos anteriormente, têm no segmento S4 o sensor de voltagem, sendo o poro formado pela alça reentrante entre os segmentos S5 e S6 (P-*loop*). Uma característica importante dos canais para potássio, e que os diferencia dos canais para sódio e cálcio, é que eles são homotetraméricos. Ou seja, cada canal é formado por 4 subunidades α idênticas. Do ponto de vista estrutural, são divididos entre *domain-swapped* ou *non domain-swapped*. A diferença entre esses dois arranjos se dá pela forma como os segmentos S4 e S5 estão posicionados. Enquanto nos *domain-swapped* o segmento S4 está em contato com o S5 de uma outra subunidade, nos *non domain-swapped* o segmento S4 está em contato com o S5 da mesma subunidade α. Esses canais também apresentam subunidades acessórias que servem à regulação de sua atividade. Alguns canais possuem regiões citoplasmáticas que participam dos processos de ativação e desativação. Por exemplo, o canal *human ether-a-go-go* (hERG), responsável pela repolarização levada a efeito pelas correntes I_{Kr} dos cardiomiócitos, possui segmentos N e C-terminais que modulam a abertura e o fechamento do canal a partir de processos alostéricos (Terlau et al., 1997). Já os canais para potássio ativados por cálcio e voltagem (BK) apresentam, além dos 6 segmentos transmembrana que compõem a subunidade α formadora do poro, uma região com mais 4 segmentos transmembrana que se prolonga a partir do terminal carboxílico. Esses 4 segmentos extras formam os sítios de ligação para cálcio e magnésio. Deleção desses segmentos leva os canais BK a responderem somente à voltagem (Pallotta, 1985). A ligação de cálcio, por meio de processos alostéricos, faz os canais se abrirem em voltagens mais hiperpolarizantes (Lorenzo-Ceballos et al., 2019). Embora o canal *small conductance* (SK) esteja nesse grupo, ele é ativado unicamente pelo cálcio.

Um dos canais para potássio mais bem estudados é o canal do tipo *Shaker*. Foram primeiramente identificados em moscas das frutas como resultado de uma observação bastante curiosa: quando anestesiadas aquelas que não expressavam o canal mostravam um movimento parecido com uma dança, de onde o nome de *Shaker*. Pelo fato de ter sido o primeiro canal para potássio a ter sua sequência de aminoácidos determinada e pela sua fácil expressão em sistemas heterólogos, contribuiu em muito para as descobertas sobre função, mecanismos de *gating*, seletividade etc. Esse canal possui grande homologia com o canal $K_v1.3$. Por essas razões, tem sido amplamente utilizado como modelo no estudo sobre o funcionamento de canais para potássio em geral e, mais recentemente, teve sua estrutura molecular tridimensional resolvida por meio da técnica de criomicroscopia eletrônica de transmissão (Cryo-EM) (Tan et al., 2022).

De maneira geral e simplificada, o mecanismo molecular de transição dos canais entre os estados aberto e fechado, ou mecanismo de *gating*, pode ser descrito da seguinte forma: resíduos carregados em S4 se movem quando há mudança no campo elétrico, levando ao movimento da alça "S4-S5 *linker*". Esse movimento é transferido ao segmento S6, levando à abertura ou ao fechamento do canal. É importante notar que as correntes de *gating*, oriundas do movimento de S4, precedem as correntes iônicas, tanto no tempo quanto na voltagem. Esse mecanismo envolvendo o sensor de voltagem e o poro condutor é considerado o acoplamento eletromecânico canônico. Há evidências recentes, no entanto, que sugerem também a existência de um acoplamento não canônico, onde regiões do sensor de voltagem se comunicam diretamente com a região do filtro de seletividade (Carvalho-de-Souza e Bezanilla, 2019). Há ainda outros fatores que podem fazer parte do processo de *gating* nos canais para potássio, como, por exemplo, o ambiente lipídico.

Os canais retificadores de entrada (K_{ir}) apresentam apenas dois segmentos transmembrana na subunidade α, que se juntam para formar um canal homotetramérico. Alguns membros, como os $K_{ir}3.1$ e $K_{ir}3.4$, são ativados por proteína G (conhecidos também como GIRK – *G Protein Activated K^+ Channel*) e responsáveis pelas correntes ativadas por ACh (efeito muscarínico) no coração. Já os $K_{ir}6.1$ e $K_{ir}6.2$ são controlados pela subunidade chamada de SUR (de SulfonilUReia) e fecham-se quando ligados a ATP (daí o nome de sensíveis a ATP). Quando abertos originam as correntes I_{KATP}. Estão presentes em musculatura lisa, coração e células β do pâncreas, participando dos processos de secreção de insulina.

Os chamados "canais de vazamento" se responsabilizam diretamente pela manutenção do potencial de repouso. Tem esse nome porque não são responsivos à voltagem e contribuem para a determinação da condutância da membrana em repouso. A subunidade α possui 4 segmentos transmembrana divididos em dois pares. Entre cada segmento do par existe uma alça que forma o poro e, portanto, são também chamados de "dois poros".

Embora exista uma grande variedade de canais para potássio, há entre eles uma homologia marcante no chamado filtro de seletividade (Figura 6.8). Experimentos utilizando clonagem molecular e sequen-

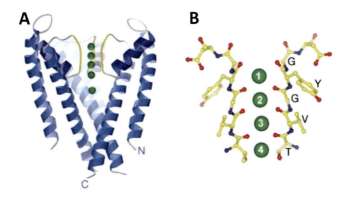

FIGURA 6.8 – Filtro de seletividade do canal KcsA. **A)** Representação em fita do filtro de seletividade com os sítios de ligação do potássio (esferas verdes). A porção frontal do canal foi removida para poder observar-se o seu interior (o canal é formado por 2 subunidades transmembrana). C e N indicam os terminais carboxi e amino, respectivamente, situados no intracelular. **B)** Vista do filtro de seletividade com as moléculas dos aminoácidos representadas por modelo de bolas e varetas. Os sítios de ligação dos íons (esferas verdes) são representados pelos aminoácidos **GYGVT**. Modificada de Morais-Cabral et al. (2001).

ciamento mostraram que os canais para potássio possuem um filtro de seletividade determinado basicamente pela presença da seguinte sequência de aminoácidos: valina, **glicina, tirosina, glicina**, valina, treonina (V**GYG**VT).

No final dos anos 1990 e início dos anos 2000, MacKinnon et al. (Doyle et al., 1998) utilizaram a técnica de difração de raios X para determinar pela primeira vez a estrutura tridimensional do canal para potássio de uma bactéria, a *Streptomyces lividans*, que foi nomeado KcsA (*K⁺ channel streptomyces*). Esse canal apresenta extensa homologia com os K_{ir}, inclusive ambos possuem apenas dois segmentos transmembrana, e com a região do poro dos K_V. Seus resultados mostraram vários aspectos relevantes da interação entre o íon K^+ e o filtro de seletividade, confirmando uma série de hipóteses levantadas anteriormente apenas com a utilização de técnicas eletrofisiológicas. Interessante notar que a afinidade do K^+ pelos sítios de ligação não pode ser exageradamente grande, caso contrário o próprio íon tenderia a bloquear o canal. Por seus achados, Roderick Mackinnon dividiu o prêmio Nobel de Química de 2003 com Peter Agre (descobridor das aquaporinas).

Mais recentemente, observa-se grande aumento no número de trabalhos que tentam resolver estruturas de canais iônicos utilizando cristalografia de raios X ou criomicroscopia eletrônica (Cryo-EM). Embora essas técnicas forneçam informações valiosas, é importante ressaltar que elas capturam uma foto momentânea de um sistema que é dinâmico e muda no tempo. O grande desafio está em reproduzir condições em que os canais sejam observados em diferentes conformações induzidas por campo elétrico, drogas etc. De qualquer forma, a proposta de uma dada estrutura molecular deve sempre ser suportada por outras observações funcionais que caracterizam os canais iônicos.

Canais seletivos a cátions

Há um grupo de canais que, embora seletivo a cátions, apresenta baixa discriminação entre eles. Normalmente, são permeados ao mesmo tempo por Na^+, K^+ e Ca^{2+} com permeabilidades relativas variáveis. Já discutimos no Capítulo 4 as características dos canais ativados por ACh e os glutamatérgicos, ambos **ativados por ligantes** e que são cátions seletivos.

Existem alguns outros que, além de apresentarem ativação dependente de voltagem, são também ativados por outras substâncias. Entre esses estão os canais do tipo *hyperpolarization and cyclic nucleotide gated channel* (HCN), ativados **por hiperpolarização e nucleotídeos cíclicos**. Estruturalmente, pertencem à superfamília dos K_V, pois possuem 6 segmentos transmembrana, o canal é formado por 4 subunidades e são mais seletivos ao potássio que aos outros íons que os permeiam. Além disso,

252 • ELETROFISIOLOGIA CELULAR

também apresentam a sequência típica **GYG** no filtro de seletividade. A família dos HCN possui 4 elementos: HCN1, HCN2, HCN3 e HCN4. Destacam-se em tecidos com atividade rítmica e são encontrados tanto no SNC como em células marcapasso do coração. Sua descoberta data dos anos 1980 descrita em trabalhos de Di Francesco (1981). A corrente gerada por esses canais foi inicialmente chamada de I_f (f de *funny*) porque apresentava algumas propriedades que fugiam das expectativas da época: permeabilidade a mais de um cátion, ativação por hiperpolarização e cinética bastante lenta. Além disso, os bloqueadores utilizados no estudo desses canais são pouco específicos, requerendo cuidado especial no seu uso. Esses canais explicam o efeito da norepinefrina aumentando a frequência cardíaca, já que essa leva a aumento dos níveis de cAMP e cGMP intracelulares e consequentemente à maior ativação desses canais. Como são ativados por hiperpolarização, dão origem a uma corrente que tende a despolarizar a célula e levar o potencial de membrana próximo ao limiar de disparo dos potenciais de ação. Explicam também o efeito da ACh, pois essa tende a diminuir os níveis intracelulares de cAMP.

A figura 6.9C mostra a ação desses canais sobre a morfologia dos potenciais de ação disparados em neurônios magnocelulares do núcleo supraóptico, tomados aqui como exemplo. Esse neurônio dispara automaticamente. Observe a subida lenta do potencial de membrana após a hiperpolarização pós-potencial, até atingir o limiar. Com o bloqueio desses canais pela droga ZD7288 (Figura 6.9B e C), o decurso temporal do potencial de ação torna-se mais alongado, o que faz diminuir a frequência de disparos.

Perceba que as correntes que passam pelos canais HCN se ativam com potenciais hiperpolarizados (Figura 6.9A), apresentam uma cinética lenta e não se inativam com o tempo.

Um outro canal para cátions ativado por ligante é aquele **dependente de ATP**, cuja existência foi originalmente sugerida pelos trabalhos de

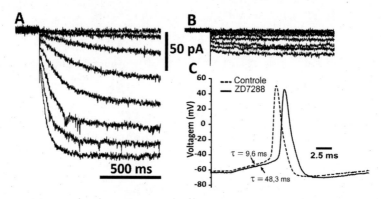

FIGURA 6.9 – Canais HCN de neurônios magnocelulares do núcleo supraóptico. **A)** Traçados de correntes dos canais HCN evocados pela aplicação de 8 pulsos de voltagens **hiperpolarizantes**, desde –65 a –135 mV, em passos de –10 mV. Embora os pulsos de voltagem tivessem duração de 4 segundos, os traçados foram cortados em 2 segundos para efeito de apresentação. **B)** Mesmo experimento descrito em **A**, porém na presença do bloqueador ZD7288 (50 μM). **C)** Potenciais de ação dos neurônios magnocelulares em condição controle (linha tracejada) e após tratamento com ZD7288 (linha contínua). As setas mostram os valores das constantes de tempo da região de subida dos potenciais de ação. Modificada de Silva (2015).

Geoffrey Burnstock (1972). Hoje, sabe-se que o ATP é liberado no extracelular por vários processos e tem papel fisiológico importante. Muitos trabalhos demonstraram claramente que a aplicação extracelular de ATP tende a despolarizar células nervosas, endócrinas, musculares lisas etc. O efeito do ATP faz-se em receptores chamados P2X que agem como canais iônicos e em receptores metabotrópicos P2Y, ligados a proteína G. Clonados e expressados em sistemas heterólogos, os canais ativados por ATP revelaram-se complexos proteicos formados por três subunidades, portanto, triméricos. Cada subunidade apresenta dois segmentos transmembrana com as terminações amino e carboxi localizadas no intracelular e uma extensa alça extracelular com sítios para ligação do ATP. Existem 7 membros na família de receptores purinérgicos (P2X1 a P2X7). Células diferentes expressam preferencialmente um dado tipo de canal, embora vários possam existir em uma mesma célula. Estimulados por ATP, esses receptores deixam passar vários cátions com preferência para o cálcio, de onde sua importância em todos os processos celulares que utilizam esse íon de alguma forma.

A figura 6.10 mostra resultados da aplicação de ATP a uma célula de Leydig e servirá aqui para ilustrar o fenômeno. ATP evoca correntes, de magnitudes dependentes da dose, que se ativam e desativam lentamente, como se pode observar na figura 6.10A. Perceba que mesmo durante a aplicação do agonista, particularmente nas concentrações mais altas, a corrente começa a decair, lembrando o fenômeno de dessensibilização. A relação I-V (Figura 6.10B), obtida a partir de experimentos com aplicação de uma rampa de voltagem entre os valores de −80 e +20, na presença de 300 µM de ATP, apresenta uma retificação para dentro e um potencial de reversão ao redor de 0 mV. Portanto, quando ativadas, essas correntes tenderão a despolarizar a célula.

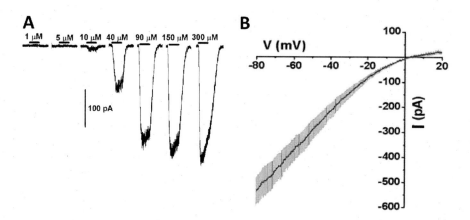

FIGURA 6.10 – Correntes ativadas por ATP em células de Leydig. **A)** Várias correntes evocadas pela aplicação de doses crescentes de ATP por 3 segundos, como indicado acima de cada traçado, à membrana celular. Célula com o potencial de membrana fixado em −60 mV. **B)** Relação I-V das correntes evocadas por 300 µM de ATP. As barras em cinza-claro indicam os erros padrões da média (n = 5). Modificada de Poleto Chaves et al. (2006).

Mecanorreceptores

Canais mecanorreceptores são, também, não seletivos a cátions e possuem como função primária transformar estímulos mecânicos em sinais elétricos. Estão envolvidos em uma gama variada de processos fisiológicos, como dor, manutenção de volume celular, audição etc. Embora de importância vital em diferentes processos fisiológicos, esses canais foram identificados bem mais tarde que os dependentes de voltagem. Os primeiros canais mecanossensíveis foram descobertos em *E. coli* (Martinac et al., 1987). Em bactérias, são classificados de acordo com sua condutância: canal mecanossensível de condutância alta (*mechanosensitive channel large conductance* – MscL) e de baixa condutância (*mechanosensitive channel small conductance* – MscS). Embora os mecanorreceptores tenham sido identificados em bactérias já em meados da década de 1990, seu envolvimento nos mecanismos de tato e de propriocepção em vertebrados só foi clarificado em 2010. Trabalho pioneiro liderado por Ardem Patapoutian identificou os primeiros canais mecanorreceptores em vertebrados, chamando-os de Piezo1 e Piezo2 (Coste et al., 2010). Desde um ponto de vista molecular, esses canais contêm ao redor de 2.500 resíduos de aminoácidos que se organizam em estruturas triméricas, lembrando uma hélice, na membrana celular. O poro do canal é formado na região de encontro das três pás da hélice. Interessantemente, não possuem homólogos entre os inúmeros outros canais iônicos conhecidos.

Uma maneira funcional, e relativamente simples, de identificar-se as correntes iônicas evocadas pela ativação desses canais consiste em aplicar leve pressão à célula em estudo, usando uma micropipeta, e observar a resposta de corrente com a técnica de *patch-clamp*. A figura 6.11 ilustra o processo e as propriedades das correntes evocadas. Aqui foram utilizadas células N2A superexpressando os canais Piezo1 ou Piezo2. Essas correntes estão mostradas na figura 6.11, painéis superior e in-

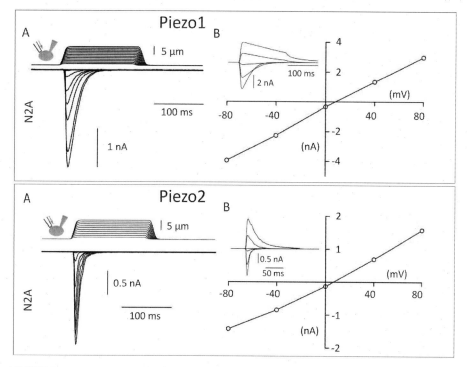

FIGURA 6.11 – Propriedades eletrofisiológicas macroscópicas dos canais mecanorreceptores. O painel superior refere-se a canais do tipo Piezo1, e o inferior, àqueles do tipo Piezo2, como indicado. **A)** Correntes iônicas registradas em células N2A transfectadas com os respectivos plasmídeos, utilizando-se a técnica de *patch-clamp*. As células foram "cutucadas" com uma micropipeta avançando-se em passos de 1 μm, indicadas pelos traçados acima dos traçados de correntes. Em ambos os casos o potencial das células foi mantido em –80 mV. **B)** Relações I-V para cada caso e os *insets* são respostas de correntes a pulsos de voltagem de –80 a +40 mV em passos de 40 mV. Modificada de Coste et al. (2010).

ferior, respectivamente. Como se pode observar, as correntes evocadas em cada caso são dependentes da intensidade do estímulo e possuem cinéticas distintas, sendo que Piezo2 se inativa muito mais rapidamente que Piezo1. As relações I-V mostram correntes praticamente independentes de voltagem e que revertem a um potencial próximo a 0 mV. Esta última propriedade indica que esses canais são pouco seletivos a cátions e quando ativados devem levar à despolarização das células e, portanto, à excitação celular.

Fisiologicamente, o canal Piezo2 está relacionado com a sensação do tato e Piezo1 e Piezo2 participam de processos que regulam pressão sanguínea, respiração e controle urinário. Além desses, a proteína chamada prestina encontrada em células ciliadas do sistema auditivo tem como função primária a transdução de ondas mecânicas em impulsos elétricos. Interessantemente, essa proteína não apenas transduz estímulos mecânicos em elétricos, mas também consegue transformar estímulos elétricos em mecânicos. Evolutivamente, a prestina é homóloga a carreadores de cloreto, sendo que a ligação do cloreto a essa leva a uma mudança de conformação estrutural que induz expansão da membrana celular (Bavi et al., 2021). É importante notar, ainda, que existem pelo menos dois canais para potássio que são ativados por estímulos mecânicos: o TREK-1 e o TRAAK. Há canais dependentes de voltagem que também são modulados por estímulos mecânicos, como por exemplo o $Na_V1.5$ e o $K_V1.2$. De maneira geral, os mecanorreceptores possuem dois mecanismos principais de ativação que envolvem a interação direta dos lipídios da membrana com os canais e o citoesqueleto.

Os mecanorreceptores são bloqueados por Gd^{3+}e rutênio vermelho, e não existem, ainda, bloqueadores seletivos para esses canais, embora a procura por eles seja intensa devido ao seu potencial emprego, principalmente no combate à dor.

Canais do receptor de potencial transiente (transient receptor potential – TRP)

Os TRPs foram primeiramente descritos em uma linhagem mutante de *Drosophila* (mutante trp) cuja resposta à luz, medida por meio de retinograma, é transiente, ao contrário daquela observada em moscas selvagens. Desse fato deriva o nome desses canais. São ativados/desativados por uma série de estímulos que vão desde calor, até frio, mentol, capsaicina (presente em pimentas), alicina, pH etc. Por essas propriedades, são particularmente importantes em diversos processos sensoriais como tato, audição, olfato, gustação, visão, temperatura etc. Constituem-se, portanto, em pontos-chaves da interação dos organismos com o meio ambiente. São encontrados em invertebrados, como moscas e vermes, até em mamíferos, como camundongos e humanos. Localizam-se em membranas de organelas e principalmente nas membranas plasmáticas. Por seus trabalhos pioneiros sobre esses canais e os mecanorreceptores, respectivamente, David Julius e Ardem Patapoutian dividiram o prêmio Nobel em Fisiologia ou Medicina em 2021.

Os canais TRP são mais permeáveis ao íon Ca^{2+}, embora Na^+, K^+ e até mesmo o Mg^{2+} o permeiem. Quando estimulados em condições fisiológicas dão origem a uma corrente resultante despolarizante. Portanto, sua ativação leva à excitação elétrica das células.

Em mamíferos, já foram identificados pelo menos 28 membros de canais TRP, divididos em 6 grandes famílias: ankyrin (TRPA), canonical (TRPC), melastatin (TRPM), mucolipina (TRPML), policístico (TRPP) e os valinoides (TRPV). A subdivisão se dá com base no tipo de estímulo que ativa esses canais. Assim como os mecanorreceptores, esses canais são denominados de polimodais devido a sua função ser controlada por mais de um tipo de estímulo físico. Provavelmente, os dois mais conhecidos dessa família são os valinoides do tipo 1, TRPV1 (Caterina et al., 1997), e o melastatina sensível a mentol, TRPM8 (Peier et al., 2002). Interessantemente, ambos foram descobertos e isolados de neurônios da raiz dorsal de ratos. Enquanto o TRPV é ativado por elevação de temperatura e por capsaicina, o TRPM é ativado por diminuição de temperatura e por mentol.

Esses canais são estruturalmente muito semelhantes àqueles ativados por voltagem. Possuem seis segmentos transmembrana (S1-S6), onde S5 e S6 formam o poro juntamente com uma alça reentrante que compõe o filtro de seletividade. Interessante notar que os segmentos S1 a S4 formam uma estrutura que se assemelha ao sensor de voltagem dos canais dependentes de voltagem. Embora possuam uma região similar ao sensor de voltagem, esses canais não têm a sequência clássica de resíduos carregados no S4 e possuem uma dependência de voltagem muita fraca (Raddatz et al., 2014). As regiões N e C-terminais participam do mecanismo de *gating*, constituem sítios de ligação para moléculas moduladoras desses canais e auxiliam na estruturação correta dos canais na membrana.

CANAIS PARA CLORETO

Se o sódio é o íon em maior concentração no líquido extracelular, o cloreto é o principal contraíon responsável por manter a eletroneutralidade da solução; sua concentração situa-se ao redor de 110 a 120 mM. O cloreto participa de vários processos celulares, influindo na excitabilidade celular, regulação de volume celular, ciclo celular, transmissão sináptica etc. Várias proteínas, tanto em membranas de organelas como na membrana plasmática, constituem-se em transportadores para esse íon. Esse fato tem contribuído para o grande número de incertezas que ainda existe no campo de estudo dos chamados canais para cloreto. Muitas proteínas que parecem funcionar como canais iônicos na verdade são trocadores, que podem ser eletrogênicos ou não. Esses estão presentes em vários epitélios, incluindo aqueles dos túbulos renais e em vesículas intracelulares. Como exemplo temos o trocador Na/K/2Cl (NKCC2) que transporta cloreto, utilizando a energia do gradiente de sódio, e assim mantém a sua concentração baixa no intracelular. Por outro lado, o transportador NKCC1 faz o oposto e trabalha para manter alta concentração de cloreto no intracelular. Isso tem sérias implicações fisiológicas, pois em um caso a eletrodifusão do cloreto através dos canais pode despolarizar e no outro hiperpolarizar a célula. Esse papel duplo na eletrofisiologia da célula não é visto quando falamos de Na^+, K^+ ou Ca^{2+}. Interessantemente, os canais para cloreto apresentam permeabilidade maior a vários ânions que para o próprio cloreto. No entanto, dada a maior concentração de cloreto presente nos líquidos biológicos, eles passaram a ser chamados de canais para cloreto, já que esse íon é o determinante de suas condutâncias.

Os canais para cloreto mais conhecidos são os receptores GABAérgicos e glicinérgicos, ativados por ligantes, já discutidos no Capítulo 4. Além desses, existem várias famílias de canais para cloreto. Sua descoberta data dos anos 1980, quando da reconstituição de canais provenientes da eletroplaca de *Torpedo* em bicamadas lipídicas planas por Miller (1982). Observou-se, então, que o canal funcionava como se tivesse dois poros independentes agindo em paralelo, fato confirmado posteriormente tanto em estudos eletrofisiológicos como moleculares. Entre as várias famílias, destacam-se os membros dos canais para cloreto ativados por voltagem, os CLCs. Na verdade, essa família chama a atenção por apresentar membros que funcionam efetivamente como canais e outros que são transportadores/cotransportadores. A figura 6.12 é uma síntese das várias famílias de transportadores/canais para cloreto, distribuídas de acordo com suas propriedades moleculares e identidade das sequências primárias. Além disso, ela mostra também o tecido de maior expressão e a função ali exercida. Como se pode observar, os CLCs se distribuem entre dois grandes grupos: um deles localiza-se na membrana plasmática (CLC-1, CLC-2, CLC-Ka e CLC-Kb).

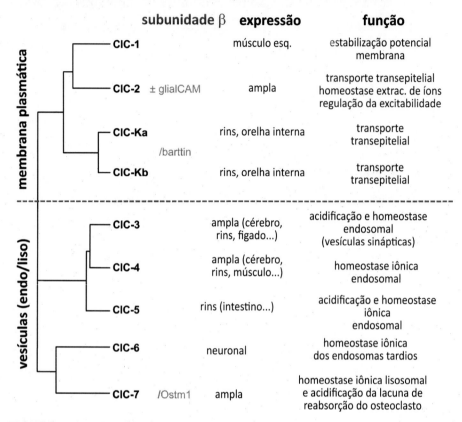

FIGURA 6.12 – Família de canais para cloreto CLC de mamíferos e proteínas associadas. Modificada de Jentsch e Pusch (2018).

Com exceção do CLC-1, presente essencialmente em musculatura esquelética e envolvido com o potencial de membrana, os outros membros têm uma função primordial no transporte de sal e água pelos epitélios e localizam-se em vesículas e lisossomos, portanto, intracelulares. Alguns membros necessitam de proteínas auxiliares para a expressão funcional apropriada. Para uma descrição mais detalhada das propriedades desses canais e suas implicações fisiopatológicas ver Jentsch e Pusch (2018).

Além desses, têm-se os dependentes de proteína cinase e nucleotídeos, conhecidos como *cystic fibrosis transmembrane conductance regulator* (CFTR). Esse canal está presente em tecidos epiteliais e pertence à família dos transportadores ABC (ATP *Biding Cassete*) que possuem uma região para a ligação de ATP, com o que são fosforilados. São importantes nos processos de secreção de fluido, como, entre outros, o existente no epitélio pulmonar. Defeitos nesse canal por mutação em um de seus aminoácidos leva à produção de muco mais espesso e problemas na eliminação de partículas eventualmente inaladas.

Embora guardando, ainda, algumas incertezas quanto à origem molecular, existem os canais para cloreto ativados por cálcio e aqueles ativados por volume que não serão tratados aqui.

INTERAÇÃO ENTRE CANAIS IÔNICOS

Como extensamente analisado acima, vários canais iônicos respondem à variação na voltagem da membrana celular. Dessa forma, é de se esperar que a abertura ou fechamento de um dado tipo de canal reflita indiretamente no funcionamento de um outro tipo. A título ilustrativo, a figura 6.13 mostra, em linhas gerais, o processo de secreção de insulina pelas células β do pâncreas, onde um sinal metabólico é transformado em um sinal elétrico e na secreção de um hormônio.

A elevação na concentração plasmática de glicose tem como consequência sua maior entrada para o intracelular realizada pelo transportador GLUT3. Sua metabolização leva a aumento na razão entre as concentrações de ATP e ADP ([ATP]/[ADP]). O ATP elevado irá ligar-se a um número maior de canais para potássio sensíveis ao ATP, tendo como consequência o bloqueio da saída de potássio e despolarização da membrana plasmática. Canais para cálcio dependentes de voltagem são então

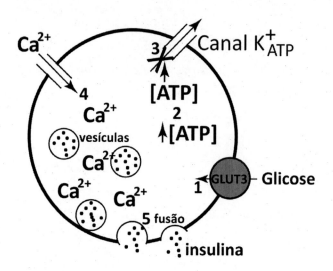

FIGURA 6.13 – Acoplamento entre canais iônicos – secreção de insulina como exemplo. 1 = transportador de glicose; 2 = aumento da concentração intracelular de ATP desencadeada pela entrada de glicose; 3 = canal para potássio sensível ao ATP; 4 = canal para cálcio dependentes de voltagem; 5 = fusão de vesículas contendo o hormônio e sua secreção.

ativados, levando a aumento na concentração deste íon no intracelular, com consequente fusão das vesículas e a secreção dos grânulos intravesiculares (hormônio) para o extracelular. A elevação na concentração intracelular de cálcio tem, ainda, um outro efeito: leva à abertura dos canais para potássio dependentes de cálcio, também presentes nas células β. Como consequência, o potencial de membrana tende a retornar aos níveis de repouso.

CANALOPATIAS

Canalopatia é um termo que se refere a diversas patologias, geralmente de fundo genético, que acomete o funcionamento de vários tecidos, cuja origem está no mau funcionamento dos canais iônicos. Mutações em pontos específicos da cadeia aminoacídica e/ou deleções de aminoácidos podem comprometer os processos de ativação, desativação e inativação, gerando respostas celulares incompatíveis com um estado de higidez. Exemplos vão desde problemas na secreção de fluido por epitélios, levando à retenção maior de partículas no muco traqueal, onde o defeito está no canal CFTR, até hipertermia maligna, onde o canal de rianodina da musculatura esquelética é afetado por certos anestésicos e permanece no estado aberto por muito tempo, tendo como consequência contrações involuntárias e aumento da temperatura corporal; paralisia periódica causada por defeitos em canais para potássio e/ou sódio; síndrome do QT longo, onde defeitos em canais para potássio e/ou sódio levam a arritmias cardíacas etc. Portanto, o estudo de canais iônicos reveste-se de importância fundamental tanto em termos acadêmicos quanto terapêuticos. Por essas razões, constituem-se em objeto de estudos de grande interesse da indústria farmacêutica. Cerca de 18% de todas as drogas constituídas por moléculas pequenas, registradas na base de dados de moléculas bioativas (ChEMBL Database), têm os canais iônicos como alvos (Santos et al., 2017). Para uma coletânea dessas patologias e suas causas consulte Ashcroft (2000).

Referências

Aidley DJ, Stanfield PR. Ion channels – molecules in action. Cambridge, UK: Cambridge University Press; 1996.

Alvarez O, Latorre R. The enduring legacy of the "constant-field equation" in membrane ion transport. J Gen Physiol. 2017;149(10):911-20.

Armstrong CM, Bezanilla, F. Inactivation of the sodium channel. II. Gating current experiments. J Gen Physiol. 1977;70(5):567-90.

Armstrong CM, Bezanilla, F. Currents related to movement of the gating particles of the sodium channels. Nature. 1973;242(5398):459-61.

Armstrong CM, Binstock L. Anomalous rectification in the squid giant axon injected with tetraethylammonium chloride. J Gen Physiol. 1965;48:859-72.

Ashcroft FM. Ion channels and disease. New York: Academic Press; 2000.

Axovacs. Programa de simulação das equações de Hodgkin e Huxley, originalmente disponibilizado pela empresa Axon.

Bagal SK, Chapman ML, Marron BE, Prime R, Storer RI, Swain NA. Recent progress in sodium channel modulators for pain. Bioorg Med Chem Lett. 2014;24:3690-9.

Batista V. O sítio da glicina no receptor NMDA de neurônios do NTS subpostremal. Tese de Doutorado. Depto. Fisiologia/FMRP – Universidade de São Paulo; 2004.

Bavi N, Clark MD, Contreras GF, Shen R, Reddy BG, Milewski W, Perozo E. The conformational cycle of prestin underlies outer-hair cell electromotility. Nature. 2021;600(7889):553-8.

Bennett PB, Yazawa K, Makita N, George AL Jr. Molecular mechanism for an inherited cardiac arrhythmia. Nature. 1995;376:683-5.

Bernstein J. Untersuchungen zur Thermodynamic der bioelectrischen Ströme. Pflugers Archiv Gen Physiol. 1902;92:521-62.

Bezanilla F. Sítio com simulações sobre eletrofisiologia da Universidade de Chicago. Disponível em: nerve.bsd.uchicago.edu. Acessado em 18/03/2022.

Bezanilla F, Armstrong CM. Inactivation of the sodium channel. I. Sodium current experiments. J Gen Physiol. 1977;70(5):549-66.

Bockris JO'M, Reddy AKN. Modern electrochemistry. Vol 1. New York: Plenum/Rosetta Edition; 1977.

Boyd IA, Martin AR. The end-plate potential in mammalian muscle. J Physiol. 1956;132:74-91.

Bregestovski P, Bernard C. Excitatory GABA: how a correct observation may turn out to be an experimental artifact. Frontiers in pharmacology (neuropharmacology). Pharmacol Rev. 2012;24:509-81.

Campbell DT, Hille B. Kinetic and pharmacological properties of the sodium channel of frog squeletal muscle. J Gen Physiol. 1976;67:309-23.

Carbone E. Calcium channels – an overview. In: Binder MD, Hirokawa N, Windhorst U (eds). Encyclopedia of neuroscience. Berlin: Springer-Verlag; 2008. p. 545-50.

Carvalho-de-Souza JL, Bezanilla F. Noncanonical mechanism of voltage sensor coupling to pore revealed by tandem dimers of Shaker. Nat Commun. 2019;10(1):3584.

Caterina MJ, Schumacher MA, Tominaga M, Rosen TA, Levine JD, Julius D. The capsaicin receptor: a heat-activated ion channel in the pain pathway. Nature. 1997;389(6653):816-24.

Catterall WA. A 3D view of sodium channels Nature. 2001;409:988-9.

Clark MD, Contreras GF, Shen R, Perozo E. Electromechanical coupling in the hyperpolarization-activated K^+ channel KAT1. Nature. 2020;583: 145-9.

Coetzee WA, Amarillo Y, Chiu J, Chow A, Lau D, Mccormack T, et al. Molecular diversity of K^+ channels. Ann NY Acad Sci. 1999;868:233-85.

Cole KS. Ions, potentials and the nerve impulse. In: Shedlovsky T (ed). Electrochemistry in biology and medicine. New York: Wiley; 1955. p. 121-40.

Cole KS. Membranes, ions and impulses. Berkeley: University of California Press; 1968.

Coombs JS, Eccles JC, Fatt P. The specific ionic conductances and the ionic movements across the motoneuronal membrane that produce the inhibitory post-synaptic potential. J Physiol. 1955;130:326-73.

Coste B, Mathur J, Schmidt M, Earley TJ, Ranade S, Petrus MJ, et al. Piezo1 and Piezo2 are essential components of distinct mechanically activated cation channels. Science. 2010;330(6000):55-60.

Dale HH. The action of certain esters and ethers of choline, and their relation to muscarine. J Pharmacol Exper Ther. 1914;6:147-190.

Dale HH, Feldberg W, Vogt M. Release of Acetylcholine at voluntary nerve endings. J Physiol. 1936;86:353-80.

Deans MR, Gibson JR, Sellitto C, Connors BW, Paul D. Synchronous activity of inhibitory networks in neocortex requires electrical synapses containing connexin36. Neuron. 2001;31:477-85.

Del Castillo J, Katz B. Quantal components of the end-plate potential. J Physiol. 1954;124:560-73.

Del Corsso C, Costa RR, Varanda WA. Canais para cálcio dependentes de voltagem. In: Resende RR, Guatimosim S, Leite MF. Sinalização de cálcio: Bioquímica e Fisiologia Celulares. São Paulo: Sarvier; 2012.

Dempster J. software para uso em experimentos de eletrofisiologia. Disponível em: University of Strathclyde Electrophysiology Software: https://spider.science.strath.ac.uk/sipbs/software_ses.htm.

Desaki U, Uehara Y. The overall morphology of neuromuscular junctions as revealed by scanning electron microscopy. J Neurocytol. 1981;10:101-10.

Diaz J, Pécot-Dechavassine M. Terminal nerve sprouting at the frog neuromuscular junction induced by prolonged tetrodotoxin blockade of nerve conduction. J Neurocytol. 1989;18:39-46.

DiFrancesco D. A new interpretation of the pace-maker current in calf Purkinje fibres J Physiol (Lond). 1981;314:359-76.

Doyle DA, Cabral JM, Pfuetzner RA, Kuo A, Gulbis JM, Cohen SL, et al. The structure of the potassium channel: molecular basis of K^+ conduction and selectivity. Science. 1998;280(5360):69-77.

Einstein A. Investigations on the theory of the Brownian movement. Edited by R. Fürth. New York: Dover Publications Inc; 1956.

Fatt P, Ginsborg BL. The ionic requirements for the production of action potentials in crustacean muscle fibres. J Physiol. 1958;142:516-43.

Fatt P, Katz BJ. Spontaneous subthreshold activity at motor nerve endings. J Physiol. 1952;117:109-28.

Finkelstein A, Mauro A. Equivalent circuits as related to ionic systems. Biophys J. 1963;3:215-37.

Frankenhaeuser B, Hodgkin AL. The action of calcium on the electrical properties of squid axons. J Physiol. 1957;137:218-44.

Fushpan EJ, Potter DD. Transmission at the giant motor synapses of the crayfish. J Physiol. 1959;145:289-325.

Goldin AL, Barchi R, Caldwell JH, Hofmann F, Howe JR, Hunter J, et al. Nomenclature of voltage-gated sodium channels. Neuron. 2000;28:365-8.

Goldman DE. Potential, impedance, and rectification in membranes. J Gen Physiol. 1943;27:37-60.

Gorter E, Grendel F. On bimolecular layers of lipoids on the chromocytes of the blood. J Exper Med. 1925;41(4):439-44.

Hamill OP, Marty A, Neher E, Sakmann B, Sigworth FJ. Improved patch-clamp techniques for high-resolution current recording from cells and cell-free membrane patches. Pflügers Archiv Eur J Physiol. 1981;391(2):85-100.

Hartzell HC, Fambrough DM. Acetylcholine receptors distribution and extrajunctional density in rat diaphragm after denervation correlated with acetylcholine sensitivity. J Gen Physiol. 1972;60:248-62.

Heinemann SH, Terlau H, Stühmer W, Imoto K, Numa S. Calcium channel characteristics conferred on the sodium channel by single mutations. Nature. 1992;356(6368):441-3.

Heuser JE, Reese TS. Structure of the synapse. In: Kandel ER (ed). Handbook of physiology – the nervous system. Baltimore: American Physiological Society; 1977. p. 261-94.

Hille B. Ionic channels of excitable membranes. 2nd ed. Sunderland, MA: Sinauer Associates; 1992.

Hladky SB, Haydon DA. Discreteness of conductance change in bimolecular lipid membranes in the presence of certain antibiotics. Nature. 1970;225:451-3.

Hladky SB, Haydon DA. Ion transfer across lipid membranes in the presence of gramicidin A: I. Studies of the unit conductance channel. Biochim Biophys Acta – Biomembranes. 1972;274(2):294-312.

Hodgkin AL. Evidence for Electrical Transmission in Nerve. Part I. J Physiol. 1937;90(2):183-210.

Hodgkin AL, Horowicz P. The influence of potassium and chloride on the membrane potential of single muscle fibers. J Physiol. 1959;148:127-60.

Hodgkin AL, Huxley AF. Currents carried by sodium and potassium ions through the membrane of the giant axon of Loligo. J Physiol. 1952;116:449-72.

Hodgkin AL, Huxley AF. A quantitative description of membrane current and its application to conduction and excitation in nerve. J Physiol. 1952;117(4): 500-44.

Hodgkin AL, Katz B. The effect of sodium ions on the electrical activity of the giant axon of the squid. J Physiol. 1949;108:37-77.

Hodgkin AL, Keynes RD. Active transport of cations in giant axons from *Sepia* and *Loligo*. J Physiol. 1955;128:28-60.

Izhikevich EM. Dynamical systems in neuroscience: the geometry of excitability and bursting. Massachusetts: The MIT Press Cambridge; 2007.

Jentsch TJ, Pusch M. CLC chloride channels and transporters: structure, function, physiology, and disease. Physiol Rev. 2018;98:1493-590.

Kandel ER, Schwartz JH, Jessel TM, Siegelbaum SA, Hudspeth AJ. Princípios de Neurociências. 5ª ed. Porto Alegre: MacGraw Hill Education – AMGH Editora Ltda; 2014.

Karlin A. Emerging structure of the nicotinic acethylcholine receptors. Nature Reviews/Neuroscience. 2002;3:102-14.

Katz B, Miledi R. Membrane noise produced by acetylcholine. Nature. 1970;226(5249):962-3.

Katz B, Miledi R. The statistical nature of the acetylcholine potential and its molecular components. J Physiol. 1972;224:665-99.

Kiessling V, Kreutzberger AJB, Liang B, Nyenhuis SB, Seelheim PJ, Castle D, et al. A molecular mechanism for calcium/synaptotagmin-triggered exocytosis. Nat Struct Mol Biol. 2018;25:911-7.

Krause M, Wernig A. The distribution of acetylcholine receptors in the normal and denervated neuromuscular junction of the frog. J Neurocytol. 1985;14:765-80.

Kubo T, Noda M, Takai T, Tanabe T, Kayano T, Shimizu S, et al. Primary structure of δ subunit precursor of calf muscle acetylcholine receptor deduced from cDNA sequence. Eur J Biochem. 1985;149(1):5-13.

Kuffler SW. Electrical potential changes in an isolated nerve-muscle junction. J Neurophysiol. 1942;5:18-26.

Kuffler SW, Yoshikami D. The number of transmitter molecules in a quantum: an estimate from iontophoretic application of acetylcholine at the neuromuscular synapse. J Physiol. 1975;251:465-82.

Lacaz-Vieira F, Malnic G. Biofísica. Rio de Janeiro: Guanabara Koogan; 1981.

Llinás R, Steinberg IZ, Walton K. Relationship between presynaptic calcium current and postsynaptic potential in squid giant synapse. Biophys J. 1981;33:323-52.

Lorenzo-Ceballos Y, Carrasquel-Ursulaez W, Castillo K, Alvarez O, Latorre R. Calcium-driven regulation of voltage sensing domains in BK channels. ELife. 2019;8:1-24.

Magleby KL, Stevens CF. The effect of voltage on the time course of end-plate currents. J Physiol. 1972;223:151-71.

Marmont G. Studies on the axon membrane. I. A new method. J Cell Comp Physiol. 1949;34(3):351-82.

Martinac B, Buechner M, Delcour AH, Adler J, Kung C. Pressure-sensitive ion channel in *Escherichia coli*. Proc Natl Acad Sci U S A. 1987;84(8):2297-301.

McLaughlin SGA, Szabo G, Eisenman G. Divalent Ions and the surface potential of charged phospholipid membranes. J Gen Physiol. 1971;58:667-87.

Mikawa S, Wang C, Shu F, Wang T, Fukuda A, Sato K. Developmental changes in KCC1, KCC2 and NKCC1 mRNAs in the rat cerebellum. Dev Brain Res. 2002;136:93-100.

Miller C. Open-state substructure of single chloride channels from Torpedo electroplax. Philos Trans R Soc Lond B Biol Sci. 1982;299(1097):401-11.

Miller DJ. Sydney Ringer; physiological saline, calcium and the contraction of the heart. J Physiol. 2004;555(3):585–587.

Miyazawa A, Fujiyoshi Y, Unwin N. Structure and gating mechanism of the acetylcholine receptor pore. Nature. 2003;423:949-55.

Morais-Cabral JH, Zhou Y, MacKinnon R. Energetic optimization of ion conduction rate by the K^+ selectivity. Nature. 2001;414:37-42.

Mullins LJ, Noda K. The influence of sodium-free solutions on the membrane potential of frog muscle fibers. J Gen Physiol. 1963;47:117-32.

Narahashi T, Moore JW, Scott WR. Tetrodotoxin blockage of sodium conductance increase in lobster giant axons. J Gen Physiol. 1964;47:965-74.

Neher E, Sakmann B. Single-channel currents recorded from membrane of denervated frog muscle fibres. Nature. 1976;260:799-802.

Noda M, Shimizu S, Tanabe T, Takai T, Kayano T, Ikeda T, et al. Primary structure of *Electrophorus electricus* sodium channel deduced from eDNA sequence. Nature. 1984;312:121-7.

Noda M, Takahashi H, Tanabe T, Toyosato M, Furutani Y, Hirose T, et al. Primary structure of alpha-subunit precursor of Torpedo californica acetylcholine receptor deduced from cDNA sequence. Nature. 1982;299(5886):793-7.

Numa S, Noda M, Takahashi H, Tanabe T, Toyosato M, Furutani Y, Kikyotani S. Molecular structure of the nicotinic acetylcholine receptor. Cold Spring Harb Symp Quan Biol. 1983;48 Pt 1:57-69.

Overton E. Beitreige zur allgemeinen Muskel- und Nervenphysiologie. I Mittheilung.Ueber die Unentbehrlichkeit von Natrium-(oder Lithium-)Ionen für den Contractionsact des Muskels. Pflügers Arch Gesamte Physiol. 1902;92:346-86. Citado em: Huxley AF. The history of neuroscience in autobiography. Vol. 4. ed. Larry R Squire Academic Press; 2004. p. 282-318.

Pallotta BS. N-bromoacetamide removes a calcium-dependent component of channel opening from calcium-activated potassium channels in rat skeletal muscle. J Gen Physiol. 1985;86(5):601-11.

Pan X, Li Z, Zhou Q, Shen H, Wu K, Huang X, et al. Structure of the human voltage-gated sodium channel Nav1.4 in complex with β1. Science. 2018;362(6412):eaau2486.

Peier AM, Moqrich A, Hergarden AC, Reeve AJ, Andersson DA, Story GM, et al. A TRP channel that senses cold stimuli and menthol. Cell. 2002;108(5): 705-15.

Peper K, Dreyer F, Sandri C, Akert K, Moor H. Structure and ultrastructure of the frog motor endplate. A freeze-etching study. Cell Tiss Res. 1974;149:437-55.

Pera M. The ambiguous frog. Princeton-USA: Princeton University Press; 1992.

Pettersen EF, Goddard TD, Huang CC, Meng EC, Couch GS, Croll TI, et al. UCSF ChimeraX: Structure visualization for and voltage coupling to channel opening in transient receptor potential melastatin 8 (TRPM8). J Biol Chem. 2021;289(51):35438-54.

Poletto Chaves LA, Pontelli EP, Varanda WA. P2X receptors in mouse Leydig cells. Am J Physiol Cell Physiol. 2006;290:1009-17.

Purves D, Augustine GJ, William DF, Hall WC, Lamantia SA, Mcnamara JO, Williams M. Neuroscience. 3rd ed. Sunderland, Massachusetts: Edited by Sinauer Associates, Inc; 2004.

Raddatz N, Castillo JP, Gonzalez C, Alvarez O, Latorre R. Temperature and voltage coupling to channel opening in transient receptor potential melastatin 8 (TRPM8). J Biol Chem. 2014;289(51):35438-54.

Raftery MA, Hunkapiller MW, Strader C, Hood LE. Acetylcholine receptor: complex of homologous subunits. Science. 1980;208(4451):1454-7.

Rasband MN, Trimmer J, Schwarz TL, Levinson SR, Ellisman MH, Schachner M, Shrager P. Potassium channel distribution, clustering, and function in remyelinating rat axons. J Neurosci. 1998;18(1):36-47.

Ren D. Sodium leak channels in neuronal excitability and rhythmic behaviors. Neuron. 2011;72(6):899-911.

Robinson RA, Stokes RH. Electrolyte solutions. London: Butterworths; 1959.

Santos R, Ursu O, Gaulton A. A comprehensive map of molecular drug targets. Nat Rev Drug Discov. 2017;16(1):19.

Sato C, Ueno Y, Asai K, Takahashi K, Sato M, Engel A, Fujiyoshik Y. The voltage-sensitive sodium channel is a bell-shaped molecule with several cavities. Nature. 2001;409:1047-51.

Schofield PR, Darlisont MG, Fujitat N, Burtt DR, Stephensont FA, Rodriguez H, et al. Sequence and functional expression of the GABAA receptor shows a ligand-gated receptor super-family. Nature. 1987;28:221-7.

Silva MP. Modulação nitrérgica de canais para cátions ativados por hiperpolarização e nucleotídeo cíclico em neurônios do núcleo supraóptico. Tese de doutorado – Depto. Fisiologia FMRP/USP; 2015.

Sherrington CS. The integrative action of the nervous system. Yale University Press First printing 1906; Sixth printing, 1920.

Singer SJ, Nicolson GL. The fluid mosaic model of the structure of cell membranes. Science. 1972;175(4023):720-31.

Smith GD. Modeling the stochastic gating of ion channels. In: Fall CP, Marland ES, Wagner JM, Tyson JJ (eds). Computational cell biology. Interdisciplinary Applied Mathematics. Vol 20. New York: Springer; 2002.

Stuart G, Spruston N, Sakmann B, Häusser M. Action potential initiation and backpropagation in neurons of the mammalian CNS. Trends Neurosci. 1997; 20:125-31.

Suehiro M. Historical review of medical and chemical research on globefish toxin, tetrodotoxin. In: Revue d'histoire de la pharmacie, 84 année, nº 312, 1996. Actes du XXXIe Congrès International d'Histoire de la Pharmacie (Paris, 25-29 septembre 1995) p. 379-80. doi: 10.3406/pharm.1996.6253.

Takeuchi A. and Takeuchi N. On the permeability of end-plate membrane during the action of transmitter. J Physiol. 1960;154:52-67.

Tan XF, Bae C, Stix R, Fernández-Mariño AI, Huffer K, Chang TH, et al. Structure of the Shaker Kv channel and mechanism of slow C-type inactivation. Sci Adv. 2022;8(11):eabm7814.

Tanabe T, Takeshima H, Mikami A, Flockerzi V, Takahashi H, Kangawa K, et al. Primary structure of the receptor for calcium channel blockers from skeletal muscle. Nature. 1987;328:313-8.

Tasaki I, Hagiwara S. Demonstration of two stable potential statesi the squid giant axon under tetraethylammonium chloride. J Gen Physiol. 1957;40(6): 859-85.

Terlau H, Heinemann SH, Stühmer W, Pongs O, Ludwig J. Amino terminal-dependent gating of the potassium channel rat eag is compensated by a mutation in the S4 segment. J Physiol. 1997;502(3):537-43.

Thomas RC. Membrane current and intracellular sodium changes in a snail neurone during extrusion of injected sodium. J Physiol. 1969;273:317-38.

Tyson JR, Snutch TP. Molecular nature of voltage-gated calcium channels: structure and species comparison WIREs. Membr Transp Signal. 2013;2: 181-206.

Unwin PNT, Zampighi G. Structure of the junction between communicating cells. Nature. 1980;283(5747):545-9.

Varanda WA, Campos de Carvalho AC. Intercellular communication between mouse Leydig cells. Am J Physiol. 1994;267(2 Pt 1):C563-9.

Weiss TF. Cellular biophysics. Cambridge Massachusetts: The MIT Press; 1996.

Young JZ. Structure of nerve fibers synapses in some invertebrates. Cold Spring Harbor Symp Quant Biol. 1936;4:1-6.

Yu FH, Yarov-Yarovoy V, Gutman GA, Catterall WA. Overview of molecular relationships in the voltage-gated ion channel superfamily. Pharmacol Rev. 2005;57:387-95.

Zifarelli G, Zuccolini P, Bertelli S, Pusch M. The joy of Markov models – channel gating and transport cycling made easy. Biophysicist. 2021;2(1):70-107.

Índice Remissivo

A

Acetilcolina, 126
Acetilcolinesterase, 160
acid sensing ion channel, 239
ácido caínico (cainato), 157
ácido gama-aminobutírico (GABA), 152
adsorção dos íons cálcio, 112
α-amino-3-hidroxi-5-metil-4-isoxazolepropionato (AMPA), 157
α-bungarotoxina, 135, 178, 186
alfa-hélices, 170, 184, 186
alta condutância, 57
ambiente hidrofóbico, 175
amielínica, 98
aminoácidos hidrofóbicos, 177, 182
AMP cíclico, 160
Amplificadores operacionais (AO), 98, 192, 218
análise de ruído, 174
análise eletrofisiológica, 72
análise termodinâmica, 2
anfipático, 172
AO como integrador, 225
AO como inversor, 222
AO como somador, 224
área membrana plasmática, 88
armazenar cargas, 47
arritmias cardíacas, 42

árvore dendrítica, 115
aspartato, 153
Ativação, 107, 229
ATP, 58
ATPase Na^+/K^+, 58, 59
axônio gigante de lula, 93, 97
axoplasma, 86, 89

B

baixa condutância, 256
bateria, 8, 65, 73, 78
Bernstein, 53, 95
biblioteca de cDNA, 178
bicamada, 36, 113, 172, 174, 184
biculina, 155, 157
biologia molecular, 176
botulismo, 162

C

cabeças polares, 62
cabo elétrico, 88, 115
cadeias hidrocarbônicas, 88, 173
Campo constante, 21, 25
campo elétrico, 8, 18, 22, 30, 114, 229
campo gravitacional, 3
canais aquosos, 76
canais de vazamento, 250
Canais dependentes de voltagem, 229

Canais do receptor de potencial transiente, 258

canais iônicos, 41, 45, 175

canais para ânions, 228

canais para cálcio, 137, 228, 240, 243, 263

Canais para cloreto, 260

canais para potássio, 228, 246, 247, 258

canais para sódio, 228, 230

Canais seletivos a cátions, 252

canais TRP, 259

canal conduz corrente, 78

canal iônico, 105

canal mecanossensível, 256

canal/receptor de ACh (AChR), 176

Canalopatias, 264

capacitância, 49, 70, 212, 216

capacitor, 47, 62, 78, 173

capacitor de *feedback*, 226

capilar, 18

capsaicina, 259

carga do elétron, 14, 19

carga eletrônica *q*, 28

cargas de *gating*, 206

carótida externa, 126

carregadores, 36

carregadores de corrente, 74

Cell-attached, 194

célula de Leydig, 166, 194, 242, 255

células β, 263

células excitáveis, 84

centrifugação, 7

Cinética dos canais iônicos, 201

Circuito elétrico equivalente, 46, 65, 72

circuito RC, 46, 86

Clonagem genética, 177

cocaína, 164

coeficiente de atividade, 15

coeficiente de difusão, 15, 17, 22, 25, 27, 36, 75

Coeficiente de partição, 32, 36, 37

coeficiente de permeabilidade, 25, 37

compartimentos infinitos, 28, 29, 82

composição aminoacídica, 236

condução bidirecional, 86

condução saltatória, 118

condutância a cloreto, 152

condutância ao sódio, 96

condutância da membrana pós-sináptica, 145

condutância da membrana, 40, 46

condutância dependente de voltagem, 103

condutância juncional, 168

condutância máxima, 211

condutância total, 66

condutâncias, 65, 66, 75, 79, 96

condutividade, 73-75

condutividades equivalentes, 20

conexinas, 166, 169

conexons, 170

constante de Boltzmann, 14, 206

constante de espaço, 89, 118, 134

constante de tempo, 46, 50, 86, 93, 118, 216

constante dielétrica, 33, 36, 172

constante dielétrica do solvente, 34

constantes de velocidade, 202, 206

quantal, 143, 144

contraíon, 73

conversor corrente-voltagem (amplificador de *patch*), 212

corantes hidrofílicos, 3

corrente capacitiva, 46

corrente capacitiva de pico, 215

corrente de entrada, 102, 137

corrente de *gating*, 206

corrente de saída, 102

Corrente elétrica, 19, 72, 73

corrente resultante, 39

correntes capacitivas, 97

correntes de cauda, 103

correntes de *gating*, 250

Correntes macroscópicas, 207

córtex cerebral, 170

curare, 149

cystic fibrosis transmembrane conductance regulator (CFTR), 263

D

decurso temporal, 56

DEKA ring, 235

densidade de carga, 27

densidade de corrente elétrica, 19

dependência intrínseca do tempo, 47

dependente de voltagem, 108, 198

Desequilíbrio iônico, 42, 55

Despolarização, 45, 53, 56, 91, 132

diâmetro da fibra, 118

diâmetro do axônio, 89

diferença de concentrações, 11

diferença de potencial elétrico, 11, 26, 27, 42

diferença de potencial eletroquímico, 10

diferença de potencial estável, 54

diferença de potencial químico, 11, 76

difração de raios X, 189, 251

Difusão simples, 15

distribuição de amplitudes, 200

distribuição de Boltzmann, 5, 10, 35

distribuição normal, 140

divisor de corrente, 89

DL-AP5, 155

DNQX, 155, 157

dois poros, 247

dois poros independentes, 261

domínios funcionais, 175

dopamina, 160

dupla camada, 32

E

Edelman, 177

eletricidade animal, 40

eletricidade metálica, 40

eletrocardiografia, eletroencefalografia, 41

eletrodifusão, 13, 28

eletrodos de Ag/AgCl, 44, 192

eletroforese, 18, 75

eletrogênico, 58

eletromiografia, 41

eletroneutralidade macroscópica, 29, 60, 62

eletrotonicamente, 165

sinalização endócrina, 124

energia cinética média, 4, 17

energia elétrica, 9

energia livre, 33

energia potencial elétrica, 206

energia potencial gravitacional, 6, 7

energia potencial térmica, 206

energia química, 7

entrada inversora, 219

entrada não inversora, 219

equação de Boltzmann, 103

equação de Born, 35

Equação de Goldman, 21

equação de Goldman-Hodgkin e Katz (GHK), 54, 68, 70

equação de Nernst, 32, 52, 53, 81, 96, 150

equação de Nernst-Planck, 26

equação do campo constante, 22

equações de fluxo, 29

equilíbrio de Donnan, 58

equilíbrio eletroquímico, 57

equilíbrio osmótico, 59

equilíbrio termodinâmico, 11

escala de hidropaticidade, 180

estado aberto, 201

estado de equilíbrio, 4, 9

estado estacionário, 51

estado fechado, 201

estado inativado, 109

estados conformacionais, 197

estimulação anterógrada, 85

estimulação retrógrada, 85

estricnina, 155, 157

estrutura quaternária, 188

estrutura tridimensional, 251

eventos unitários, 142

excitabilidade celular, 47, 241, 246

excitabilidade elétrica, 45

Excitabilidade elétrica celular, 84

exocitose, 137

F

facilitação pré-sináptica, 162

Faraday, 14

fase apolar, 33

fase da membrana, 33

fase isoelétrica, 120

fase lipídica, 35

fenda sináptica, 130

fibras amielínicas, 119

filtro de seletividade, 233, 250

fixação de voltagem, 99, 190, 215

Fluoxetina, 164

fluxo (J), 13, 14, 21

fluxo de íons, 76

fluxo difusional, 15

fluxo resultante, 55, 81

fluxos iônicos independentes, 22

fluxos unidirecionais, 52

força de atrito, 1, 12

força de campo, 7, 9

força difusional, 30

força elétrica, 30

força eletromotriz, 31, 46, 65, 81, 102, 107

força fenomenológica, 4, 7, 9

força química, 15

força resultante, 4

força total, 12

forças motrizes, 66

fosfatidilcolina, 113

fosfatidiletanolamina, 113

fosfatidilserina, 113

fosfolipídios, 88, 113

fosforilação, 180

frequência, 85

fusão das vesículas, 264

fusão espontânea de vesículas, 143

G

GABA, 153

GABAérgicas, 155

gânglios da raiz dorsal, 239

Ganho, 193, 219

gap junctions, 166

gating, 112

gating charge, 205

genoma humano, 175

geradores de corrente, 65

Giga Selo, 193

Gigaohms, 194

glicina, 152

glicose, 15

glicosilação, 180

glutamatérgicos, 153, 252

glutamato, 153

Goldman, 14, 21, 38

gradiente de concentração, 15

gradiente elétrico, 14

gradiente eletroquímico, 116

gradiente iônico, 78

gradiente negativo, 7

gramicidina, 174

H

hemicanais, 170

heterotetraméricos, 233

hibridização, 179

hidrólise, 126

high voltage activated, 241

hiperexcitabilidade, 115

hiperpolarização, 45, 57, 96

hiperpolarização e nucleotídeos
cíclicos, 252

hipertermia maligna, 265

hipocalcêmica, 115

homotetraméricos, 248

hormônios, 41

hospedeiro, 177

I

identidade dos aminoácidos, 237

Inativação, 107, 117, 230

índice de hidropaticidade, 184

infinitesimal, 28

inibição pré-sináptica, 162

inside-out, 196, 197

instrumentação eletrofisiológica,
218

insulina, 179

Integração sináptica básica, 161

Integrador, 226

integral, 227

interação, 13

interneurônios, 152, 163

interstício, 18

inversão de polaridade, 92

íon cálcio, 111

íon descarregado, 33

ionotrópicos, 160

íons desequilibrados, 66

íons magnésio, 156

K

KCC2, 153
Kohlraush, 20

L

lagostim, 164
lei de Kirchof, 48
lei de Ohm, 45, 74, 75, 89, 189, 214, 223
lei de Poisson, 143
leis probabilísticas, 2
liberação de cálcio induzida pelo cálcio, 246
ligante, 125
limiar do axônio, 116
lipídios, 62
líquido intersticial, 62
low voltage activated, 241
Lucifer Yellow, 166

M

macromolécula impermeante, 59, 60
massa molecular, 17
matriz lipídica, 32
maxicanal para potássio ativado por cálcio, 200
mecanorreceptores, 256
medula espinhal, 150
meio isotrópico, 2, 32
meios aquosos, 2
membrana celular, 65
membrana plasmática, 41
membrana pós-sináptica, 130
membrana pré-sináptica, 130
mentol, 259

métodos diagnósticos, 41
μ-conotoxina, 131
microeletrodo, 44, 95, 128, 130, 145
Microeletrodos de vidro, 43
microscopia eletrônica, 189
mielina, 118, 128
migração das partículas, 27
Migração iônica, 18
minipotenciais excitatórios pós-sinápticos (miniPEPS), 140
mobilidade elétrica, 19
mobilidade mecânica, 19
mosaico fluido, 32, 172
motoneurônio, 152
Movimentação iônica: separação de cargas, 26
movimento browniano, 16
músculo esquelético, 123
músculo extensor, 151
músculo flexor, 151
Mutações pontuais, 176, 184

N

não eletrólito, 15
não linear, 156
não NMDA, 155
Nernst-Planck, 13, 21
nervo ciático da rã, 40, 119, 146
neurônios magnocelulares, 253
neurotransmissores, 41
NKCC1, 153
NMDA, 155
nodos de Ranvier, 118
nonactina, 113
número de Faraday, 19

O

onda de despolarização, 93
organismos biológicos, 41
osmólito, 59

P

P2X, 254
partícula de inativação, 235
partículas de um gás, 3
patch-clamp, 116, 154, 175, 189, 194, 208, 224, 256
peixes elétricos, 41
perda de amplitude, 88
perfusato, 127, 128
Períodos refratários, 107, 109
permeabilidade, 36
permeabilidade relativa, 70
Piezo1, 256
Piezo2, 256
pilha de Volta, 41
placa motora, 128
plasmídio, 178
pontes de ágar/KCl, 31
pontes dissulfeto, 180
poro condutor do canal, 230
Potenciais de superfície, 111, 113
potencial de ação, 64, 85, 91, 93
potencial de ação composto, 120
potencial de equilíbrio, 190
potencial de equilíbrio do K^+, 57
potencial de equilíbrio do sódio, 57
Potencial de junção, 26, 31
potencial de placa motora, 130
potencial de repouso 42, 45, 50, 55, 66, 106, 190

potencial de reversão, 39, 78-80, 149, 200
potencial elétrico, 29
potencial elétrico de equilíbrio, 31
potencial elétrico difusional, 31
potencial eletroquímico, 10
potencial excitatório pós-sináptico, 130, 132
potencial químico, 10, 29
prêmio Nobel de Fisiologia ou Medicina, 190
prêmio Nobel de Química, 252
prêmio Nobel em Fisiologia ou Medicina, 259
pressão hidrostática e osmótica, 18
prestina, 258
primeira lei de Fick, 36
Princípio da eletroneutralidade macroscópica, 28
probabilidade de abertura ou fechamento, 229
processos alostéricos, 248
propagação eletrotônica, 117
Propriedades de Cabo, 85, 89
propriedades passivas, 86
propriedades resistivas, 86
proteína G, 160, 250
proteínas auxiliares, 262
proteínas intrínsecas, 36
Proteínas multiméricas, 175
pulso quadrado, 45, 86
pulsos hiperpolarizantes, 91

R

razão entre as concentrações de ATP e ADP, 263

reação reversível, 44
receptor de rianodina, 246
receptores, 41, 124, 125, 254
receptores colinérgicos, 135
receptores de DHP, 243
receptores metabotrópicos P2Y, 254
receptores purinérgicos, 254
relação condutância-voltagem, 111
Relação corrente-voltagem (I-V), 39
relação estrutura-função, 176
relação I-V, 156
repolarização, 246
resistência da membrana, 49, 118
resistência de entrada, 46, 90, 218
resistência de *feedback*, 224
resistência do selo, 175
resistência elétrica, 45
resistência em série, 212
resistência hidráulica, 16
respostas passivas, 45
respostas regenerativas, 86
retardo sináptico, 136, 139
retificação, 166, 255
retificadores de entrada, 247, 250
retinograma, 259
reversão de polaridade, 95

S

Saxitoxina, 106
screening, 113
secreção de insulina, 263
sedimentação de partículas, 7
seguidor de voltagem, 220
seletividade iônica, 78
sensação do tato, 258

sensor de voltagem, 205, 230, 233
separação de cargas, 28, 52, 61
sequência primária, 180, 182
sequências homólogas, 178
Shaker, 249
Siemens, 20
sinalização autócrina, 124
sinalização parácrina, 125
sinapse gigante de lula, 137
Sinapses elétricas 125, 164
sinapses eletrotônicas, 164
Sinapses inibitórias, 150, 152
sinapses químicas, 125
síndrome do QT longo, 265
sistemas heterólogos, 179, 249
sistemas sensoriais, 84
sistemas termodinamicamente
   abertos, 2
sítio de glicosilação, 182
sítio de ligação da acetilcolina, 182
solução eletrolítica, 20, 26, 73
somatório das condutâncias, 81
Stokes-Einstein, 16
subunidade α do receptor
   colinérgico, 182
subunidades acessórias, 185
SUR, 250
Sydney Ringer, 240

T

técnica de *patch-clamp*, 217
tempos médios de abertura, 204
terminações motoras, 128
terra virtual, 223
tetania, 111

tetraetilamônio (TEA), 105

tetrodotoxina, 105, 133, 236

tonicidade, 59

topologia, 184

toxina tetânica, 162

transiente de corrente capacitiva, 100

transmissão do potencial de ação, 85

Transmissão química, 126

transportador NKCC, 261

transportadores ABC, 263

trocador Na/K/2Cl, 260

TRP, 258

TRPM8, 259

TRPV1, 259

tudo ou nada, 93

U

unidirecionalidade, 115

V

variação transiente na diferença de potencial elétrico, 84

variável independente, 97

velocidade de condução, 117, 118

verapamil, 245

vesículas sinápticas, 128

viscosidade, 16, 17

voltage-clamp, 97, 145

W

whole-cell patch-clamp, 208

whole-cell, 116, 196, 208

X

Xenopus, 188

Z

zonas ativas, 130